中等职业供热通风与空调专业系列教材

流体力学 泵与风机

王宇清　主编
邢玉林　主审

中国建筑工业出版社

图书在版编目(CIP)数据

流体力学　泵与风机/王宇清主编. —北京：中国建筑工业出版社，2001.12
（中等职业供热通风与空调专业系列教材）
ISBN 978-7-112-04647-8

Ⅰ.流… Ⅱ.王… Ⅲ.①流体力学—专业学校—教材②泵—专业学校—教材③鼓风机—专业学校—教材 Ⅳ.①O35②TH

中国版本图书馆 CIP 数据核字(2001)第 043577 号

本书是中等职业学校供热通风与空调专业和建筑水电设备专业的技术基础课教材，全书分为两篇。第一篇流体力学，主要内容包括：流体静力学；流体动力学的连续性方程和能量方程；流动阻力与能量损失；管路的计算，孔口、管嘴出流与气体射流。第二篇泵与风机，主要内容包括：泵与风机的原理、构造和性能参数；离心式泵与风机的运行分析；泵与风机的调节及选择。

本书也可供从事通风空调、热能供应及锅炉设备工作的专业技术人员学习参考。

中等职业供热通风与空调专业系列教材
流体力学　泵与风机
王宇清　主编
邢玉林　主审

*

中国建筑工业出版社出版、发行（北京西郊百万庄）
各地新华书店、建筑书店经销
廊坊市海涛印刷有限公司印刷

*

开本：787×1092 毫米　1/16　印张：12¾　字数：306 千字
2001 年 12 月第一版　2014 年 5 月第六次印刷
定价：23.00 元
ISBN 978-7-112-04647-8
(21659)

版权所有　翻印必究
如有印装质量问题，可寄本社退换
（邮政编码　100037）

前 言

本书是建筑类中等职业学校供热通风与空调工程专业和建筑水电设备专业"流体力学泵与风机"课程用教材。主要任务是使学生掌握流体平衡和运动的基本理论及运算方法,了解泵与风机的工作原理和构造;掌握离心式泵与风机运行、调节及选用方法,为学习专业课和今后从事专业工作奠定基础。

本书是根据建设部中等职业学校供热通风与空调专业教学大纲编写的。包括两篇,第一篇流体力学,主要阐述了流体静压强的基本特性和分布状况;流体动力学的连续性方程和能量方程及其应用;管路能量损失的计算;管路的水力计算;孔口、管嘴的出流规律及气体射流。第二篇泵与风机主要阐述了泵与风机的基本原理、构造和性能参数;泵与风机的运行、调节及选择。

本书内容注重以实用为目的,以必需、够用为度,尽量删繁就简。理论联系实际,注意与专业课的衔接,对课程内容进行了大量的调整。

在例题和习题的安排上,具有针对性,由易到难,循序渐进,注重了例题和习题的质量,减少了习题数量,以利于学生复习、巩固所学的理论知识,培养学生运用基本理论解决实际问题的能力。

本书由黑龙江建筑职业技术学院王宇清担任主编,由黑龙江建筑职业技术学院邢玉林主审,参加编写的有:黑龙江建筑职业技术学院王宇清(第五、六、七章);抚顺城市建设学校毕红(第三、四章);山东城市建设学校邢国清(第一、二章);黑龙江建筑职业技术学院李绍君(第八、九章)。

限于编者水平有限,书中如有不妥和错误之处,恳请读者批评指正。

编者

目 录

第一篇 流 体 力 学

第一章 绪论 ... 1
- 第一节 流体力学的任务 ... 1
- 第二节 流体的主要物理性质 ... 2
- 第三节 作用在流体上的力 ... 10
- 习题 ... 11

第二章 流体静力学 ... 13
- 第一节 流体静压强及其特性 ... 13
- 第二节 流体静压强的分布规律 ... 15
- 第三节 压强的计量基准和计量单位 ... 19
- 第四节 连通器及等压面 ... 21
- 第五节 流体静压强的应用 ... 23
- 第六节 流体静压强的分布图 ... 26
- 第七节 作用在平面上的流体总压力 ... 27
- 习题 ... 33

第三章 流体动力学基础 ... 38
- 第一节 概述 ... 38
- 第二节 流体动力学的两种研究方法 ... 38
- 第三节 流体动力学基本概念 ... 40
- 第四节 恒定流连续性方程 ... 46
- 第五节 恒定流能量方程 ... 49
- 第六节 能量方程式的意义 ... 58
- 第七节 能量方程式的实际应用 ... 63
- 习题 ... 65

第四章 流动阻力与能量损失 ... 70
- 第一节 流动阻力与能量损失的形式 ... 70
- 第二节 过流断面的水力要素 ... 71
- 第三节 流体流动的两种流态 ... 74
- 第四节 管中的层流运动 ... 77
- 第五节 管中的紊流运动 ... 81

| 第六节 | 沿程阻力系数的确定 | 84 |

| 第七节 | 局部损失的计算 | 95 |

| 第八节 | 绕流阻力与升力的概念 | 102 |

习题 105

第五章 管路计算 108

第一节	简单管路	108
第二节	串联管路的计算	110
第三节	并联管路的计算	112
第四节	压力管路中的水击现象	115
第五节	无压均匀流的水力计算	119

习题 127

第六章 孔口、管嘴出流与气体射流 129

第一节	孔口出流	129
第二节	管嘴出流	135
第三节	气体的淹没射流	139

习题 145

第二篇 泵 与 风 机

第七章 离心式泵与风机的理论基础 147

第一节	离心式泵的工作原理	147
第二节	离心泵的基本构造及分类	148
第三节	离心式风机的分类及基本构造	153
第四节	离心式泵与风机的性能参数	156
第五节	离心式泵与风机的基本方程式	158
第六节	离心式泵与风机的叶型及理论性能曲线	160
第七节	泵与风机的实际性能曲线	162
第八节	相似律与比转数	163
第九节	离心泵的气蚀与安装高度	166

习题 168

第八章 离心式泵与风机的运行与调节 170

第一节	管路性能曲线和工作点	170
第二节	泵及风机的联合运行	171
第三节	泵及风机的工况调节	175
第四节	离心式泵与风机的选择	178

习题 185

第九章 其他常用泵与风机 …………………………………………………… 187

　第一节 管道泵 ……………………………………………………………… 187
　第二节 蒸汽活塞泵 ………………………………………………………… 188
　第三节 真空泵与射流泵 …………………………………………………… 190
　第四节 轴流式泵与风机 …………………………………………………… 192

第一篇 流体力学

第一章 绪 论

第一节 流体力学的任务

流体力学的任务是研究流体静止和运动时的力学规律,及其在工程技术中的应用。它是力学学科的一个组成部分。

流体力学的研究对象是流体。流体包括液体和气体。研究流体运动规律的学科可分为两支:以液体为主要研究对象的水力学、流体力学和以气体为主要研究对象的空气动力学、气体动力学。由于液体与气体既有共性,又有各自的特性,所以这几门学科既有一些共同的基本理论,又有各自的专门问题及研究方法。本课程主要讨论工程实际所遇到的不可压缩流体的静止和运动规律,属于工程流体力学的范畴。

流体力学由两个基本部分组成:一是研究流体静止规律的流体静力学;二是研究流体运动规律的流体动力学。

流体与所有物质一样,是由不断运动着的分子组成的。分子之间有空隙,所以从微观角度看,流体并不是一种连续分布的物质。但是,流体力学研究的是流体的宏观机械运动(无数分子总体的力学效果),是以流体质点作为最小研究对象。所谓流体质点,是指由无数的分子组成,具有无限小的体积和质量的几何点。因此,从宏观角度出发,认为流体是被其质点全部充满,无任何空隙存在的连续体。在流体力学中,把流体当作"连续介质"来研究,就可以把连续函数的概念引入到流体力学中来,利用数学分析这一有力的工具来研究流体的运动规律。

流体力学是供热通风和燃气工程专业的一门重要的专业基础课程。供热、制冷、给水排水、空气调节、燃气输配、通风除尘等工程中,都是以流体作为工作介质,应用它们的物理特性、静止和运动规律,将它们有效地组织起来应用于这些技术工程之中。因此,学好流体力学,才能对专业范围内的流体力学现象做出科学的定性分析及精确的定量计算;才能正确地解决工程中所遇到的流体力学方面的测试、运行、管理与设计计算等问题。

学习流体力学,要注重基本原理、基本概念和基本方法的理解和掌握,要理论联系实际,学会用流体力学的理论知识科学地分析和解决实际工程中的问题。

本书主要采用法定单位制,基本单位是:长度用米,代号为 m;时间用秒,代号为 s;质量用千克,代号为 kg;力为导出单位,采用牛顿,代号为 N,$1N = 1 kg \cdot m/s^2$。

由于我国长期采用工程单位,实际工程遇到的某些量仍用工程单位表示,必须注意两种单位的换算。两种单位换算的关系为:1kgf=9.807N。

常用的法定单位与工程单位的换算关系见表1-1。

米制单位与法定单位制单位对照表　　　　表1-1

量的名称	米制单位		法定单位制单位		换算关系
	名　称	符　号	名　称	符　号	
长　度	米	m	米	m	
时　间	秒	s	秒	s	
质　量	公斤力二次方秒每米	$kgf \cdot s^2/m$	公斤	kg	$1kgf \cdot s^2/m = 9.81kg$
力、重量	公斤力	kgf	牛顿	N	$1kgf = 9.81N$
压　强	公斤力每平方米 工程大气压 巴 毫米水柱 毫米汞柱	kgf/m^2 at bar mmH_2O mmHg	帕斯卡 帕斯卡 帕斯卡 帕斯卡 帕斯卡	Pa Pa Pa Pa Pa	$1kgf/m^2 = 9.81Pa$ $1at = 9.81 \times 10^4 Pa$ $1bar = 10^5 Pa$ $1mmH_2O = 9.81Pa$ $1mmHg = 133.32Pa$
应力、强度	公斤力每平方厘米	kgf/cm^2	帕斯卡	Pa	$1kgf/cm^2 = 9.81 \times 10^4 Pa$
能量、功	公斤力·米	$kgf \cdot m$	焦耳	J	$1kgf \cdot m = 9.81J$
功　率	公斤力米每秒 马　力	$kgf \cdot m/s$	瓦　特 瓦　特	W W	$1kgf \cdot m/s = 9.81W$ 1马力 = 735.45W
动力粘度	泊	P	帕斯卡秒	$Pa \cdot s$	$1P = 0.1Pa \cdot s$
运动粘度		m^2/s	斯托克斯	m^2/s St	$1St = 10^{-4} m^2/s$

第二节　流体的主要物理性质

流体区别于固体的基本特征是流体具有流动性。流体在静止状态时不能承受剪切力,当有剪切力作用于流体时,流体便产生连续的变形,也就是流体质点之间产生相对运动。流体也不能承受拉力,它只能承受压力。流动性使流体的运动具有下列特点:

第一,流体没有固定形状,它的形状是由约束它的边界形状所决定的。不同的边界必将产生不同的流动。因此,与流体接触的物体的形状和性质(也就是边界条件)对流体的运动有着直接的影响。

第二,流体的运动和流体的变形联系在一起。当流体运动时,其内部各质点之间有着复杂的相对运动。所以流体的运动又是和它的物理性质有密切的关系。物理性质不同的流体,即使其边界条件相同也会产生不同的流动。

因此,流体的流动是由流体本身的物理性质(这是内因)和流动所在的外界条件(这是外因)这两个因素所决定的。流体力学中所要探讨的运动规律,实质上就是要研究流体的物理性质和流动的边界条件对流体运动所产生的作用和影响。

流体的主要物理性质有:密度、容重、压缩性、膨胀性及粘滞性等。

一、密度和容重

流体和其他物体一样,具有质量和重量。质量的存在使流体运动时具有惯性;而重量则使流体有从高处流向低处的趋势。

1. 密度

质量特性常以密度表示。单位体积流体所具有的质量,称为密度,用 ρ 表示。任意点上密度相同的流体,称为均质流体。均质流体密度可表示为:

$$\rho = \frac{M}{V} \tag{1-1}$$

式中　ρ——流体的密度(kg/m^3);

　　　M——流体的质量(kg);

　　　V——质量为 M 的流体所占的体积(m^3)。

各点密度不完全相同的流体,称为非均质流体。非均质流体中任一点处的密度为:

$$\rho = \lim_{\Delta V \to 0} \frac{\Delta M}{\Delta V} \tag{1-2}$$

式中　ρ——任一点流体的密度(kg/m^3);

　　　ΔM——微小体积 ΔV 内的流体质量(kg);

　　　ΔV——质量 ΔM 的流体所占的体积(m^3)。

2. 容重

流体受地球引力作用的特性,称重力特性。流体的重力特性用容重表示。单位体积流体所具有的重量,称为容重,用 γ 表示。

均质流体的容重为:

$$\gamma = \frac{G}{V} \tag{1-3}$$

式中　γ——流体的容重(N/m^3);

　　　G——体积为 V 的流体的重量(N);

　　　V——重量为 G 的流体体积(m^3)。

对于非均质流体,任一点的容重为:

$$\gamma = \lim_{\Delta V \to 0} \frac{\Delta G}{\Delta V} \tag{1-4}$$

式中　γ——任一点流体的容重(N/m^3);

　　　ΔG——为微小体积 ΔV 上的流体重量(N);

　　　ΔV——重量为 ΔG 的流体所占的体积(m^3)。

由于重量等于质量乘以重力加速度,即:$G = mg$。所以密度和容重有下列关系:

$$\gamma = \rho g \tag{1-5}$$

式中　g——重力加速度,一般采用 $g = 9.81 m/s^2$,这个关系对均质和非均质流体都适用。

常见流体的密度和容重值见表1-2。

【例1-1】 已知煤油的密度 $\rho = 800 kg/m^3$,求其容重。3L 的此种煤油,质量和重量为多少?

【解】 根据式(1-5),煤油容重为:

$$\gamma = \rho g = 800 \times 9.81 = 7848 N/m^3$$

由 $M = \rho V$ 和 $G = \gamma V$,得到:

煤油质量:$M = 800 \times 0.003 = 2.4 kg$

煤油重量:$G = 7848 \times 0.003 = 23.54 N$

流体名称		密度 (kg/m³)	容重 (N/m³)	测定条件	
				温度（℃）	气体
液体	煤油	800～850	7848～8338	15	760mmHg
	纯乙醇	790	7745	15	
	水	1000	9807	4	
	水银	13590	133318	0	
气体	氮	1.2505	12.2674	0	760mmHg
	氧	1.4290	14.0185		
	空气	1.2920	12.6824		
	一氧化碳	1.9768	19.3924		

表 1-2 常见流体密度、容重表

二、流体的压缩性和膨胀性

一般说来，流体的密度和容重随温度和压强的改变而变化。这是由于流体内部分子间距离的改变引起的。

在温度不变条件下，流体受压，体积减小，密度增大的性质，称为流体的压缩性。

在压强不变条件下，流体受热，体积增大，密度减小的性质，称为流体的膨胀性。

1．液体的压缩性和膨胀性

液体的压缩性通常以压缩系数 β 表示。它表示压强每增加 1 帕斯卡时，液体体积或密度的相对变化率。

设 V 为液体原有体积，如压强增加 Δp 后，体积减小 ΔV，则压缩系数为：

$$\beta = -\frac{1}{V}\frac{\Delta V}{\Delta p} \tag{1-6}$$

β 的单位是压强单位的倒数，即 m^2/N。β 值愈大，流体的压缩性也愈大。由于压强增大时液体体积必然减小，式中 $\Delta V/\Delta p$ 永为负值，故在公式右侧加一负号，以保持 β 为正值。

流体被压缩前后，其质量 ρV 没有改变，即：

$$\Delta M = \Delta(\rho V) = \rho \Delta V + V \Delta \rho = 0$$

所以

$$\frac{\Delta \rho}{\rho} = -\frac{\Delta V}{V}$$

故压缩系数又可表示为：

$$\beta = \frac{1}{\rho}\frac{\Delta \rho}{\Delta p} \tag{1-7}$$

流体受压后体积缩小，但压强撤除后体积还能恢复到原有状态，故压缩性也可用弹性模量 E 来表示。压缩系数的倒数即为弹性模量：

$$E = \frac{1}{\beta} = -V\frac{\Delta p}{\Delta V} = \rho \frac{\Delta p}{\Delta \rho} \tag{1-8}$$

式中，E 的单位为 N/m^2。

表 1-3 列举了水在 0℃ 时不同压强下的压缩系数。表中压强单位为工程大气压（1at = 98070 N/m²）。

液体的膨胀性通常以膨胀系数 α 来表示。它表示在一定压强下温度每增加 1（K）度时，液体体积或密度的相对变化率。

水 的 压 缩 系 数　　　　　　　表1-3

压强(MPa)	0.5	1.0	2.0	4.0	8.0
$\beta(m^2/N)$	0.538×10^{-9}	0.536×10^{-9}	0.531×10^{-9}	0.528×10^{-9}	0.515×10^{-9}

设 V 为液体原有体积,如温度增加 ΔT 后,体积增加 ΔV,则膨胀系数 α 为:

$$\alpha = \frac{1}{V}\frac{\Delta V}{\Delta T} \tag{1-9}$$

式中,α 的单位是温度单位的倒数,即 1/K。α 值愈大,液体的膨胀性也愈强。

同理,膨胀系数亦可表示为:

$$\alpha = -\frac{1}{\rho}\frac{\Delta \rho}{\Delta T} \tag{1-10}$$

(1-10)式中负号,表示温度变化量与密度的变化呈反比关系。

表1-4给出了一个大气压下不同温度时水的膨胀系数。

水 的 膨 胀 系 数　　　　　　　表1-4

温度(℃)	1~10	10~20	40~50	60~70	90~100
$\alpha(1/℃)$	0.14×10^{-4}	0.15×10^{-4}	0.42×10^{-4}	0.55×10^{-4}	0.72×10^{-4}

表1-5中列举了一个大气压下水在不同温度时的容重和密度。

一个大气压下水的容重及密度　　　　　　　表1-5

温度(℃)	容重(kN/m³)[①]	密度(kg/m³)	温度(℃)	容重(kN/m³)[①]	密度(kg/m³)	温度(℃)	容重(kN/m³)[①]	密度(kg/m³)
0	9.806	999.9	15	9.799	999.1	60	9.645	983.2
1	9.806	999.9	20	9.790	998.2	65	9.617	980.6
2	9.807	1000.0	25	9.778	997.1	70	9.590	977.8
3	9.807	1000.0	30	9.755	995.7	75	9.561	974.9
4	9.807	1000.0	35	9.749	994.1	80	9.529	971.8
5	9.807	1000.0	40	9.731	992.2	85	9.500	968.7
6	9.807	1000.0	45	9.710	990.2	90	9.467	965.3
8	9.806	999.9	50	9.690	988.1	95	9.433	961.9
10	9.805	999.7	55	9.657	985.5	100	9.399	958.4

① 在国际单位制中常将因数 10^3 写成千,以符号 k 表示,10^6 写成兆,以符号 M 表示。

从表1-3及表1-5看出:压强每升高一个大气压,水的密度约增加二万分之一。在温度较低时(10~20℃),温度每增加1℃,水的密度减小约为万分之一点五;在温度较高时(90~100℃),水的密度减小也只有万分之七。这说明水的膨胀性和压缩性是很小的,一般情况下可忽略不计。只有在某些特殊情况下,例如水击、热水采暖等问题时,才需要考虑水的压缩性及膨胀性。

2. 气体的压缩性及膨胀性

气体与液体不同,具有显著的压缩性和膨胀性。压强和温度的改变对气体密度或容重影响很大。在压强不很高和温度不很低条件下,气体的压缩性和膨胀性可以用理想气体状态方程来描述,即:

$$\frac{p}{\rho} = RT \tag{1-11}$$

式中　p——气体的绝对压强(Pa)；

　　　T——气体的热力学温度(K)；

　　　R——气体常数，J/kg·K。对于空气，$R = 287$ J/kg·K；对于其他气体，在标准状态下，$R = 8314/n$，其中 n 为气体的分子量。

　　　ρ——气体的密度(kg/m³)。

同一种气体在不同状态下的压强、温度和密度间的关系可表示为：

$$\frac{p_1}{\rho_1 T_1} = \frac{p_2}{\rho_2 T_2} \tag{1-12}$$

式中，符号下的脚注 1、2 分别表示两种不同状态。

在温度不变的等温情况下，$T_1 = T_2$，得到密度与压强关系：

$$\frac{\rho_2}{\rho_1} = \frac{p_2}{p_1} \tag{1-13}$$

式(1-13)表示在等温情况下压强与密度成正比。即如果一定质量的气体被压缩到密度增大一倍，则压强也要增加一倍；相反，如果密度减小一倍，则压强也要减小一倍。这里需指出，气体密度的变化存在一个极限值，当压强增加使气体密度增大到这个极限值时，即使再增大压强，气体密度也不会增加。这时，式(1-13)不再适用了。对应极限密度下的压强为极限压强。所以，只有当密度远小于极限密度时，式(1-13)与实际气体的情况才是一致的。

在压强不变的定压情况下，$p_1 = p_2$，得到密度和温度的关系：

$$\frac{\rho_2}{\rho_1} = \frac{T_1}{T_2} \tag{1-14}$$

式(1-14)表示在定压情况下，气体的密度与温度成反比。即温度增加，体积增大，密度减小；反之，温度降低，体积减小，密度增大。这里也要指出，当气体温度降低到其液化温度时，式(1-14)规律不再适用了。

将(1-14)式写成常用形式：

$$\rho_0 T_0 = \rho T = 常数 \tag{1-15}$$

式中，ρ_0 为温度 T_0 等于 273.16K(近似为 273K)时的气体密度；ρ、T 为任一状态下气体的密度和热力学温度。

表 1-6 列举了在标准大气压下，不同温度下空气的容重和密度。

标准大气压下空气的容重和密度　　　　表 1-6

温度(℃)	容重(N/m³)	密度(kg/m³)	温度(℃)	容重(N/m³)	密度(kg/m³)
0	12.70	1.293	25	11.62	1.185
5	12.47	1.270	30	11.43	1.165
10	12.24	1.248	35	11.23	1.146
15	12.02	1.226	40	11.05	1.128
20	11.80	1.205	50	10.72	1.093

续表

温度 (℃)	容重 (N/m³)	密度 (kg/m³)	温度 (℃)	容重 (N/m³)	密度 (kg/m³)
60	10.40	1.060	90	9.55	0.973
70	10.10	1.029	100	9.30	0.947
80	9.81	1.000			

三、流体的粘滞性

1. 粘滞性的作用

流体在流动时,其内部会出现相对运动,各质点之间会产生切向的内摩擦力以抵抗其相对运动。流体的这种性质称为粘滞性。产生的内摩擦力称为粘滞力。

图 1-1 为流体在圆管中流动时的管内流速分布图。

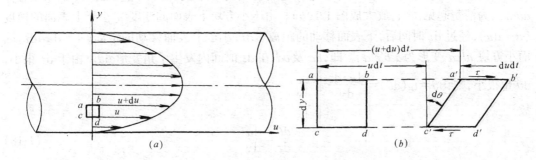

图 1-1 流体质点的直角变形速度

当流体在管中缓慢流动时,紧贴管壁的流体质点,粘附在管壁上,流速为零。而和它相邻的一层流体,在惯性的作用下具有保持其原有运动的趋势(假如流体没有粘滞性,第二层流体将以原有的速度运动)。因为实际流体都有粘滞性,所以当两层流体出现相对运动时,它们之间会产生内摩擦力,阻碍第二层流体的运动,使其速度减慢下来。当第二层流体的速度减小后,它和第三层流体之间又会出现相对运动,因而这两层流体之间也会产生内摩擦力,使第三层流体的速度也减慢下来。如此一层一层地影响下去。位于管轴上的流体质点,离管壁的距离最远,受管壁的影响最小,因而流速最大。图 1-1(a)就是流体在管中缓慢流动时,流速 u 随垂直于流速方向 y 而变化的函数关系图,即 $u = f(y)$ 的函数关系曲线,称为流速分布图。

由此可见,流体沿固体壁面运动时所受到的流动阻力,主要原因不是流体与固体壁面之间的摩擦力,而是流体内部各流层之间产生的摩擦力,故称为内摩擦力。固体壁面的存在只是引起流动阻力的外部条件,流体的粘滞性才是产生流动阻力的内在原因。如果流体没有粘滞性,流动时就不会出现阻力,也就不会产生能量损失。

2. 牛顿内摩擦定律

内摩擦力的大小怎样确定?牛顿经过大量实验证明,对于大多数流体,内摩擦力 T 的大小:

(1) 与两流层间的速度差 du 成正比,与两流层间距离 dy 成反比;
(2) 与流层的接触面积 A 的大小成正比;

(3) 与流体种类有关；

(4) 与流层接触面上的压力无关。

内摩擦力的数学表达形式可写作：

$$T = \mu A \frac{du}{dy} \tag{1-16}$$

这个关系称为牛顿内摩擦定律。

以 τ 代表单位面积上的内摩擦力，称为切应力。则：

$$\tau = \frac{T}{A} = \mu \frac{du}{dy} \tag{1-17}$$

式中：

$\frac{du}{dy}$——速度梯度。表示速度沿垂直于速度方向 y 的变化率，单位为 s^{-1}。为了理解速度梯度的意义，我们在图 1-1(a) 中垂直于速度方向的 y 轴上，任取一边长为 dy 的小正方体 $abcd$。为清楚起见，将它放大成图 1-1(b)。由于小方块下表面的速度 u 小于上表面的速度 $(u+du)$，经过 dt 时间后，下表面移动的距离 udt，小于上表面移动的距离 $(u+du)dt$，因而小方块 $abcd$ 变形为 $a'b'c'd'$。即，ac 及 bd 在 dt 时间内发生了角变形 $d\theta$。由于 dt 很小，$d\theta$ 也很小，则：$d\theta = \text{tg}(d\theta) = \frac{du \cdot dt}{dy}$

故

$$\frac{d\theta}{dt} = \frac{du}{dy} \tag{1-18}$$

可见，速度梯度就是直角变形速度。这个直角变形速度是在切应力的作用下发生的，所以，也称剪切变形速度。

τ——称切应力。常用的单位为 N/m^2，简称 Pa。切应力 τ 不仅有大小，还有方向。τ 的大小由式 (1-17) 计算；τ 的方向现以图 1-1(b) 来说明：上表面 $a'b'$ 上面的流层运动较快，有带动较慢的 $a'b'$ 流层前进的趋势，故作用于 $a'b'$ 面上的切应力 τ 的方向与运动方向相同。下表面 $c'd'$ 下面的流层运动较慢，有阻碍较快的 $c'd'$ 流层前进的趋势，故作用于 $c'd'$ 面上的切应力 τ 的方向与运动方向相反。流体运动时，切应力总是成对出现的，它们大小相等方向相反。流体内产生的切应力，是阻碍流体相对运动的，但它不能从根本上制止流动的发生。因此，流体的流动性，不因有内摩擦力的存在而消失。当流体静止时，则 $\frac{du}{dy}=0$，也就不产生切应力，但流体仍具有粘滞性。

μ——称动力粘滞系数，又称动力粘度。是与流体种类有关的比例系数，单位是 $\frac{N}{m^2} \cdot s$，用符号 Pa·s 表示。不同的流体有不同的 μ 值，μ 值越大，表明其粘滞性愈强。由式 (1-17) 看出，当 $\frac{du}{dy}=1$ 时，$\tau=\mu$，表示当速度梯度为 1 时的切应力即为流体的动力粘滞系数，所以它反映了流体粘滞性的动力性质。

在分析流体的运动规律时，动力粘度 μ 和密度 ρ 经常同时出现，流体力学中常把它们组成一个量，用 ν 来表示，称为运动粘度。即：

$$\nu = \frac{\mu}{\rho} \tag{1-19}$$

式中,ρ 为流体的密度;ν 常用单位为 cm^2/s,称斯托克斯,简写 St。

表 1-7 列出了水和空气在一个大气压、不同温度下的粘度。

水和空气(一个大气压下)的粘度　　　　　　表 1-7

温度 (℃)	水		空气	
	$\mu \times 10^{-3}$(Pa·s)	$\nu \times 10^{-6}$(m²/s)	$\mu \times 10^{-3}$(Pa·s)	$\nu \times 10^{-6}$(m²/s)
0	1.792	1.792	0.0172	13.7
5	1.519	1.519		
10	1.308	1.308	0.0178	14.7
15	1.140	1.140		
20	1.005	1.007	0.0183	15.7
25	0.894	0.897		
30	0.801	0.804	0.0187	16.6
35	0.723	0.727		
40	0.656	0.661	0.0192	17.6
45	0.599	0.605		
50	0.549	0.556	0.0196	18.6
60	0.469	0.477	0.0201	19.6
70	0.406	0.415	0.0204	20.5
80	0.357	0.367	0.0210	21.7
90	0.317	0.328	0.0216	22.9
100	0.284	0.296	0.0218	23.6
120			0.0228	26.2
140			0.0236	28.5
160			0.0242	30.6
180			0.0251	33.2
200			0.0259	35.8
250			0.0280	42.8
300			0.0298	49.9

从表 1-7 可看出:水和空气的粘度随温度变化的规律是不同的,水的粘度随温度升高而减小,空气的粘度随温度升高而增大。这是因为粘滞性是分子间的吸引力和分子不规则的热运动产生动量交换共同作用的结果。温度升高,分子间吸引力降低,动量增大;温度降低,分子间吸引力增大,动量减小。对于液体,分子间的吸引力是决定性的因素,所以液体的粘度随温度升高而减小;对于气体,分子间的热运动产生动量交换是决定性的因素,所以气体的粘度随温度升高而增大。

最后,还需指出:牛顿内摩擦定律只适用于一般流体,它对某些特殊流体是不适用的。为此,将满足牛顿内摩擦定律的流体称为牛顿流体,如水和空气等。而将特殊流体称为非牛顿流体,如血浆、泥浆、油漆等。本课程仅限于研究牛顿流体的力学问题。

【例 1-2】 有一底面为 60cm×40cm 的木板,质量为 5kg,沿一与水平面成 20°角的斜面下滑(图 1-2)。木板与斜面间的油层厚度为 0.6mm。如以等速度 0.84m/s 下滑时,求油的动力粘度 μ。

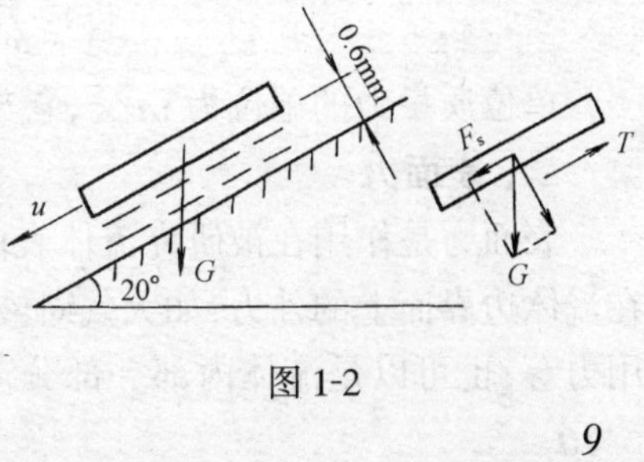

图 1-2

【解】 木板沿斜面等速下滑,作用在木板上的重力 G 在平行于斜面方向的分力为 F_s,F_s 应与油层间因相对运动产生的粘滞力 T 平衡:

$$T = F_s = G\sin 20° = 5 \times 9.81 \times 0.342 = 16.78\text{N}$$

根据牛顿内摩擦定律粘滞力 $T = \mu A \dfrac{\mathrm{d}u}{\mathrm{d}y}$。油层厚度很薄,可以认为木板与斜面间速度按直线分布:

$$\frac{\mathrm{d}u}{\mathrm{d}y} = \frac{0.84 - 0}{0.0006} = 1400 \quad 1/\text{s}$$

因此

$$\mu = T \bigg/ \left(A \frac{\mathrm{d}u}{\mathrm{d}y}\right) = \frac{16.78}{0.6 \times 0.4 \times 1400} = 0.05 \text{N} \cdot \text{s}/\text{m}^2$$

第三节 作用在流体上的力

要研究流体静止和运动的规律,除应了解流体的物理性质外,还必须对作用于流体上的外力加以分析。前者是改变流体运动状态的内因,而后者是改变流体运动状态的外因。

作用在流体上的力,可分为质量力和表面力。

一、质量力

质量力是作用在流体的每一质点上、与流体的质量成正比的力,如重力、离心力及一切由于加速度而产生的惯性力等。质量力的合力作用于流体的质量中心。在均质流体中,质量力与受作用流体的体积成比例,所以又叫体积力。

质量力常用单位质量力来表示。设在流体中取质量为 M 的质点(或微团),作用于该质点的质量力为 F,则单位质量力为 F/M。若 F 在直角坐标系 x、y、z 轴方向上的分量分别为 F_x、F_y、F_z,则在 x、y、z 轴方向上的单位质量力分量 X、Y、Z 为:

$$X = \frac{F_x}{M}, \quad Y = \frac{F_y}{M}, \quad Z = \frac{F_z}{M} \tag{1-20}$$

如果流体质量力只有与 z 轴反向作用的重力时,则质量力为 $F = F_z = -G = -Mg$,单位质量力分量就变成:

$$X = 0, \quad Y = 0, \quad Z = -g \tag{1-21}$$

同样可以分析得到,以等加速度 a 在 x 轴方向作直线匀加速运动的流体,所受质量力的分力为:$F_x = -Ma$,$F_y = 0$ 和 $F_z = -Mg$,单位质量分力就为:

$$X = -a, \quad Y = 0, \quad Z = -g \tag{1-22}$$

在容器中的流体以匀角速度 ω 绕垂直固定轴旋转,所受质量力可表示为:$F_x = M\omega^2 x$,$F_y = M\omega^2 y$ 和 $F_z = -Mg$。单位质量力分力则为:

$$X = \omega^2 x, \quad Y = \omega^2 y, \quad Z = -g \tag{1-23}$$

单位质量力的单位为 m/s^2,它与加速度的单位相同。

二、表面力

表面力是作用在被研究流体表面上,且与作用表面的面积成正比的力。它可以是作用在流体边界面上的外力,如大气对液面的压力、活塞作用在流体上的压力、容器壁面的反作用力等;也可以是流体内部一部分流体作用于另一部分流体接触面上的内力,它们大小相等、方向相反，是相互抵消的。我们在流体力学里分析问题时，常常从流体内部取出一个分离体来研究其受力状态，使流体的内力变成作用在分离体表面上的外力。

质量力的表达形式是单位质量力的坐标分量。类似地，表面力的表达形式也采用单位表面力的切向分力和法向分力。

在流体中取出一分离体，在分离体表面上取包含点 a 的微小面积 ΔA，作用在 ΔA 面上的表面力为 ΔF，一般情况下 ΔF 与 ΔA 是斜交的，它们之间呈 α 交角，如图 1-3 所示。一般把 ΔF 分解为两个分力：沿 ΔA 法线方向的力 ΔP 和沿切线方向的力 ΔT。由于流体不能承受拉力，ΔP 一定指向 ΔA 的内法线方向。ΔP 称 ΔA 面上的总压力，ΔT 为 ΔA 面上的切向力或摩擦力。于是 ΔA 面上的表面力可分解为：

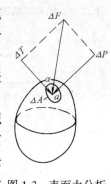

图 1-3　表面力分析

$$\bar{p} = \frac{\Delta P}{\Delta A}, \quad \bar{\tau} = \frac{\Delta T}{\Delta A} \tag{1-24}$$

式中，$\bar{p}$ 称为面积 ΔA 上的平均压应力，简称平均压强；$\bar{\tau}$ 称为面积 ΔA 上的平均切应力。

如果面积 ΔA 无限缩小至中心点 a，则：

$$p = \lim_{\Delta A \to 0} \frac{\Delta P}{\Delta A}, \quad \tau = \lim_{\Delta A \to 0} \frac{\Delta T}{\Delta A} \tag{1-25}$$

式中，p 称为 a 点的压强；τ 称为 a 点的切应力。在法定单位制中，压强 p 和切应力 τ 的单位为帕斯卡，符号为 Pa。$1\text{Pa} = 1\text{N}/\text{m}^2$。

习　题

1-1　流体的容重和密度有何区别及联系？

1-2　已知水的密度 $\rho = 1000\text{kg}/\text{m}^3$，求它的容重。若有这种水 2L，它的质量和重量各为多少？

1-3　何谓流体的压缩性与膨胀性？对流体的容重和密度有何影响？

1-4　如图，供暖系统在顶部设置一个膨胀水箱，系统内的水在温度升高时可自由膨胀进入水箱。若系统内水的总体积为 8m^3，温度最大升高为 $50°\text{C}$，水的热胀系数 $\alpha = 0.00051/°\text{C}$，问膨胀水箱至少应有多大容积？

1-5　在一个大气压，温度为 $0°\text{C}$ 时，烟气密度为 $1\text{kg}/\text{m}^3$，求 $800°\text{C}$ 时烟气的容重。

1-6　什么是流体的粘滞性？它对流体流动有何作用？动力粘度与运动粘度有何区别及联系？

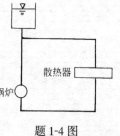

题 1-4 图

1-7　水的容重 $\gamma = 9.71\text{kN}/\text{m}^3$，动力粘度 $\mu = 0.6 \times 10^{-3}\text{Pa·s}$，求其运动粘度 ν？

1-8　空气容重 $\gamma = 11.5\text{N}/\text{m}^3$，运动粘度 $\nu = 0.157\text{cm}^2/\text{s}$，求它的动力粘度 μ。

1-9　当空气温度从 $0°\text{C}$ 增加至 $20°\text{C}$ 时，运动粘度 ν 值增加 15%，容重 γ 减少 10%，问此时动力粘度 μ 值增加多少？

1-10　图示为一水平方向运动的木板，其速度为 $1\text{m}/\text{s}$。平板浮在油面上，油层厚度 $\delta = 10\text{mm}$，油的动力粘度 $\mu = 0.09807\text{Pa·s}$。求作用于平板单位面积上的阻力。

1-11　温度为 $20°\text{C}$ 的空气，在直径为 2.5cm 的管中流动，距管壁上 1mm 处的空气速度为 $3\text{cm}/\text{s}$，求作用于单位长度管壁上的粘滞切应力为多少？

1-12　如图示，一底面积为 $40\text{cm} \times 45\text{cm}$，高为 1cm 的木块，质量为 5kg，沿着涂有润滑油的斜面等速向

下运动。已知运动速度 $v=1$m/s,油层厚度 $\delta=1$mm,求润滑油的动力粘度 μ。

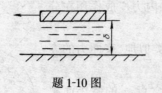

题 1-10 图

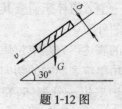

题 1-12 图

第二章 流体静力学

流体静力学是研究流体在静止或相对静止状态下的平衡规律及其在工程中的应用。

当流体处于静止或相对静止时,各质点之间均不产生相对运动,因而流体的粘滞性不起作用。静止流体不能承受拉力。因此流体静止时需要考虑的作用力就只有压力和质量力。在通常情况下,质量力是已知的,所以流体静力学主要是研究静止流体的压强分布规律,以及应用其规律解决工程中的一些实际问题。

第一节 流体静压强及其特性

一、流体静压强的定义

因为在静止流体中不存在切力,所以只有垂直于受压面(也称作用面)的压力。作用在受压面整个面积上的压力称为总压力或压力;作用在单位面积上的压力是压力强度,简称压强。

如图 2-1 所示,在静止液体中,任取一隔离体,若以平面 $ABCD$ 将其任意分割为 Ⅰ 和 Ⅱ 两部分。如将 Ⅰ 部分移去,以等效的作用力来代替它对 Ⅱ 部分液体的作用,则 Ⅱ 部分液体将保持原有

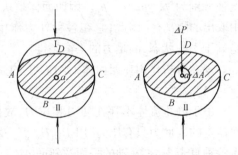

图 2-1 静止液体的相互作用

的平衡状态。设 ΔP 为移去部分液体对面积 ΔA 的总作用力,称力 ΔP 为作用于面积 ΔA 上的流体静压力;ΔA 为流体静压力 ΔP 的作用面积(或称受压面积)。二者的比值称为作用在面积 ΔA 上的平均流体静压强,以符号 $\bar{p}$ 表示:

$$\bar{p} = \frac{\Delta P}{\Delta A} \tag{2-1}$$

当面积 ΔA 无限缩小到 a 点时,比值趋近于某一个极限值,此极限值称为 a 点的流体静压强,以符号 p 表示:

$$p = \lim_{\Delta A \to a} \frac{\Delta P}{\Delta A} \tag{2-2}$$

由上述看出,流体静压力和流体静压强都是压力的一种量度。它们的区别仅在于:前者是作用在某一面积上的总压力;而后者是作用在某一单位面积上的平均压力。

流体静压强的法定单位是帕斯卡,以符号 Pa 表示。$1Pa = 1N/m^2$。

二、流体静压强的特性

流体静压强有如下两个特性:

1. 流体静压强的方向垂直指向作用面。

这个性质可用反证法来证明。在静止流体中任取一隔离体,如图 2-2 所示。假设作用在流体表面的静压强 p 不垂直指向作用面,则 p 可分解为法向应力 p_n 与切向应力 τ 两个

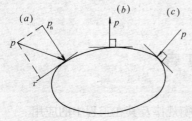

图 2-2 流体静压强方向

分力,如图 2-2 中(a)。切向分力 τ 只有在流体流动时才能产生,这与流体处于静止状态的前提相矛盾。因此流体静压强只能垂直作用面。再设作用在流体表面的静压强 p 指向外法线方向,如图 2-2 中(b)。由于流体不能承受拉力,所以静压强的方向只能是作用面的内法线方向,如图 2-2 中(c)。因此流体静压强的方向只能是与作用面垂直、并指向作用面。

2. 作用于流体中任一点静压强的大小在各方向上均相等,与作用面的方向无关。

在静止流体中,任选一个包括 O 点在内的微小四面体 $OABC$,如图 2-3,并将 O 点设为坐标原点。四面体的三个棱边分别取 x、y、z 三个坐标轴,长度分别为 dx、dy、dz。作用在四面体四个表面上的静压强分别为 p_x、p_y、p_z、p_n。因四面体是从静止流体中取出的隔离体,因此,它在各种外力作用下,必定是处于平衡状态,满足力的平衡条件。

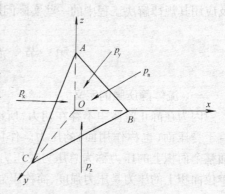

图 2-3 微小四面体平衡

现在分析作用在四面体 $OABC$ 上的力:

(1) 表面力

由于静止流体不存在切力和拉力,故作用在四面体上的表面力只有压力,用 P_z、P_y、P_x 及 P_n 分别表示垂直于 x、y、z 轴的平面及斜面 ABC 上的压力,其大小等于作用面积与静压强的乘积,即:

$$P_x = p_x \cdot \frac{1}{2} dy dz$$

$$P_y = p_y \cdot \frac{1}{2} dx dz$$

$$P_z = p_z \cdot \frac{1}{2} dx dy$$

$$P_n = p_n \cdot dA_n \ (dA_n \text{ 为斜面 } ABC \text{ 的面积})$$

(2) 质量力

在静止状态下,微小四面体的质量力只有重力 dG,$dG = \rho g \cdot \frac{1}{6} dx dy dz$,它是一个三阶无限小的量,在运算中可以忽略。

因四面体处于平衡状态,其外力在各轴向分力之和应等于零。即:

$$\Sigma F_x = 0;\ \Sigma F_y = 0;\ \Sigma F_z = 0$$

则:

$$P_x - P_n \cos(n, x) = 0 \qquad (1)$$

$$P_y - P_n \cos(n, y) = 0 \qquad (2)$$

$$P_z - P_n \cos(n, z) = 0 \qquad (3)$$

式中,(n, x)、(n, y)、(n, z) 分别表示倾斜面 ABC 外法线方向 n 与 x、y、z 轴方向的夹角。

上式第(1)式可以写成：

$$p_x \cdot \frac{1}{2} dydz - p_n dA_n \cos(n,x) = 0$$

将 $dA_n \cos(n,x) = \frac{1}{2} dydz$ 代入上式，整理后可得：

$$p_x = p_n$$

同理，从第(2)、第(3)式可得：

$$p_y = p_n$$
$$p_z = p_n$$

所以
$$p_x = p_y = p_z = p_n \tag{2-3}$$

因为微小四面体 $OABC$ 和 n 的方向是任选的，所以在静止流体内任一点的压强沿各方向都相等。

静止流体中同一点的压强只有一个值，但不同点的压强一般说来是不同的，而流体又是一种连续介质，故可认为流体静压强是空间坐标 x、y、z 的连续函数，即：

$$p = f(x、y、z)$$

三、自由表面和表面压强

自由表面是指液体与它上面气体的交界面，如水箱的水面即为自由表面。液体在重力作用下的自由表面一般为水平面。

自由表面上的气体压强称为表面压强，一般用 p_0 表示。如果自由表面上作用的是大气，则大气的质量对地面物体或对自由表面产生的压强叫大气压强，用 p_a 表示。此时 $p_0 = p_a$。

第二节 流体静压强的分布规律

现在，根据静止流体的质量力只有重力的这一特点，研究静止流体压强的分布规律。

一、液体静压强的基本方程

图 2-4 为重力作用下的静止液体。在液面下深度为 h 处任选一点 A，围绕 A 点取一水平的微小面积 dA，再以 dA 为底，取一垂直的棱柱体作为隔离体，柱体顶面与自由液面重合。下面分析作用在液柱上的力。

1. 表面力

(1) 作用在液柱顶面 dA 上的压力为 $p_0 dA$，其方向铅直向下。其中 p_0 为液柱上的表面压强。

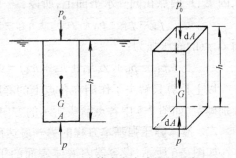

图 2-4 液体内微小液柱的平衡

(2) 作用在液柱底面 dA 上的压力为 pdA，其方向铅直向上。其中 p 为作用在液柱下表面上的压强。

(3) 作用在液柱侧面上的压力是平衡力，互相抵消。

2. 质量力

作用在液柱上的质量力只有重力，其值为 $\gamma h dA$，方向垂直向下。

因液柱处于静止状态,根据力平衡原理,沿垂直方向所有外力的合力等于零,即:

$$pdA - p_0 dA - \gamma h dA = 0$$
$$p = p_0 + \gamma h \quad (2\text{-}4)$$

式中 p——液体内某点的压强($Pa(N/m^2)$);
$\quad\quad p_0$——液体表面压强($Pa(N/m^2)$);
$\quad\quad \gamma$——液体的容重(N/m^3);
$\quad\quad h$——某点在液面下的深度(m)。

式(2-4)为重力作用下液体静压强的基本方程。它可说明如下几个问题:

(1) 静止液体中任一点的压强 p 是液面压强 p_0(边界条件)和重力(质量力)产生的压强 γh 两者之和。

(2) 如果液面压强 p_0 增减 Δp_0,静止液体内部各点的压强将同时增减 Δp_0 值,即液面压强的任何变化,将等值地传到液体内部各点。这就是著名的帕斯卡原理。

(3) 当容重 γ 一定时,静压强 p 随水深 h 呈线性规律变化。压强的大小与容器形状无关。

(4) 在连通的同一种类静止液体中,液面下深度相等的水平面上各点的静压强相等。

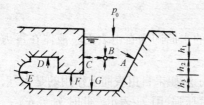

图 2-5 池壁和水体的点压强

【例 2-1】 有一水池,如图 2-5 所示。已知液面压强 $p_0 = 98.10$ kPa,$h_1 = h_3 = 4$ m,$h_2 = 2$ m,求作用在池中 A、B、C、D(A、B、C、D 在水平面 h_1 上)、E、F(E、F 在水平面 h_2 上)、G 各点的静压强及其作用方向。

【解】 因 A、B、C、D 四点在同一水平面上,所以:

$$p_A = p_B = p_C = p_D = p_0 + \gamma h_1 = 98.10 + 9.81 \times 4 = 137.34 \text{kPa}$$

又因 E、F 两点在同一水平面上,所以:

$$p_E = p_F = p_0 + \gamma(h_1 + h_2) = 98.10 + 9.81 \times (4 + 2) = 156.96 \text{kPa}$$

而 G 点的静压强为:

$$p_G = p_0 + \gamma(h_1 + h_2 + h_3) = 98.10 + 9.81(4 + 2 + 4) = 196.20 \text{kPa}$$

以上计算只解决了作用在各点上的静压强的大小,至于作用方向应根据静压强的特性分别确定,如图 2-5 中各点箭头所示的方向。

二、液体静压强基本方程的另一表达形式

如图 2-6 所示,设容器内液体表面的压强为 p_0,液体中 A、B 两点距液面的深度为 h_A 和 h_B,距任选基准面 0-0 的高度为 z_A 及 z_B,自由液面上任一点距基准面 0-0 的高度为 z_0,则 A、B 两点的静压强分别为:

$$p_A = p_0 + \gamma h_A = p_0 + \gamma(z_0 - z_A)$$

$$p_B = p_0 + \gamma h_B = p_0 + \gamma(z_0 - z_B)$$

上式除以容重 γ,整理得:

图 2-6 静压强基本方程另一形式的推证

$$z_A + \frac{p_A}{\gamma} = z_0 + \frac{p_0}{\gamma}$$

$$z_B + \frac{p_B}{\gamma} = z_0 + \frac{p_0}{\gamma}$$

两式联立解得：

$$z_A + \frac{p_A}{\gamma} = z_B + \frac{p_B}{\gamma} = z_0 + \frac{p_0}{\gamma}$$

液体中 A、B 两点是任意选定的，故可将上述关系式推广到整个液体，得出具有普遍意义的规律。即：

$$z + \frac{p}{\gamma} = C(常数) \tag{2-5}$$

方程(2-5)是液体静压强基本方程的另一表达形式。它表示在同一种静止液体中，任意一点的 $\left(z + \frac{p}{\gamma}\right)$ 总是一个常数。下面进一步讨论方程(2-5)的几何意义与物理意义。

1．几何意义

z——表示静止液体中某一点相对于某一基准面的位置高度，称位置水头(或称位置高度)；

$\frac{p}{\gamma}$——表示在某点的压强作用下，液体沿测压管上升的高度，称压强水头(或称测压管高度)；

测压管是指一端开口和大气相通，另一端与容器中液体某一点相接的透明玻璃管，用以测定液体内某一点静压强的大小，如图 2-6；

$z + \frac{p}{\gamma}$——表示测压管内液面相对于基准面的高度，称测压管水头；

$z + \frac{p}{\gamma} = 常数$——表示同一容器的静止液体中，所有各点的测压管水头均相等。

连接各点测压管水头的液面线，称测压管水头线。位于测压管水头线上的各点，其压强均等于当地大气压强。当容器内液面压强 p_0 大于当地大气压强 p_a 时，即 $p_0 > p_a$，测压管水头线将高于容器内液面，如图 2-7。测压管水头线以下的区域为正压区，该区各点的相对压强均为正；当 $p_0 < p_a$ 时，测压管水头线将低于容器内液面，如图 2-8。测压管水头线以上的区域为负压区，该区内各点的相对压强均为负值。

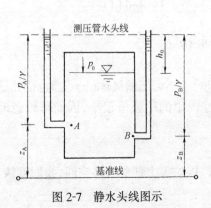

图 2-7 静水头线图示

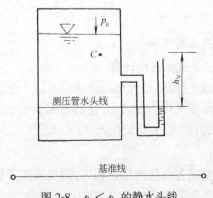

图 2-8 $p_0 < p_a$ 的静水头线

2. 物理意义

z——表示单位重量液体相对于某一基准面的位置势能(简称位能);

$\dfrac{p}{\gamma}$——表示单位重量液体的压力势能(简称压能);

$z + \dfrac{p}{\gamma}$——表示单位重量液体的总势能;

$z + \dfrac{p}{\gamma} =$ 常数——表示同一容器的静止液体中,所有各点对同一基准面的总势能均相等。

【例 2-2】 见图 2-9,有一盛水压力容器,液面相对压强 $p_0 = 49.05\text{kPa}, h_1 = 1\text{m}, h_2 = 2\text{m}$,若以容器底部为基准面,试求 A、B、C 三点的测压管水头。

【解】 A 点

位置水头:$z_A = h_1 + h_2 = 3\text{mH}_2\text{O}$

压强水头:
$$h_A = \frac{p_A}{\gamma} = \frac{p_0}{\gamma} = \frac{49.05}{9.81} = 5\text{mH}_2\text{O}$$

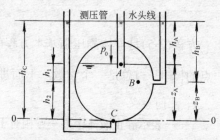

图 2-9 压力盛水容器的水头计算

测压管水头:$\quad z_A + \dfrac{p_A}{\gamma} = 3 + 5 = 8\text{mH}_2\text{O}$

B 点

位置水头:$\quad z_B = h_2 = 2\text{mH}_2\text{O}$

压强水头:
$$h_B = \frac{p_B}{\gamma} = \frac{p_0 + \gamma h_1}{\gamma} = \frac{p_0}{\gamma} + h_1$$
$$= 5 + 1 = 6\text{mH}_2\text{O}$$

测压管水头:$\quad z_B + \dfrac{p_B}{\gamma} = 2 + 6 = 8\text{mH}_2\text{O}$

C 点

位置水头:$\quad z_C = 0$

压强水头:
$$h_C = \frac{p_C}{\gamma} = \frac{p_0 + \gamma(h_1 + h_2)}{\gamma}$$
$$= \frac{p_0}{\gamma} + (h_1 + h_2) = 5 + 3 = 8\text{mH}_2\text{O}$$

测压管水头:$\quad z_C + \dfrac{p_C}{\gamma} = 0 + 8 = 8\text{mH}_2\text{O}$

三、气体压强计算

以上规律,虽然是在液体的基础上提出来的,但对于不可压缩气体($\gamma = C$)也仍然适用。

由于气体容重很小,在高差不大的情况下,气柱产生的压强值很小,因而可以忽略 γh 的影响,则式(2-4)简化为:

$$p = p_0$$

表示空间各点气体压强相等,例如液体容器、测压管、锅炉等上部的气体空间,我们就认为各点的压强是相等的。

第三节 压强的计量基准和计量单位

表示压强的大小,可以采用不同的计量基准和计量单位。

一、压强的两种计量基准

工程实践中,静压强的计算可采用两种不同的计量基准(即计算起点)来计算,因而有两种表示压强的方法,即绝对压强和相对压强。

1. 绝对压强与相对压强

以没有气体分子存在的绝对真空为零点起算的压强称为绝对压强,常以 p_j 表示。

以同高程的当地大气压强为零点起算的压强称为相对压强,常以 p_x 表示。

地球表面海拔高程不同的地方,其大气压强也有差异。在工程上为计算方便,一般取大气压强为 98.07kN/m^2,称为一个工程大气压,常以 p_a 表示。

绝对压强与相对压强之间差一个大气压强,即:

$$p_x = p_j - p_a \tag{2-6}$$

当液体自由表面敞开于大气之中时,自由表面上的气体压强等于大气压强,即 $p_0 = p_a$,则静止液体内任意点的相对压强为:

$$p_x = p_a + \gamma h - p_a = \gamma h$$

这说明:计算液体相对压强,可以将同高程的大气压强为零,简化成液面大气压强为零。这是在工程中最常用的计算公式。

一般工业设备或构筑物都处于当地大气压强的作用下,如用绝对压强计算,则还需考虑外界大气压强的作用,而这个作用往往是相互抵消的;如采用相对压强,则只需考虑流体的作用,计算比较方便。所以工程上一般多采用相对压强。以后讨论所提到的压强,若不加特殊说明,均指相对压强。只有涉及可压缩流体时,因要与热力学方程联立求解,才采用绝对压强。

如果将一个压力表放在大气中,指针读数为零,则此压力表所测读的压强为相对压强。

2. 真空压强(或称真空度)

当流体中某点的绝对压强 p_j 小于当地大气压强 p_a 时,称该点处于真空状态。其真空的程度用真空压强表示,符号为 p_V。

显然,绝对压强只能是正值,而相对压强可正可负。当相对压强为正值时,称为正压;为负值时,称为负压。出现负压的状态即为真空状态。所谓某点的真空压强是指该点的绝对压强值低于大气压强的部分,即:

$$p_V = p_a - p_j \tag{2-7}$$

或

$$p_V = - p_x \tag{2-8}$$

为了正确区分上述三种压强,现将它们的相互关系表示于图 2-10 中。

需要指出的是,流体力学中"真空"的含义与物理学中不同。物理学中常把绝对压强为零的状态称为真空;而流体力学规定:凡绝对压强小于大气压强均认为存在真空,当绝对压强为零时,称为绝对真空。

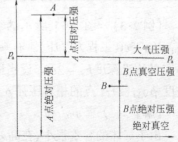

图 2-10 压强的图示

由公式(2-7)可知,真空压强愈大,绝对压强就愈小,最大真空压强发生在绝对压强为零时,此时最大真空压强理论上应等于大气压强,即 $p_V = p_a$。但实际上当压强下降到液体的饱和蒸汽压时,液体就会迅速汽化,使压强不再降低。所以最大真空压强不能超过大气压强与液体饱和蒸汽压的差值。例如水,真空压强只能达到 60~70kPa,再大水就汽化了。

真空这一概念很有实用意义,离心水泵和虹吸管能将低处的水抽吸到一定高度,就是基于这一概念设计的。

二、压强的计量单位

工程技术界常用的压强计量单位有三种。

1. 根据压强的定义,用单位面积上的力来表示压强的大小。在国际单位制中用 N/m^2,即 Pa(帕)。压强很高时,可用 kPa 或 MPa(兆帕,$1MPa = 10^6 Pa$)。在工程单位制中用 kgf/m^2 或 kgf/cm^2 表示。

2. 压强还可用测压管内的液柱高度来表示。将液柱高度乘以该液体的容重即为压强。即:$p = \gamma h$ 常用的液柱高度为水柱高度或汞柱高度。其单位为 mH_2O(米水柱)、mmH_2O(毫米水柱)和 mmHg(毫米汞柱):

$$1mH_2O = 9807 N/m^2 = 1000 kgf/m^2$$
$$1mmH_2O = 9.807 N/m^2 = 1 kgf/m^2$$
$$1mmHg = 133 N/m^2 = 13.6 kgf/m^2$$

3. 压强的大小也常用大气压强的倍数来表示。由于大气压强随当地的海拔高度和气候的变化而有所差异。作为单位必须给它以定值。国际上规定,一个标准大气压(atm)为:

$$1atm = 101325 N/m^2 = 1.033 kgf/cm^2$$

工程上为了计算方便,一般不用标准大气压,而用工程大气压(at):

$$1at = 1 kgf/cm^2 = 98070 N/m^2$$

三种压强计量单位之间的换算关系是今后计算中经常用到的,必须熟练掌握。表 2-1 给出了各种压强单位的换算关系,以供查用。

压强单位换算关系表　　　　　　　　　表 2-1

压强单位	Pa (N/m^2)	kPa ($10^3 N/m^2$)	bar ($10^5 N/m^2$)	mmH_2O (kgf/m^2)	at ($10^4 kgf/m^2$)	atm ($1.0332 kgf/cm^2$)	mmHg
换	9.807	9.807×10^{-3}	9.807×10^{-5}	1	10^{-4}	9.678×10^{-5}	0.07356
算	9.807×10^4	98.07	9.807×10^{-1}	10^4	1	9.678×10^{-1}	735.6
关	101325	101.325	1.01325	10332.3	1.03323	1	760
系	133.332	0.133332	1.3333×10^{-3}	13.595	1.3595×10^{-3}	1.316×10^{-3}	1

【例 2-3】 图 2-11 所示的容器中,左侧玻璃管的顶端封闭,液面上气体的绝对压强 $p_{01} = 0.75at$(工程大气压)。右端倒装玻璃管内液体为汞,汞柱高度 $h_2 = 120mm$。容器内 A 点的淹没深度 $h_A = 2m$。设当地大气压为 1at。试求:(1)容器内空气的绝对压强 p_{02j} 和真空度 p_{V2};(2)A 点的相对压强 p_{AX};(3)左侧管内水面超出容器内水面的高度 h_1。

【解】 (1) 求 p_{02j} 和 p_{V2}

由于气体的容重很小,在高差不大的范围内,γh 引起的压强差很小,可以忽略。因此在小范围内一般认为各点的气体压强相等。在本题中可以认为右侧汞柱表面的压强即为容器内空气压强。根据静压强基本方程：

$$p_{02j} + \gamma_{Hg}h_2 = p_a$$

则
$$p_{02j} = p_a - \gamma_{Hg}h_2$$
$$= 98070 - 133000 \times 0.12 = 82110 \text{N/m}^2$$

容器内空气的真空度 p_{V_2}，如用 mmHg 柱表示：

$$h_{V_2} = 120 \text{mm}$$

$$p_{V_2} = \gamma_{Hg}h_2 = 133000 \times 0.12 = 15960 \text{N/m}^2$$

或 $p_{V_2} = p_a - p_{02j} = 98070 - 82110 = 15960 \text{N/m}^2$

(2) 求 p_A

容器内空气的相对压强为：

$$p_{02X} = -p_{V_2} = -15960 \text{N/m}^2$$

则
$$p_{AX} = p_{02X} + \gamma h_A = -15960 + 9807 \times 2 = 3654 \text{N/m}^2$$

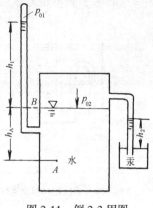

图 2-11 例 2-3 用图

(3) 求 h_1

A 点的绝对压强为：

$$p_{Aj} = p_{AX} + p_a = 3654 + 98070 = 101724 \text{N/m}^2$$

而
$$p_{Aj} = p_{01j} + \gamma(h_1 + h_A)$$

则
$$h_1 = \frac{p_{Aj} - p_{01j}}{\gamma} - h_A = \frac{101724 - 0.75 \times 98070}{9807} - 2$$
$$= 0.87 \text{m}$$

第四节 连通器及等压面

在同一种连续的静止液体内，凡由静压强相等的点所组成的面，称为等压面。

由基本方程式 $p = p_0 + \gamma h$ 可见，淹没深度相同的各点，其静压强是相等的。因而在重力作用下的静止液体中，其等压面必然是水平面，各高程不同的水平面，分别代表压强数值不同的一簇等压面。

在静止液体的自由表面上，各点压强均等于气体压强，自由表面就是一个等压面的特例。所以静止液体的自由表面，也是一个水平面。

需要强调指出，静止液体内等压面是水平面这一结论，只能适用于静止的、相互连通的同一种液体。

在图 2-12(a)中，位于同一水平面上的 1、2、3、4 各点满足静止、连通、同一种液体三个条件，其各点压强相等，通过该四点的水平面为等压面；图 2-12(b)中，因连通器被闸门隔断，液体的连续性受到破坏，故同一水平面上的 5、6 两点静压强并不相等，因而过 5、6 两点的水平面不是等压面；对于图 2-12(c)中，盛有两种不同液体的连通器，通过油和水的分界面的水平面为等压面，在该水平面上的 7、8 两点压强相等。而穿过两种不同液体的水平面不是等压面，该水平面上 a、b 两点压强则不等；图 2-12(d)中，c 和 d 两点虽属静止、同一种液体，但不连续，中间被气体隔开了，所以同在一个水平面上的 c、d 两点压强不相等，通过这二点的水平面不是等压面。

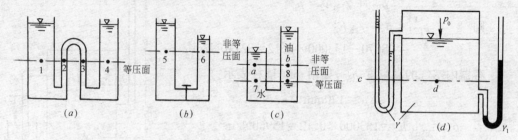

图 2-12
(a)连通容器；(b)连通器被阀门隔断；(c)盛有不同种类溶液的连通器；(d)连通器液体不连续,被气体隔开

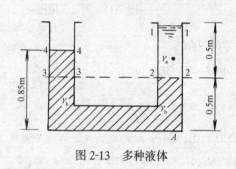

图 2-13 多种液体

等压面的概念非常重要,利用等压面的特性,对分析静压强的变化规律有很大帮助。

【例 2-4】 容重为 γ_a 和 γ_b 的两种液体,装在图 2-13 的容器中,各液面深度如图所示。若 $\gamma_b=9.807\mathrm{kN/m^3}$,大气压强 $p_a=98.07\mathrm{kN/m^2}$,求 γ_a 及 p_{Aj}。

【解】 先求 γ_a

由于自由表面的压强均等于大气压强,所以
$$p_{1j}=p_{4j}=p_a=98.07\mathrm{kN/m^2}$$

根据静止、连通、同种液体的水平面为等压面的规律,则
$$p_{2j}=p_{3j}$$

根据静压强的基本方程：
$$p_{2j}=p_a+\gamma_a\times 0.5$$
$$p_{3j}=p_a+\gamma_b\times(0.85-0.5)$$

则　　　　　$0.5\gamma_a=(0.85-0.5)\gamma_b=0.35\gamma_b$

所以　　　　$\gamma_a=0.7\gamma_b=0.7\times 9.807=6.865\mathrm{kN/m^3}$

再求 A 点的压强

两液体分界面 2-2 上的压强为
$$p_{2j}=p_a+\gamma_a\times 0.5=98.07+0.5\times 6.865$$
$$=101.503\mathrm{kN/m^2}=101.503\mathrm{kPa}$$

A 点的绝对压强为
$$p_{Aj}=p_{2j}+\gamma_b\times 0.5=101.503+0.5\times 9.807$$
$$=106.407\mathrm{kN/m^2}=106.407\mathrm{kPa}$$

实际上,求 A 点的压强,可以不先求出分界面上的压强,直接以分界面为压强关系的联系面,一次就可求出 A 点的压强。即
$$p_{Aj}=p_a+0.5\gamma_a+0.5\gamma_b=98.07+0.5(6.865+9.807)$$
$$=106.407\mathrm{kN/m^2}=106.407\mathrm{kPa}$$

另外,我们也可以利用等压面求 A 点的压强。容器底面为一等压面,从容器左端求 A

点的压强,即

$$p_{Aj} = p_a + \gamma_b \times 0.85 = 106.407 \text{kPa}$$

第五节　流体静压强的应用

一、液柱式测压计

测量流体的压强在安装工程上是极其普遍的要求,如锅炉、压缩机、水泵、风机等均装有压力计及真空计。常用的测量压强的仪器有金属式、电测式和液柱式三种。由于液柱式测压计直观、方便和经济,因而在工程上得到广泛的应用。下面介绍几种常用的液柱式测压计。

1. 测压管

它是直接利用同种液体的液柱高度来测量液体静压强的仪器,如图 2-14 所示。因容器中的 A 点与同高程上的测压管中的 B 点位于同一等压面上,因而测压管中的液柱高度 h_A 即表示容器中 A 点的压强水头。所以 A 点的相对压强可用下式计算:

$$p_{AX} = \gamma h_A \tag{2-9}$$

测压管只适用于测量较小的压强,否则需要的测压管过长,应用不方便。所以测量较大的压强时,一般用 U 形水银测压计。

2. 水银测压计

水银测压计是一 U 形管,内装水银,将管的一端和容器相连,另一端和大气相通,如图 2-15 所示。测 A 点压强时,在 A 点的静压强作用下,U 形管内的水银液面形成一高差 h_{Hg}。

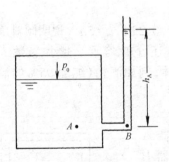

图 2-14　测压管

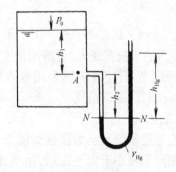

图 2-15　水银测压计

因 U 形管内液体分界面 N-N 为等压面,水的容重为 γ,水银的容重为 γ_{Hg},则有:

$$p_A + \gamma h_2 = \gamma_{Hg} h_{Hg}$$

$$p_A = \gamma_{Hg} h_{Hg} - \gamma h_2 \tag{2-10}$$

3. 压差计

压差计(又称比压计)是一种直接测量液体内两点压强差或测压管水头差的装置。可分为空气压差计、油压差计和水银压差计。

图 2-16 所示为一水银压差计,两端分别连接在需测点 A 及 B 处,根据水银液面的高差 Δh_{Hg} 即

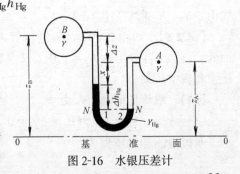

图 2-16　水银压差计

可求出 A 及 B 两点的压强差或测压管水头差。

因为 U 形管内液体分界面 $N-N$ 为等压面，则有：
$$p_1 = p_A + \gamma(x + \Delta h_{Hg})$$
$$p_2 = p_B + \gamma(\Delta z + x) + \gamma_{Hg}\Delta h_{Hg}$$

因 $\qquad p_1 = p_2$

所以 $\qquad p_A + \gamma(x + \Delta h_{Hg}) = p_B + \gamma(\Delta z + x) + \gamma_{Hg}\Delta h_{Hg}$

整理上式，可得 A 及 B 两点压强差为：

$$p_A - p_B = (\gamma_{Hg} - \gamma)\Delta h_{Hg} + \gamma \Delta z \qquad (2-11)$$

将上式各项除以 γ，经整理可得 A 及 B 两点的测压管水头差为：

$$\left(z_A + \frac{p_A}{\gamma}\right) - \left(z_B + \frac{p_B}{\gamma}\right) = \left[\frac{\gamma_{Hg}}{\gamma} - 1\right]\Delta h_{Hg} \qquad (2-12)$$

4. 微压计

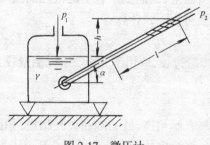

图 2-17 微压计

在测定微小压强（或压差）时，为了提高量测的精度，可以采用微压计。图 2-17 所示为倾斜式微压计，在右侧的测压管是倾斜放置的，可以绕轴转动，使其倾角 α 可根据需要改变。

图 2-17 中，容器中液面与测压管中液面高差 h 在倾斜测压管的读数为 l，而 $h = l \cdot \sin\alpha$，则：

$$p_1 - p_2 = \gamma l \cdot \sin\alpha \qquad (2-13)$$

在测定时 α 为定值，只需测得倾斜长度 l，就可得出压差。

由于 $l = h/\sin\alpha$，当 $\sin\alpha = 0.5$ 时，$l = 2h$；当 $\sin\alpha = 0.2$ 时，$l = 5h$。说明倾斜角度越小，l 比 h 放大的倍数就越大，量测的精度就更高。由上式还可知，容重 γ 越小，读数 l 就越大。因此，工程上微压计内液体采用容重比水更小的液体，例如酒精（纯度 95% 的酒精，$\gamma = 7.944\text{kN/m}^3$）以提高精度。

5. 真空计

真空计是量测真空的仪器如图 2-18 所示。若容器 A 中液面绝对压强小于大气压强，由于真空作用而将容器 B 内的水吸上一高度 h_V。液面压强 $p_{0j} = p_{Aj} = p_a - \gamma h_V$，

即 $\qquad h_V = \dfrac{p_a - p_{0j}}{\gamma} \qquad (2-14)$

式中 h_V——真空高度（m）。

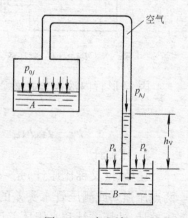

图 2-18 真空计

【例 2-5】 如图 2-19 所示，测压管内水面比容器内水面低。已知 $h_1 = 2.0\text{m}, h_2 = 1.0\text{m}$，试求容器内液面的相对压强和真空压强。

【解】 取等压面 $N\text{-}N$，由于

$$p_{0x} + \gamma(h_1 - h_2) = 0$$

所以液面相对压强为：

$$p_{0x} = -\gamma(h_1 - h_2) = -9.807(2-1)$$
$$= -9.81 \text{kPa}$$

而液面真空压强为：
$$p_{0v} = -p_{0x} = 9.81 \text{kPa}$$

【例 2-6】 如图 2-20 所示，在输水管上装一 U 形水银测压计，量得水银液面差 $h_{Hg} = 760 \text{mm}$，$h = 1 \text{m}$，求管内 A 点处的静水压强。（水的密度 $\rho = 1000 \text{kg/m}^3$，水银的密度 $\rho_{Hg} = 13590 \text{kg/m}^3$）

【解】 取等压面 N-N，由于

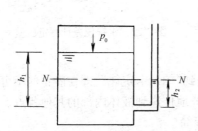
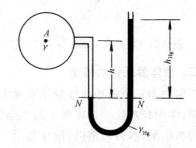

图 2-19　测压管测定真空压强　　　　图 2-20　水银测压计测定管内压强

$$p_A + \gamma h = \gamma_{Hg} h_{Hg}$$

所以 A 点的静压强为：
$$p_A = \gamma_{Hg} h_{Hg} - \gamma h = \rho_{Hg} g h_{Hg} - \rho g h$$
$$= 13590 \times 9.81 \times 0.76 - 1000 \times 9.81 \times 1$$
$$= 91511 \text{Pa} = 91.51 \text{kPa}$$

【例 2-7】 对于压强较高的密闭容器，可采用复式水银测压计，如图 2-21 所示。已知 $h_1 = 1.3 \text{m}$，$h_2 = 0.8 \text{m}$，$h_3 = 1.7 \text{m}$，试求容器内液面相对压强。

【解】 取等压面 1-1、3-3，根据静压强基本方程，从右向左推算。

等压面 1-1 上的相对压强为：
$$p_1 = \gamma_{Hg} h_1$$

由于气体的容重远小于液体，所以气体柱的重力影响可以忽略不计，则 $p_1 = p_2$，于是等压面 3-3 上的相对压强为：
$$p_3 = p_1 + \gamma_{Hg} h_2 = \gamma_{Hg} h_1 + \gamma_{Hg} h_2 = \gamma_{Hg}(h_1 + h_2)$$

容器内液面上的相对压强为：
$$p_0 = p_3 - \gamma h_3 = \gamma_{Hg}(h_1 + h_2) - \gamma h_3$$
$$= 13590 \times 9.81 \times 2.1 - 1000 \times 9.81 \times 1.7 = 263.32 \text{kPa}$$

【例 2-8】 在 A、B 两根压力输水管道之间，连接一水银压差计，如图 2-22 所示。量得 $h_1 = 0.6 \text{m}$，$h_2 = 0.2 \text{m}$，$\Delta h_{Hg} = 0.3 \text{m}$，试计算 A、B 两管内压强差。

【解】 取等压面 N-N，由于
$$p_A + \gamma h_1 = p_B + \gamma h_2 + \gamma_{Hg} \Delta h_{Hg}$$

则：
$$p_A - p_B = \gamma_{Hg} \Delta h_{Hg} - \gamma(h_1 - h_2)$$

$$= 13590 \times 9.81 \times 0.3 - 1000 \times 9.81$$
$$\times (0.6 - 0.2)$$
$$= 36.07 \text{kPa}$$

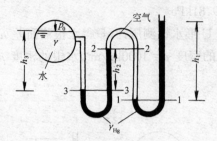

图 2-21 复式水银测压计测定压强

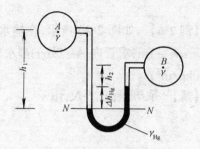

图 2-22 水银压差计测定压差

二、液体静压强的传递

在前面第二节讲述液体静压强基本方程时,提到"帕斯卡定律",即在静止的不可压缩的液体中,作用在其任一边界面上的压强变化,将等值地传递到液体内部的其他各点。工程上使用的水压机、水力起重机、液压传动、气动阀门等简单的水力机械,就是根据帕斯卡定律工作的。下面通过例题说明液体静压强的传递。

【例 2-9】 水压机的小活塞面积 $A_1 = 5\text{cm}^2$,大活塞面积 $A_2 = 1\text{m}^2$,杠杆臂长 $a = 50\text{cm}$,$b = 5\text{cm}$,求施力 $F = 100\text{N}$ 时,大活塞对物体的挤压力 P。忽略两活塞的重量及其与活塞缸的摩擦力。

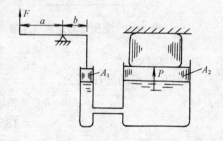

图 2-23 例 2-9 用图

【解】 未施加 F 力时大活塞对物体没有挤压力,施加 F 力后,在小活塞与水的接触面上产生的压力 P_1 为:

$$F \times a = P_1 \times b$$

则
$$P_1 = \frac{F \times a}{b} = \frac{100 \times 50 \times 10^{-2}}{5 \times 10^{-2}} = 1000\text{N}$$

在小活塞与水接触面上产生的静压强为:

$$p = \frac{P_1}{A_1} = \frac{1000}{5 \times 10^{-4}} = 2 \times 10^6 \text{N/m}^2$$

按帕斯卡定律,静压强 p 将等值地传递到大活塞 A_2 上,故大活塞对物体的挤压力为:
$$P = pA_2 = 2 \times 10^6 \times 1 = 2 \times 10^6 \text{N} = 2000\text{kN}$$

第六节 流体静压强的分布图

根据液体静压强基本方程 $p = p_0 + \gamma h$ 和静压强的特性,将作用在受压面上静压强的大小、方向及分布情况用一图形表示,这个几何图形就称为液体静压强的分布图。其绘制规则是:

(1) 按照一定比例,用一定长度的线段来代表静压强的大小。

(2) 用箭头标出静压强的方向,并与受压面垂直。

现以图 2-24 中铅直面 AB 左侧为例绘制静压强分布图。

根据压强 p 和水深 h 呈线性变化的规律,只要定出 AB 面上 A 与 B 两个端点的压强大小,并用一定比例的线段画在相应的点处,连接两线段的端点,即得受压面 AB 的静压强分布图 ABED。

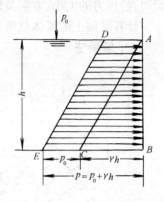

如果液面压强 p_0 等于当地大气压 p_a 时,因 p_a 对壁面 AB 的左、右两侧都有作用,大小相等方向相反而抵消,对受压壁面是不产生力学效果的。所以在工程计算中,只考虑相对压强的作用,即水深所造成的压强 γh 的力学效果,对压强分布图即只考虑三角图形 ABC 的压强分布。

图 2-24 静水压强分布图的画法

图 2-25 是根据液体静压强基本方程和静压强特性,在斜面、折面、铅直面及曲面上绘制的静压强分布图。

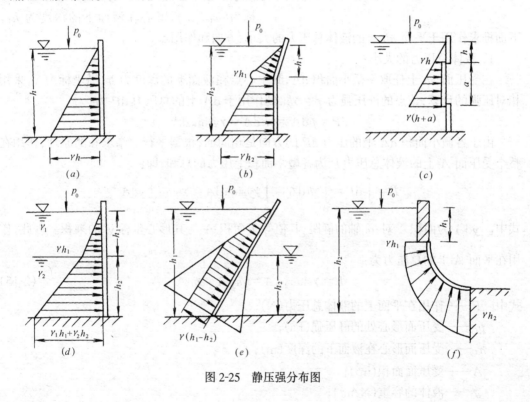

图 2-25 静压强分布图

第七节 作用在平面上的流体总压力

前几节我们已研究了静止流体中压强分布规律。但在工程实际中有时还需要求出流体对整个受压面的总压力,例如在进行锅炉、水池等构筑物的结构设计时,需要计算作用于构筑物表面上的流体静压力。在已知静压强的分布规律后,求总压力的问题实际上是一个求受压面上分布力的合力问题。受压面可以是平面,也可以是曲面。本节仅讨论受压面为平

27

面时,静压力的大小、方向及作用点。

计算平面上的流体总压力有两种方法:解析法和图解法。

一、解析法

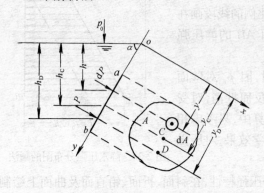

图 2-26 作用在平面壁上的静水总压力

图 2-26 所示为一放置在液体中任意位置、任意形状的倾斜面 ab,平面的一侧有液体。该平面的延续面与水面的交角为 α,取平面的延续面与水面的交线(垂直于纸面)为横坐标 ox 轴,垂直于 ox 轴并沿平面 ab 向下的线为纵坐标 oy 轴。平面 ab 上任一点的位置可由该点坐标 (x,y) 确定。

为了明显起见,将平面 ab 绕 oy 轴旋转 $90°$,与纸面重合(即图中曲面部分)如图 2-26 所示。设平面 ab 的面积为 A,其形心 C 的坐标为 (x_C, y_C),形心在液面下的深度为 h_C。

下面推求作用于平面 ab 上的液体总压力的大小、方向和作用点。

1. 液体总压力的大小

在受压面 ab 上任取一微小面积 dA,其中心点在液面下的深度为 h,纵坐标为 y,采用相对压强的计算,该点的静压强为 $p = \gamma h$,则作用于 dA 上的总压力 dP 为:

$$dP = pdA = \gamma h dA = \gamma y \sin\alpha dA$$

由于各微小面积 dA 上的压力 dP 的方向是相同的,根据平行力系求和的原理,作用在整个受压面 A 上的液体总压力 P 为各微小面积上压力的总和,即:

$$P = \int dP = \int_A \gamma h dA = \int_A \gamma y \sin\alpha dA = \gamma \sin\alpha \int_A y dA$$

式中,$\int_A y dA$ 为面积 A 对 ox 轴的静距,其值等于面积 A 与其形心坐标 y_C 的乘积。因此,作用在平面 A 上的总压力为:

$$P = \gamma \sin\alpha y_C A = \gamma h_C A = p_C A \tag{2-15}$$

式中　P ——作用在平面上的液体总压力(N);

　　　p_C ——受压面形心处的静压强(Pa);

　　　h_C ——受压面形心在液面下的深度(m);

　　　A ——受压面面积(m^2);

　　　γ ——液体的容重(N/m^3);

　　　y_C ——平面形心到液面交线 ox 轴的距离,m。

式(2-15)为计算平面上液体总压力的解析式。它表明作用在平面上的液体总压力的大小,等于受压面面积与其形心点处静压强的乘积。

2. 液体总压力的方向

液体总压力 P 的方向垂直指向受压面。

3. 液体总压力的作用点

液体总压力的作用点称为压力中心,以 D 表示。总压力作用点的位置,可根据理论力

学中合力对于某一轴的力矩等于各分力对同轴的力矩之和的原理求得,即:

$$Py_D = \int y dP = \int_A y\gamma h dA = \int_A \gamma y^2 \sin\alpha dA$$

$$= \gamma \sin\alpha \int_A y^2 dA = \gamma \sin\alpha J_x$$

式中,$J_x = \int_A y^2 dA$,为受压面 A 对 αx 轴的惯性矩。

则:

$$y_D = \frac{\gamma \sin\alpha J_x}{p} = \frac{\gamma \sin\alpha J_x}{\gamma h_C A}$$

$$= \frac{\gamma \sin\alpha J_x}{\gamma \sin\alpha y_C A} = \frac{J_x}{y_C w}$$

为了计算方便,将受压面积 A 对 αx 轴的惯性矩 J_x 变化成对平行于 αx 轴且通过形心轴的惯性矩,即由惯性矩平行移轴定理:

$$J_x = J_C + y_C^2 A$$

所以:

$$y_D = y_C + \frac{J_C}{y_C A} \tag{2-16}$$

式中 y_D——压力中心到 αx 轴的距离(m);
y_C——受压面形心到 αx 轴的距离(m);
A——受压面面积(m^2);
J_C——受压面对通过形心且平行于 αx 轴的轴之惯性矩(m^4)。

由于 $\frac{J_C}{y_C A}$ 总是正值,所以 $y_D > y_C$。说明压力中心 D 的位置在形心 C 之下。

压力中心在 x 轴上的坐标取决于平面形状。在实际工程中,受压面常是对称于 y 轴的,则 D 点在 x 轴上的位置就必然在平面的对称轴上,这就完全确定了 D 点的位置。常见图形的面积、形心位置及惯性矩见表 2-2。

几种平面的 J_C 及 C 的计算公式　　　　表 2-2

图　名	平　面　形　状	惯性矩 J_C	形心 C 距下底的距离
矩　形		$J_C = \frac{bh^3}{12}$	$s = \frac{h}{2}$
三角形		$J_C = \frac{bh^3}{36}$	$s = \frac{1}{3}h$
圆　形		$J_C = \frac{\pi d^4}{64}$	$s = \frac{d}{2}$

续表

图 名	平面形状	惯性矩 J_C	形心 C 距下底的距离
梯 形		$J_C = \dfrac{h^3}{36} \dfrac{(m^2 + 4mn + n^2)}{(m+n)}$	$s = \dfrac{h}{3} \dfrac{(2m+n)}{(m+n)}$

二、图解法

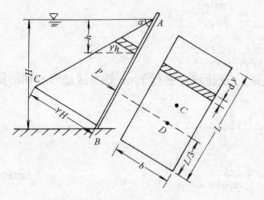

图 2-27 静压力的图解法

图解法是利用绘制压强分布图来计算液体总压力的方法。求作用在底边与液面平行的矩形平面上总压力的大小、方向及作用点，采用图解法尤为方便和形象化。

设有一宽度为 b，与水平面的夹角为 α，底边与液面平行且淹没深度为 H 的矩形平面，如图 2-27 所示。

1. 液体总压力的大小

根据液体静压强的基本方程作受压面的压强分布图 ABC。在矩形平面上水深 h 处取一高为 $\mathrm{d}y$、宽为 b 的微小面积。该面积上的微小压力为：

$$\mathrm{d}P = p\mathrm{d}A = \gamma h b \mathrm{d}y$$

由图 2-27 可见，γh 为所取微小面积处压强分布图上的压强大小，而 $\gamma h \mathrm{d}y$ 为该处所对应的压强分布图的微小面积 $\mathrm{d}S$。因此

$$\mathrm{d}P = b\mathrm{d}S$$

则作用在该平面上的液体总静压力为：

$$P = \int_A \mathrm{d}P = \int_S b\mathrm{d}S = bS \tag{2-17}$$

式中，S 为压强分布图的面积。

由此可见，液体作用在矩形平面上的总静压力等于压强分布图的面积 S 与矩形平面宽度 b 的乘积。

2. 液体总压力的作用点、方向

由于压强分布图所表示的正是力的分布情况，而总静压力则是平面上各微元面积上所受液体压力的合力。故压力中心必然通过压强分布图的形心，其方向垂直于受压面。

如压强分布图为三角形，则压力中心位于距底边 $\dfrac{1}{3}L$ 处，L 为平板 AB 的长度，见表 2-2。由于矩形平面有对称轴，所以形心 C 与压力中心 D 都在对称轴上。

综上所述，求矩形平面总压力的图解法，其步骤如下：

（1）绘出液体静压强分布图；

（2）计算受压面上总压力的大小 $P = bS$（其中 S 为静压强分布图的面积，b 为受压平

面的宽度）；

（3）总压力的作用线通过压强分布图的形心，垂直于受压面；压力中心在受压面的对称轴上。

【例 2-10】 有一倾斜矩形闸门 ab，如图 2-28 所示。试用解析法和图解法求作用在闸门上的静水总压力及作用点。已知 $ab=3\mathrm{m},b=2\mathrm{m},y_1=3\mathrm{m},\alpha=60°$。

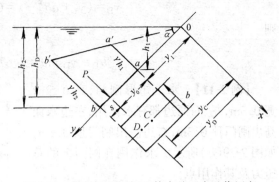

图 2-28 倾斜矩形闸门上静水总压力及作用点

【解】 1. 解析法
由式(2-15)得：

$$P = p_C A = \gamma h_C A = \gamma \left(y_1 + \frac{ab}{2} \right) \sin\alpha \cdot b \cdot ab$$

$$= 9.81 \times (3+1.5) \times \frac{\sqrt{3}}{2} \times 2 \times 3$$

$$= 229.32 \mathrm{kN}$$

由式(2-16)得：

$$y_0 = y_C + \frac{J_C}{y_C A} = 4.5 + \frac{\frac{1}{12} \times 2 \times 3^3}{4.5 \times 3 \times 2}$$

$$= 4.67 \mathrm{m}$$

则

$$h_D = y_D \sin\alpha = 4.67 \times \frac{\sqrt{3}}{2} = 4.04 \mathrm{m}$$

2. 图解法
(1) 绘制静压强分布图，如图 $aa'b'b$ 面积。
(2) 计算液体总压力：

$$P = bS = b \times \frac{1}{2} [\gamma h_1 + \gamma h_2] ab$$

$$= \frac{1}{2} \gamma [y_1 \sin\alpha + (y_1 + ab)\sin\alpha] ab \cdot b$$

$$= \frac{1}{2} \times 9.81 \times \left[3 \times \frac{\sqrt{3}}{2} + (3+3) \times \frac{\sqrt{3}}{2} \right] \times 3 \times 2$$

$$= 229.32 \mathrm{kN}$$

(3) 计算压强分布图形心点距液面的深度。
压强分布图形心点距底边的距离 s 为：

$$s = \frac{ab}{3} \frac{2\gamma h_1 + \gamma h_2}{\gamma h_1 + \gamma h_2} = \frac{ab}{3} \frac{2y_1 \sin\alpha + (y_1+ab)\sin\alpha}{y_1 \sin\alpha + (y_1+ab)\sin\alpha}$$

$$= \frac{3}{3} \frac{2 \times 3 \times \frac{\sqrt{3}}{2} + 6 \times \frac{\sqrt{3}}{2}}{3 \times \frac{\sqrt{3}}{2} + 6 \times \frac{\sqrt{3}}{2}} = 1.33 \mathrm{m}$$

静水总压力作用点的位置为：

$$y_D = (y_1 + ab) - s = 6 - 1.33 = 4.67 \text{m}$$

则

$$h_D = y_D \sin\alpha = 4.67 \times \frac{\sqrt{3}}{2} = 4.04 \text{m}$$

【例 2-11】 水下矩形闸门,高 0.5m,宽 0.3m,左、右两边都有水作用,左边水面高出闸门顶 0.3m,右边高出闸门顶 0.2m,如图 2-29(a)所示。求作用在闸门上的总压力及其作用点。

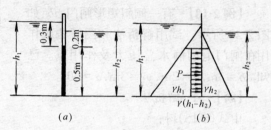

图 2-29 两侧受压的垂直矩形平面壁

【解】 两侧都受水压力作用的平面,可通过作压强分布图方法,推求总压力的大小。

图 2-29(b)为闸门两侧的压强分布图,因两侧压强的方向相反,互相抵消了一部分,则静压强 p 在闸门上的分布上下一致,等于 $\gamma(h_1 - h_2)$,因为:

$$h_1 = 0.3 + 0.5 = 0.8 \text{m}, \quad h_2 = 0.5 + 0.2 = 0.7 \text{m}$$

则受压面上的总压力为:

$$P = bS = \gamma(h_1 - h_2)A$$
$$= 9.81(0.8 - 0.7) \times 0.5 \times 0.3 = 147.11 \text{N}$$

由于作用在闸门上的压强分布均匀,作用点位于受压面形心点上,即在左侧水面下 0.55m 深处,方向向右。

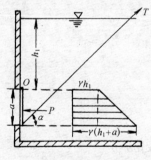

图 2-30 例 2-12 用图

【例 2-12】 在水箱的泄水孔上装有一高为 a、宽为 b 的矩形闸门,门的上缘在水面下的淹没深度为 h_1,闸门可绕 O 轴旋转,并可用与水平面成 α 角的索链开启(图 2-30)。已知:$a = 1\text{m}, b = 2\text{m}, h_1 = 3\text{m}, \alpha = 45°$。求开启闸门时所需的拉力 T。

【解】 1. 求静水总压力 P

由式(2-15)得:

$$P = p_C A = \gamma\left(h_1 + \frac{a}{2}\right)b \cdot a$$
$$= 9.81 \times \left(3 + \frac{1}{2}\right) \times 2 \times 1 = 68.65 \text{kN}$$

2. 求压力中心 y_D

由式(2-16)得:

$$y_D = y_C + \frac{J_C}{y_C \cdot A} = \left(h_1 + \frac{a}{2}\right) + \frac{\frac{1}{12}ba^3}{\left(h_1 + \frac{a}{2}\right) \cdot a \cdot b}$$

$$= \left(3 + \frac{1}{2}\right) + \frac{\frac{1}{12} \times 2 \times 1^3}{\left(3 + \frac{1}{2}\right) \times 1 \times 2} = 3.524 \text{m}$$

3. 求拉力 T

当启门力矩大于总压力对 O 轴的力矩时,闸门能被打开,故有
$$Ta\cos\alpha = P(y_D - h_1)$$
式中 $a\cos\alpha$ 为 T 的力臂,$(y_D - h_1)$ 为 P 离 O 轴的力臂。

由此得
$$T = \frac{P(y_D - h_1)}{a\cos\alpha} = \frac{68.65(3.524-3)}{1\times 0.707}$$
$$= 50.88 \text{kN}$$

习　题

2-1　试计算图中 (a)、(b)、(c) 中,A、B、C 各点的相对压强。图中 p_{0j} 是绝对压强。

2-2　分析图中哪些是等压面,哪些不是等压面,为什么?

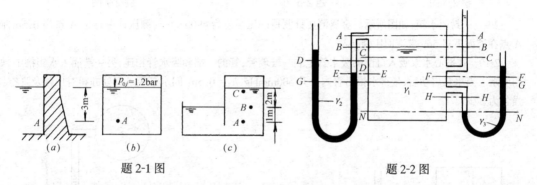

题 2-1 图　　　　　　　　　　题 2-2 图

2-3　图中所示的 1、2、3 点的位置水头、压强水头、测压管水头是否相同,为什么?

2-4　如图所示开敞容器盛有 $\gamma_2 > \gamma_1$ 的两种液体,问 1、2 两测压管中的液面哪个高些?哪个和容器的液面同高?

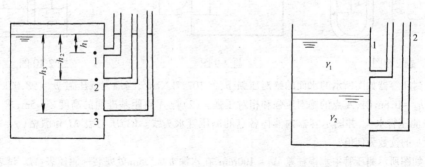

题 2-3 图　　　　　　　　　　题 2-4 图

2-5　如图所示一封闭容器水面的绝对压强 $p_{0j} = 85$kPa,当地大气压强为 98.1kPa,中间玻璃管两端是开口的,当既无空气通过玻璃管进入容器,又无水进入玻璃管时,玻璃管应该伸入水面的深度 h 是多少?

2-6　图中所示的水箱有四个支座,求容器底面所受的水的总压力和四个支座的反力,并讨论总压力与支座反力不相等的原因。

2-7　有一盛水的封闭容器,其两侧各接一根玻璃管,如图所示。一管顶端封闭,其水面绝对压强 $p_{0j} = 88.29$kN/m²。一管顶端敞开,水面与大气接触。已知 $h_0 = 2$m。求:(1)容器内的水面压强 p_C;(2)敞口管与容器内的水面高差 x;(3)以真空值表示 p_{0j}。

2-8　有一封闭容器,如图所示。已知 $h_1 = 1$m,$h_2 = 1$m,求 A 点处的真空压强和容器内水面的相对压

强及绝对压强。

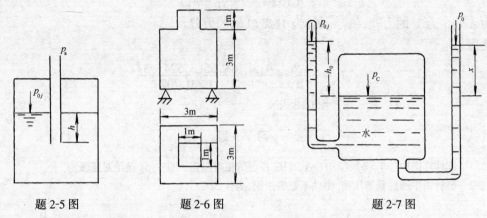

题 2-5 图　　　　　题 2-6 图　　　　　题 2-7 图

2-9　一封闭水箱,如图所示。金属测压计测得的压强值为 4900N/m², 测压计中心比 A 点高 0.5m, 而 A 点在液面下 1.5m, 求液面压强 p_0。

2-10　在离心水泵吸入口前的吸水管上装一玻璃管,管的一端和吸水管相连,另一端插入水银槽中,如图所示。当水泵启动后,量得水银沿管内上升 500mmHg; $h_1 = 0.5$m, 问水泵吸入口处的相对压强及真空压强各为多少。

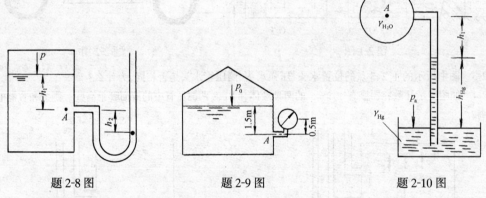

题 2-8 图　　　　　题 2-9 图　　　　　题 2-10 图

2-11　封闭容器如图所示的水面的绝对压强 $p_{0j} = 107.7$kN/m², 当地大气压强 $p_a = 98.07$kN/m²。试求(1)水深 $h_1 = 0.8$m 时, A 点的绝对压强和相对压强。(2)若 A 点距基准面的高度 $Z = 5$m, 求 A 点的测压管高度及测压管水头,并图示容器内液体各点的测压管水头线。(3)压力表 M 和酒精($\gamma = 7.944$kN/m²)测压计 h 的读数为何值?

2-12　如图所示测压管中水银柱差 $\Delta h = 100$mm, 在水深 $h = 2.5$m 处安装一测压表 M。试求 M 的读数,并图示测压管水头线的位置。

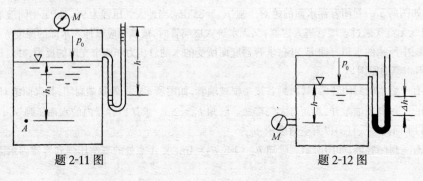

题 2-11 图　　　　　　　题 2-12 图

34

2-13 如图所示有一容器,内有稀薄空气,在容器两处分别装有水银测压计,已知开口测压计水银面上升 $h_1 = 0.23$m,测压计 $p_{0j} = 12.5$kPa,求水银面上升高度 h_2。

2-14 如图所示真空计左管内水银上升 $h_1 = 0.4$m,试求容器 A 内活塞右方的真空值。

2-15 如图所示,求 p_a、p_0 的绝对压强、相对压强和真空值各为若干?

2-16 用复式水银测压计量测水管中 A 点的压强,如图所示。已知 $h_1 = 0.3$m,$h_2 = 0.1$m,$h_3 = 0.3$m,求 A 点的相对压强。

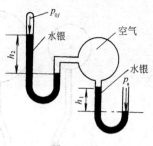

题 2-13 图

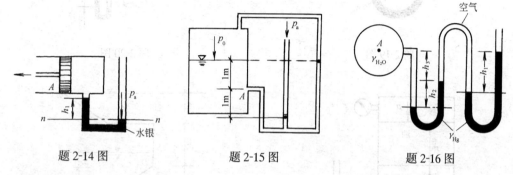

题 2-14 图　　　　题 2-15 图　　　　题 2-16 图

2-17 有一盛水容器如图所示。已知容器的上口直径 $d_1 = 0.5$m,下底直径 $d_2 = 1.0$m,容器高 $h = 1.5$m。若在上口的活塞上加一力 $G = 11.4$kN,活塞重量忽略不计,求作用在容器底面 C、D 两点的相对压强和作用在底面上的总压力。

2-18 有一简易水压机,如图所示。已知两活塞直径之比为 1:4,杠杆 OA 与 OB 之比为 1:3,若在 B 点加一力 $P = 300$kN,问水压机能举起重物为多少牛顿。

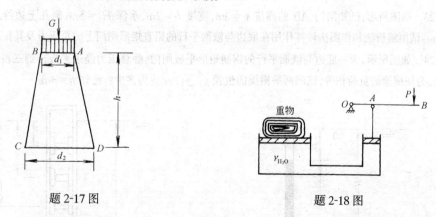

题 2-17 图　　　　　　　　　　题 2-18 图

2-19 A、B 两输水管的轴心在同一水平线上,用水银测压计测定两管的压差,如图所示。测得 $\Delta h = 130$mm,试问 A、B 两管的压差是多少?

2-20 如图所示一直立煤气管,在底部的测压管中读数为 $h_1 = 100$mmH₂O,在 $H = 20$m 高处的测压管中测得 $h_2 = 115$mmH₂O,管外空气容重 $\gamma_{气} = 12.64$N/m³,求管中静止煤气的容重。

2-21 图示封闭容器中有空气、油、水三种流体,油的容重为 7.26kN/m³ 压力表 A 读数为 -0.15kgf/cm² (1kgf = 9.8N)(1)试绘出容器侧壁上的压强分布图;(2)求水银测压计中水银柱高度差 h。

2-22 如图所示,绘制各平面壁 AB、BC、CD、DE、EF 上的压强分布图。

35

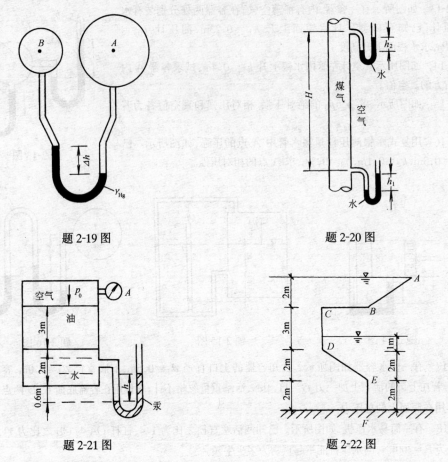

题 2-19 图　　　　　　　　　　题 2-20 图

题 2-21 图　　　　　　　　　　题 2-22 图

2-23　如图所示,已知闸门 AB 的高度 $h=3$m,宽度 $b=2$m,水深 $H_1=5$m,闸孔上边缘距水面距离 $H_2=2$m。试用解析法和作图法计算作用在底边与液面平行的铅直矩形闸门上的总压力及其作用点。

2-24　如图所示,为一底边与液面平行的钢制矩形平板闸门,静总压力经过平板传到三根加固的水平横梁上,为使横梁的负荷相等,试问两根横梁的位置 y_1、y_2、y_3 应为多少? 已知 $h=4$m。

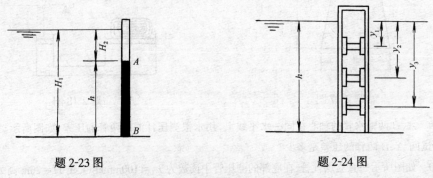

题 2-23 图　　　　　　　　　　题 2-24 图

2-25　有一铅直的矩形闸门 AB,高 1.5m,宽 1m,如图所示。闸门顶在左侧上游水面下 1m,在右侧下游水面上 0.5m,求闸门所受静总压力的大小、方向及作用点距闸门底的距离。

2-26　如图所示,有一输水压力式涵洞,闸门宽 2m,自重 $G=9.8$kN,假设 A 点铰接处无摩擦力,问需多少力 T 才能拉起闸门? 图中 $\alpha=30°$。

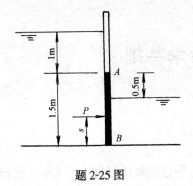

题 2-25 图

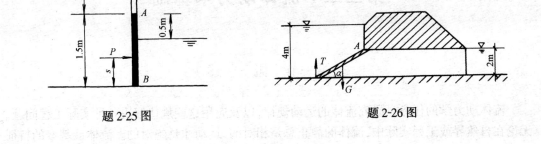

题 2-26 图

第三章 流体动力学基础

第一节 概　述

　　流体动力学的任务是研究流体的运动规律,以及应用这些规律解决各种实际工程问题。无论在自然界或工程实际中,流体的静止总是相对的,运动才是绝对的。流体最基本的特征就是它的流动性。因此,进一步研究流体的运动规律便具有更重要,更普遍的意义。

　　表征流体运动特征的主要物理量,除去在流体静力学中已熟悉的压强外,还有速度、粘滞力、加速度、作用力等。这些物理量统称为流体的运动要素。流体动力学就是从理论上研究各运动要素随时间和空间变化的情况,以及建立这些运动要素之间的相互关系。

　　在流体静力学中只考虑作用在流体上的重力和压力,而动力学由于流体流动,在破坏压力和重力平衡的同时,出现了和流速密切相关的惯性力和粘滞力。其中,惯性力是由质点本身流速变化所产生,而粘滞力是由于流层与流层之间,质点与质点间存在着流速差异所引起的。

　　流体从静止到运动,质点获得流速,由于粘滞力的作用,改变了压强的静力特性。任一点的压强,不仅与该点所在的空间位置有关,也与方向有关。这与流体静压强有所区别。但粘滞力对压强方向变化的影响很小,在工程上可以忽略不计。而且,理论推导还可以证明,任何一点在三个正交方向的压强平均值是一个常数。这个平均值就作为该点的压强值,它也只与流体所处的空间位置有关。因此,今后在不至于混淆的情况下,流体流动时的压强和流体静压强,一般在概念和命名上不予区别,一律称为压强。

　　由于实际流体存在粘滞性,使流体运动的分析比较复杂,所以流体动力学的研究方法是先从忽略粘滞性的理想流体模型为研究对象,推导其基本理论,再根据实际流体的条件对基本理论的应用加以简化或修正。

　　本章首先建立有关流体运动的基本概念,从质量守恒定律出发建立流体的连续性方程,从能量守恒定律出发建立流体的能量方程。这两个方程式在整个工程流体力学中占有重要地位。

第二节　流体动力学的两种研究方法

一、研究流体运动的两种方法

　　流体运动一般是在固体壁面所限制的空间内、外进行。例如,空气在室内流动,水在管内流动,风绕建筑物流动。这些流动,都是在房间墙壁,水管管壁,建筑物外墙等固体壁面所限定的空间内、外进行。我们把流体流动占据的空间称为流场。

　　流体的运动被看做是充满一定空间而由无数个流体质点所组成的连续介质的运动。研究流体质点随空间的位置和时间变化的情况,可以用两种不同的方法:拉格朗日法和欧拉法。

1. 拉格朗日法

拉格朗日法是研究流场内个别流体质点在不同时间其位置、流速、压力的变化。也就是用不同质点的运动参数随时间的变化来描写流体的运动。用这种方法可以表示和了解流体个别质点的各种参数从始至终的变化情况。

我们把流体质点在某一时刻 t_0 时的坐标 $(a、b、c)$ 作为该质点的标志,则不同的 $(a、b、c)$ 就表示流动空间的不同质点。随着时间的迁移,质点将改变位置,设 $(x、y、z)$ 表示时间 t 时质点 $(a、b、c)$ 的坐标,则下列函数形式:

$$\left.\begin{array}{l} x = x(a、b、c、t) \\ y = y(a、b、c、t) \\ z = z(a、b、c、t) \end{array}\right\} \tag{3-1}$$

就表示全部质点随时间 t 的位置变动。表达式中的自变量 $(a、b、c、t)$ 称为拉格朗日变量。

拉格朗日法的基本特点是追踪流体质点的运动,它的优点就是可以直接运用理论力学中早已建立的质点或质点系动力学来进行分析。但是这样的描述方法过于复杂,实际上难于实现。而绝大多数的工程问题并不要求追踪质点的来龙去脉,只是着眼于流场的各固定点,固定断面或固定空间的流动。例如,扭开水龙头,水从管中流出;打开窗门,风从窗门流入;开动风机,风从工作区间抽出。我们并不追踪水的各个质点的前前后后,也不探求空气的各个质点的来龙去脉,而是要知道:水从管中以怎样的速度流出;风经过门窗,以什么流速流入;风机抽风,工作区间风速如何分布。也就是只要知道一定地点(如水龙头处),一定断面(如门窗洞口断面),或一定区间(工作区间)的流动状况。而不需要了解某一质点,某一流体集团的全部流动过程。

2. 欧拉法

欧拉法是研究整个流场内不同位置上的流体质点的流动参量随时间的变化。也就是用同一瞬时的全部流体质点的流动参数来描写流体的运动。用这种方法不能表示个别质点从始至终的全部过程。但是欧拉法可以表示同一瞬时整个流场的参数,这在工程实际上是非常有用的。

因为欧拉法是描写流场内不同位置质点的流动参数随时间的变化,所以流动参数将是空间坐标 $(x、y、z)$ 和时间 (t) 的函数,对流速为

$$\left.\begin{array}{l} u_x = u_x(x,y,z,t) \\ u_y = u_y(x,y,z,t) \\ u_z = u_z(x,y,z,t) \end{array}\right\} \tag{3-2}$$

式中变量 $x、y、z、t$ 称为欧拉变量。

对比拉格朗日法和欧拉法,可以看出:前者以 $a、b、c$ 为变量,是以一定质点为对象;后者以 $x、y、z$ 为变量,是以固定空间为对象。只要对流动的描写是以固定空间,固定断面,或固定点为对象,就应采用欧拉法,而不是拉格朗日法。本书以下的流动描述均采用欧拉法。

二、流线与迹线

前已述及,描述流体运动有两种不同的方法。拉格朗日法是研究个别流体质点在不同时刻的运动情况,欧拉法是研究同一时刻流体质点在不同空间位置的运动情况,前者引出了

迹线的概念,后者引出了流线的概念。

1. **迹线** 某一流体质点在运动过程中,不同时刻流经的空间点所连成的线称为迹线,即流体质点运动的轨迹线。迹线的特点是:对于每一个质点都有一个运动轨迹,所以迹线是一族曲线,而且迹线只随质点不同而异,与时间无关。

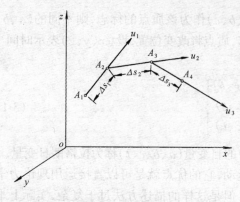

图 3-1　流线绘制

2. **流线** 流线与迹线不同,它是在同一瞬时流场中连续的不同位置质点的流动方向线。其绘制方法如下:

设在某时刻 t_1 流场中有一点 A_1,该点的流速矢量为 u_1(见图 3-1),在这个矢量上取一微长度 Δs_1,得另一点 A_2;在此同时,A_2 点速度为 u_2,在 u_2 方向上取一微长度 Δs_2,又得一点 A_3;仍然在此同时,A_3 点速度为 u_3,在 u_3 方向上又取一微长度 Δs_3,得 A_4 点;以此类推,即可得出在此瞬时流场中的一条折线 $A_1A_2A_3A_4\cdots\cdots$。如果所取的微长度趋近于零,则 $A_1A_2A_3A_4\cdots\cdots$ 为一条光滑曲线,就是在此瞬时的一条流线。

根据上述流线的概念,可以看出流线具有以下几个基本特性:

(1) 流线上各质点的流速都与该流线相切。

(2) 流线不能相交,也不能是折线,因为流场内任一固定点在同一瞬时只能有一个速度矢量。流线只能是一条光滑的曲线或直线。

(3) 在恒定流中,流线和迹线是完全重合的。在非恒定流中,流线和迹线不重合,因此,只有在恒定流中才能用迹线来代替流线。

第三节　流体动力学基本概念

一、压力流与无压流

按照促使流体运动的作用力不同来分,流体流动可分为压力流和无压流。

当流体流动时,流体充满整个流动空间并依靠压力作用而流动的液流或气流,称为压力流。压力流的特点是没有自由表面,流体整个周界与固体壁面相接触,对固体壁面有一定的压力。在压力流中,流体压强一般大于大气压强,也可以小于大气压强(如水泵吸水管和虹吸管上部等)。供热、通风和给水管道中的流体流动,一般都是压力流。如图 3-2(a)

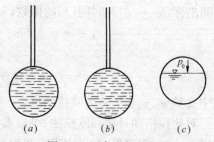

图 3-2　压力流与无压流
(a)圆管压力流;(b)圆管满管流;(c)圆管无压流

当液体流动时,凡是具有与气体相接触的自由表面,并只依靠液体本身的重力作用而流动的液流,称为无压流。无压流的特点是液体的部分周界不和固体壁面相接触,自由表面上的压强等于大气压强。天然河流、各种排水管、渠流一般都是无压流,如图 3-2(c)。

此外,在实际工程中有时还可以碰到满管流的情况,这种情况是介于压力流与无压流之间,是两者之间的过渡状态。根据压力流的定义,由于它对管壁顶部不产生压力,因此可以近似地按无压流看待,如图 3-2(b)。

二、管流与射流

按照流体运动的边界条件来分,流体流动可分为管流和射流。

当流体流动时,流体的整个周界或部分周界和管壁相接触的流动,称为管流。管流的特点是流体流动时受到固体壁面(即管壁)的约束和影响。

当流体流动时,流体的整个周界都不和固体壁面相接触,而被包围在气体或液体之中的流动,称为射流。若整个液流被包围在气体之中,或整个气体被包围在液体之中即异相流体之间的射流,称为自由射流。若整个液流被包围在液体之中,或整个气体被包围在气体之中,即同相流体之间的射流,称为淹没射流。如图 3-3。

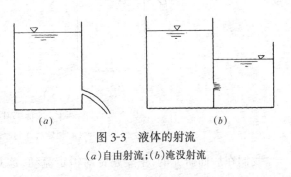

图 3-3 液体的射流
(a)自由射流;(b)淹没射流

例如我们前面提到的圆管压力流、满管流和圆管无压流,均属于管流。

三、恒定流与非恒定流

流体在运动时,按流体的流速、压强、密度等运动要素是否随时间变化,可以分为恒定流与非恒定流。如果在流场中任何空间一点上的所有运动要素都不随时间而改变,这样的流动称为恒定流。如果流场中任何空间一点上的任何一个运动要素随时间而变化,这种流动称为非恒定流。

我们用欧拉方法来观察流场中各固定点、固定断面,或固定区间流动的全过程时,我们可以看出,流速经常要经历若干阶段的变化,打开水龙头,破坏了静止水体的重力和压力的平衡,在打开的过程以及打开后的短暂时间内,水从喷口流出。喷口处流速从零迅速增加,到达某一流速后,即维持不变。这样,流体从静止平衡(流体静止),通过短时间的运动不平衡(喷口处流体加速),达到新的运动平衡(喷口处流速恒定不变),出现三个阶段性质不同的过程。运动不平衡的流动,它的各点流速随时间变化,各点压强,粘滞力和惯性力也随着速度的变化而变化。这种流速等物理量的空间分布与时间有关的流动称为非恒定流动。室内空气在打开窗门和关闭窗门瞬间的流动,河流在涨水期和落水期的流动,调节阀门、启动水泵或风机短暂时间内所产生的压力波动,都是非恒定流动。前面公式(3-2)提出的函数,就是非恒定流的全面描述,它不仅反映了流速在空间的分布,也反映了流速随时间的变化。

运动平衡的流动,各点流速不随时间变化,各点压强,粘滞力和惯性力也不随时间变化。这种流动称为恒定流动。在恒定流动中,欧拉变量不出现时间 t,(3-2)式简化为

$$\left.\begin{array}{l}u_x = u_x(x、y、z)\\ u_y = u_y(x、y、z)\\ u_z = u_z(x、y、z)\end{array}\right\} \tag{3-3}$$

也就是说,在恒定流的情况下,不论哪个流体质点通过任一空间点,其运动要素都是不变的,

运动要素仅仅是空间坐标的连续函数,而与时间无关。

如图 3-4(a)所示,当水从水箱侧孔出流时,由于水箱上部设有充水装置,使水箱中的水位保持不变,因此流速等运动要素均不随时间而发生变化,所以是恒定流。

如图 3-4(b)所示,当水箱上部无充水装置时,随着水从孔口的不断出流,水箱中的水位不断下降,导致流速等运动要素均随时间发生变化,所以是非恒定流动。

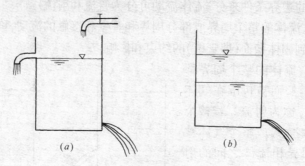

图 3-4 液体经孔口出流
(a)恒定流;(b)非恒定流

我们在后面研究的,主要是针对恒定流动,这并不是说非恒定流没有实用意义,实际工程中常见的流体现象,例如水击现象,必须用非恒定流进行计算。但工程中大多数流动,流速等参数不随时间而变,或变化甚微,只需用恒定流计算,就能满足实用要求。

四、元流与总流

在流场内取任意封闭曲线 l(如图 3-5)经此曲线上全部点作流线,这些流线组成的管状流面,称为流管。流管以内的流体称为流束。把面积为 dA 的微小流束,称为元流。元流的边界由流线组成,根据流线的性质,流线不能相交,因此外部流体不能流入,内部流体也不能流出。元流断面既为无限小,断面上流速和压强就可认为是均匀分布,任一点的流速和压强代表了断面上其他各点的相应值。在恒定流中,流线形状不随时间改变,所以元流形状也不随时间改变。

能否将元流这个概念推广到实际流场中去,要看流场本身的性质。在本专业实际中,用以输送流体的管道流动,其流场具有长形流动的几何形态,整个流动可以看做无数元流相加,这样的流动总体称为总流(图 3-6)。

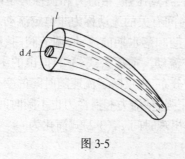

图 3-5

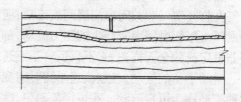

图 3-6 元流是总流的一个微分流动

五、过流断面、流量和断面平均流速

1. 过流断面

垂直于元流的断面,称为元流的过流断面。处处垂直于总流中全部流线的断面,是总流的过流断面。过流断面不一定是平面。流线互不平行时,过流断面是曲面;流线互相平行时,过流断面才是平面(如图 3-7)。

总流的过流断面面积 A 等于相应位置的所有元流的过流断面面积 dA 的总和。

元流过流断面上各点的运动要素,如速度、压强等,在同一时刻可认为是相同的;而总流的过流断面上各点的运动要素一般是不同的。

2. 流量

单位时间内通过某一过流断面的流体体积称为体积流量,一般以符号 Q 表示。体积流量常用的单位为米³/秒(m^3/s),在工程上,有时也以单位时间内通过某一过流断面的流体重量表示流量大小,称为重量流量,以符号 Q_G 表示。重量流量常用的单位为千牛/时(kN/h),或吨/时(t/h)。

假定过流断面流速分布如图 3-8 所示,在断面上取元流面积 dA,u 为 dA 上的流速,所以在 dt 时段内通过元流过流断面的流体体积就是 $udtdA$,单位时间内通过元流过流断面的流体体积 $\dfrac{udtdA}{dt}$ 就是流量 dQ,即

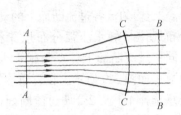

图 3-7 过流断面
(A-A)、(B-B)—平面;(C-C)—曲面

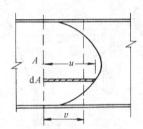

图 3-8 断面平均流速

$$dQ = udA$$

而单位时间流过全部断面 A 的流体体积 Q 是 dQ 在全部断面上的积分:

$$Q = \int_A udA \tag{3-4}$$

流量是一个重要的物理量,它具有普遍的实际意义。通风就是输送一定流量的空气(风量)到被通风的地区。供热就是输送一定流量带热流体到需要热量的用户去。

3. 断面平均流速

由于流体具有粘性,当流体流动时,流体与固体壁之间,流体质点间都有内摩擦力产生。因此总流过流断面上各点的流速是不相同的。例如,管道中,靠近管壁处流速最小,而管轴心处流速为最大值,如图 3-8。而在流体力学的某些研究和大量实际工程计算中,往往不需要知道过流断面上每一点的实际流速,只需要知道该过流断面上流速的平均值就可以了。因此引入断面平均流速的概念。过流断面的平均流速是一种假想的流速,认为过流断面上每一点的流速都相同,单位时间内以平均流速 v 通过过流断面的流量与按实际流速 u 通过同一过流断面的流量相等,即

$$Q = \int_A udA = vA$$

$$v = \frac{\int_A u \, dA}{A} = \frac{Q}{A} \tag{3-5}$$

这就使流量公式,可简化为:

$$Q = Av \tag{3-6}$$

式中　　Q——流体的体积流量(m^3/s);

A——总流过流断面的面积(m^2);

v——断面平均流速(m/s)。

六、均匀流与非均匀流

流体流动时,流线如果为相互平行的直线,该流体称为均匀流,直径不变的直线管道中流体流动就是均匀流。均匀流具有以下特性:

1. 均匀流的过流断面为平面,且过流断面的形状和尺寸沿程不变。

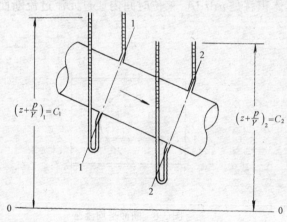

图 3-9　均匀流过流断面

2. 均匀流中,同一条流线上的各质点流速均相等,从而各过流断面上的流速分布相同,各过流断面的平均流速相等。

3. 均匀流各过流断面上的动水压强分布规律与静水压强分布规律相同,即在同一过流断面上各点测压管水头为一常数。如图 3-9 所示。在管道均匀流中,任意选择 1-1 及 2-2 两过流断面,分别在两过流断面上安装测压管,则同一断面上各测压管水面将上升至同一高程,即 $z + p/\gamma = C$,但不同断面上测压管液面所上升的高程是不相同的,对 1-1 断面,$(z + p/\gamma)_1 = C_1$,对 2-2 断面,$(z + p/\gamma)_2 = C_2$。

为了证明这一特性,我们在均匀流断面 n-n 上取任意微小圆柱体为隔离体(图 3-10),分析作用于隔离体上的力在 n-n 方向的分力。设圆柱体长为 l,横断面为 dA,铅直方向的倾角为 α,两断面的高程为 z_1 和 z_2,压强为 p_1 和 p_2。

(1) 柱体重力在 n-n 方向的分力 $G\cos\alpha = \gamma l \, dA \cos\alpha$

(2) 作用在柱体两端的压力 $p_1 dA$ 和 $p_2 dA$ 方向分别垂直于作用面,侧表面压力垂直于 n-n 轴,在 n-n 轴上的投影为零。

(3) 作用在圆柱体两端的切应力垂直于 n-n 轴,在 n-n 轴上投影为零;由于微小圆柱体端面积无限小,在微小圆柱体任一横断面上关于轴线对称的两点上的切应力可以认为大小相等,而方向相反,因

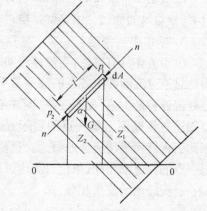

图 3-10　均匀流断面上微小柱体的平衡

此,圆柱体侧面切力在 $n\text{-}n$ 轴上投影之和也为零。

因此,微小圆柱体上力的平衡:
$$p_1 dA + \gamma l dA \cos\alpha = p_2 dA$$
而
$$l\cos\alpha = z_1 - z_2$$
则
$$p_1 + \gamma(z_1 - z_2) = p_2$$
$$z_1 + \frac{p_1}{\gamma} = z_2 + \frac{p_2}{\gamma}$$

即均匀流过流断面上压强分布服从于水静力学规律。

若流体的流线不是互相平行的直线,该流动称为非均匀流。如果流线虽然互相平行但不是直线(如管径不变的弯管中水流),或者流线虽为直线但不互相平行(如管径沿程缓慢均匀扩散或收缩的渐变管中水流)都属于非均匀流。

七、渐变流与急变流

按照流线平行和弯曲变化的程度,可将非均匀流分为两种类型:渐变流和急变流。

1. 渐变流

渐变流是指流速沿流向变化缓慢,流线是近乎平行直线的流动(图 3-11)。也就是说,各流线的曲率要很小(即曲率半径 R 很大),而且,流线间的夹角 β 也很小。但究竟夹角要小到什么程度,曲率半径要多大到什么程度才能视为渐变流,一般无定量标准,具体问题视所要求的精度而定。

渐变流的过流断面近似于平面,在渐变流过流断面上的压强分布规律也可认为服从静力学规律。也就是说渐变流的断面可按均匀流断面处理。

2. 急变流

若流体的流线之间夹角很大或者流线的曲率半径很小,这种流动称为急变流。

急变流流速沿流向变化显著,流线也不是平行直线,其过流断面为曲面,因此急变流过流断面上的压强分布不同于静压强分布规律。

流体在弯管中的流动,流线呈显著的弯曲,是典型的流速方向变化的急变流问题。在这种流动的断面上,离心力沿断面作用。和流体静压强的分布相比,沿离心力方向压强增加,如图 3-12,在其断面上,沿弯曲半径的方向,测压管水头增加。通过后面对能量方程的学习,发现流速则沿离心力方向减小了。

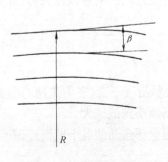

图 3-11 渐变流

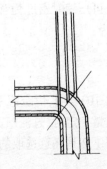

图 3-12 急变流的测压管水头

第四节 恒定流连续性方程

在总流中,断面平均流速究竟如何沿流向变化呢?现在我们由质量守恒定律出发,研究流体的质量平衡来解决这个问题。

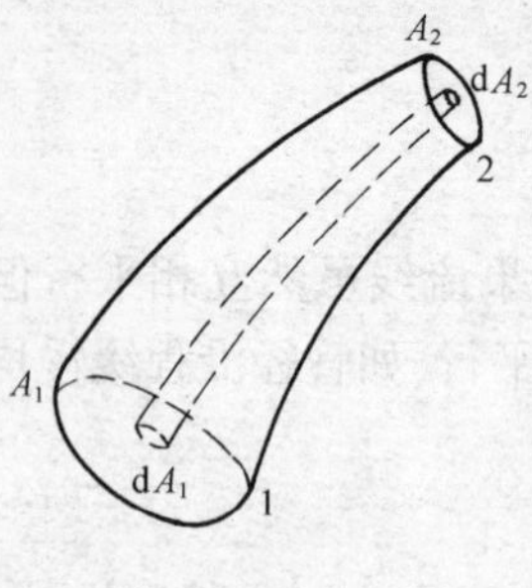

如图3-13,在总流中,取元流1-2流段作为研究对象。探讨两断面间的质量平衡规律。设元流过流断面积分别为dA_1和dA_2,流速分别为u_1和u_2,总流A_1的平均流速为v_1,A_2的平均流速为v_2。

在恒定流条件下,流动是连续的,根据质量守恒定律及元流特性,流入断面1的流体质量必等于流出断面2的流体质量。单位时间内流入断面1的流体质量为$\rho_1 u_1 dA_1 dt$,流入断面2的流体质量为$\rho_2 u_2 dA_2 dt$。

图3-13

则
$$\rho_1 u_1 dA_1 dt = \rho_2 u_2 dA_2 dt$$

消去dt
$$\rho_1 u_1 dA_1 = \rho_2 u_2 dA_2 \tag{3-7}$$

公式(3-7)为可压缩流体元流的连续性方程式。

对于总流,将上式在总流的过流断面上积分:

$$\int_{A_1} \rho_1 u_1 dA_1 = \int_{A_2} \rho_2 u_2 dA_2$$

由于断面上ρ=常数,而$\int_A u dA = Q$

则
$$\rho_1 Q_1 = \rho_2 Q_2 = Q_M$$

或
$$\rho_1 v_1 A_1 = \rho_2 v_2 A_2 \tag{3-8}$$

式(3-8)为恒定流可压缩流体总流的连续性方程(又称质量流量连续性方程)。

若不考虑不同地区重力加速度g的变化,

则
$$\gamma_1 Q_1 = \gamma_2 Q_2 = Q_G$$
$$\gamma_1 v_1 A_1 = \gamma_2 v_2 A_2 \tag{3-9}$$

式(3-9)为恒定流重量流量连续性方程。

当流体不可压缩时密度为常数,$\rho_1 = \rho_2$,因此,不可压缩流体的连续性方程(或体积流量连续性方程)为:

$$Q_1 = Q_2$$
$$v_1 A_1 = v_2 A_2 \tag{3-10}$$

方程式(3-10)表明,恒定流不可压缩流体的体积流量沿程不变,平均流速与断面面积呈反比变化。流量一定时,过流断面大,流速小;而过流断面小则流速大。

由于断面1、2是任意选取的,上述关系可以推广至全部流动的各个断面。即

$$\left. \begin{array}{l} Q_1 = Q_2 = \cdots\cdots Q \\ v_1 A_1 = v_2 A_2 = \cdots\cdots = vA \end{array} \right\} \tag{3-11}$$

而流速之比和断面之比有下列关系:

$$v_1 : v_2 : \cdots\cdots v = \frac{1}{A_1} : \frac{1}{A_2} : \cdots\cdots \frac{1}{A} \tag{3-12}$$

从式(3-12)可以看出,连续性方程确立了总流各断面平均流速沿流向的变化规律。只要总流的流量已知,或任一断面的流速已知,则其他任何断面的流速均可算出。

在应用恒定流连续性方程式时,应注意以下几点:

1. 流体流动必须是恒定流。
2. 流体必须是连续介质。一般情况下流体均看做是连续介质,只有在特殊情况,如局部发生汽化现象,破坏了介质的连续性,则不能采用连续性方程。
3. 要分清是可压缩流体还是不可压缩流体。以便采用相应的公式进行计算。
4. 对于中途有流量输出与输入的分支管道,如三通管的合流与分流,车间的自然换气,管网的总管流入和支管流出,都可以从质量平衡和流动连续观点,应用恒定流连续性方程式。

如图 3-14(a)(b)三通管道在分流和合流时,根据质量守恒定律,显然可推广如下:

分流时:

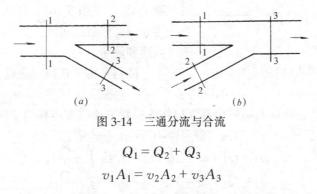

图 3-14 三通分流与合流

$$Q_1 = Q_2 + Q_3$$
$$v_1 A_1 = v_2 A_2 + v_3 A_3$$

合流时:

$$Q_1 + Q_2 = Q_3$$
$$v_1 A_1 + v_2 A_2 = v_3 A_3$$

【例 3-1】 图 3-15 所示的管段,$d_1 = 2.5\text{cm}$,$d_2 = 5\text{cm}$,$d_3 = 10\text{cm}$。(1)当流量为 4L/s 时,求各管段的平均流速。(2)旋动阀门,使流量增加至 8L/s 或使流量减少至 2L/s 时,平均流速如何变化?

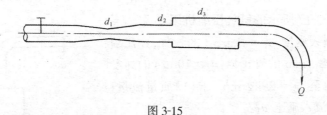

图 3-15

【解】 (1)根据连续性方程

$$Q = v_1 A_1 = v_2 A_2 = v_3 A_3$$

$$v_1 = \frac{Q}{A_1} = \frac{4\times 10^{-3}}{\frac{\pi}{4}\times(2.5\times 10^{-2})^2} = 8.15 \text{m/s}$$

$$v_2 = v_1 \frac{A_1}{A_2} = v_1\left(\frac{d_1}{d_2}\right)^2 = 8.15\times\left(\frac{2.5}{5}\right)^2 = 2.04 \text{m/s}$$

$$v_3 = v_1\left(\frac{d_1}{d_3}\right)^2 = 8.15\times\left(\frac{2.5}{10}\right)^2 = 0.51 \text{m/s}$$

(2) 各断面流速比例保持不变,流量增加至 8L 时,即流量增加 2 倍,则各段流速亦增加 2 倍。即

$$v_1 = 16.30 \text{m/s}, \quad v_2 = 4.08 \text{m/s}, \quad v_3 = 1.02 \text{m/s}$$

流量减少至 2L 时,即流量减少至 1/2,各流速亦为原值的 1/2。即

$$v_1 = 4.08 \text{m/s}, \quad v_2 = 1.02 \text{m/s}, \quad v_3 = 0.255 \text{m/s}$$

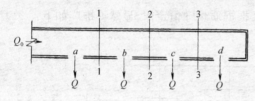

图 3-16

【例 3-2】 断面为 $50\times 50 \text{cm}^2$ 的送风管,通过 a、b、c、d 四个 $40\times 40 \text{cm}^2$ 的送风口向室内输送空气(见图 3-16)。送风口气流平均速度均为 5m/s,求通过送风管 1-1、2-2、3-3 各断面的流速和流量。

【解】 每一送风口流量 $Q = 0.4\times 0.4\times 5 = 0.8 \text{m}^3/\text{s}$

分别以 1-1、2-2、3-3 各断面右边的全部管段作为质量平衡收支运算的空间,写连续性方程:

$$Q_3 = Q = 1\times 0.8 = 0.8 \text{m}^3/\text{s}$$
$$Q_2 = Q_3 + Q = 2Q = 2\times 0.8 = 1.6 \text{m}^3/\text{s}$$
$$Q_1 = Q_2 + Q = 3Q = 3\times 0.8 = 2.4 \text{m}^3/\text{s}$$

各断面流速:

$$v_3 = \frac{Q_3}{0.5\times 0.5} = \frac{0.8}{0.5\times 0.5} = 3.2 \text{m/s}$$

$$v_2 = \frac{Q_2}{0.5\times 0.5} = \frac{1.6}{0.5\times 0.5} = 6.4 \text{m/s}$$

$$v_1 = \frac{Q_1}{0.5\times 0.5} = \frac{2.4}{0.5\times 0.5} = 9.6 \text{m/s}$$

【例 3-3】 图 3-17 所示的氨气压缩机用直径 $d_1 = 76.2$mm 的管子吸入密度 $\rho_1 = 4 \text{kg/m}^3$ 的氨气,经压缩后,由直径 $d_2 = 38.1$mm 的管子以 $v_2 = 10$m/s 的速度流出,此时密度增为 $\rho_2 = 20 \text{kg/m}^3$。求(1)质量流量;(2)重量流量;(3)流入流速 v_1。

【解】 (1)根据可压缩流体质量连续性方程式

$$Q_M = \rho Q = \rho_1 v_1 A_1 = \rho_2 v_2 A_2$$

则 $Q_M = \rho_2 v_2 A_2 = 20\times 10\times \frac{\pi}{4}(0.0381)^2$

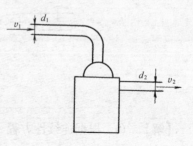

图 3-17 气流经过压缩机

$$=0.228\text{kg/s}$$

(2) 根据可压缩流体重量连续性方程式

$$Q_G = \gamma Q = \rho g Q = \rho_2 g v_2 A_2$$
$$= 20 \times 9.81 \times 10 \times \frac{\pi}{4}(0.0381)^2 = 2.236\text{N/s}$$

(3) 根据质量流量连续性方程式

$$\rho_1 v_1 A_1 = \rho_2 v_2 A_2 = 0.228\text{kg/s}$$
$$v_1 = \frac{0.228}{4 \times \frac{\pi}{4}(0.0762)^2} = 12.51\text{m/s}$$

第五节 恒定流能量方程

前一节中的连续性方程式只说明了流速与过流断面的关系，它是一个运动学方程。由于流体运动过程是在一定条件下的能量转化过程，因此流体各运动要素之间的关系，可以通过分析流体的能量守恒定律求得。流体的能量方程就是能量守恒定律在流体运动中的具体应用。

流体和其他物质一样，也具有动能和势能两种机械能。流体的动能与势能之间，机械能与其他形式的能量之间，也可以互相转化。它们之间的转化关系，同样遵守能量转换与守恒定律。

如图 3-18 所示，水箱中的水经直径不同的管段恒定出流，取水平面 0-0 为基准面，在管段 A、B、C、D 各点分别接测压管，来观察水流的能量变化。

当管段出口阀门 K 关闭，水静止时，各测压管中的水面与水箱水面平齐。它表明，尽管水箱水面及 A、B、C、D 各点具有不同的位置势能（由各点的相对位置所决定）和压力势能，但两者之和均相等，这说明静止流体中各点的测压管水头均相等。

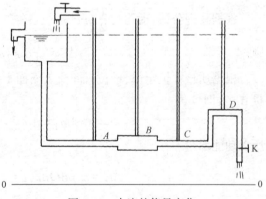

图 3-18 水流的能量变化

当打开阀门 K，水流动时，就会发现各测压管中的水面均有不同程度的下降，它表明已有部分势能转化为动能。其中，A、C 断面面积较小，根据连续性方程式，则 A、C 断面的流速较大，即动能较大。因此，A、C 测压管中的水面下降幅度要比 B 管大些。如果管段 AC 足够长，还会发现，尽管 A 断面与 C 断面的过流面积相等，流速不变，动能也一样，但 A、C 两测压管的水面高度却不同，C 管中的水面要稍低些。这表明水流动时，因克服流动阻力，流体的部分机械能已转化为热能散失掉了。

以上讨论说明：流体的机械能包括位能（位置势能）、压能（压力势能）和动能。流体运动时，因克服流动阻力，还会引起机械能的损耗。恒定流能量方程式就是要建立它们之间的关系，并以此来说明流体的运动规律。

一、恒定流元流的能量方程

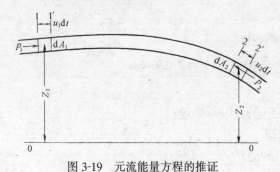

图 3-19 元流能量方程的推证

首先讨论理想液体元流能量方程式。在理想液体恒定流中取元流,如图 3-19 所示。在元流流段上沿流向取 1、2 两断面,两断面距基准面 0-0 的高度和面积分别为 z_1、z_2 和 dA_1、dA_2,两断面的流速和压强分别为 u_1、u_2 和 p_1、p_2。将液体看做是不可压缩流体,所以流体的密度不变。

以两断面间的元流段为研究对象,经 dt 时间断面 1、2 的流体分别移动 u_1dt、u_2dt 的距离,到达断面 $1'$、$2'$。在 dt 时间内,该段元流所有外力作功总和等于流段的动能增量。

(1) 动能增量 ΔE

对比流段在 dt 时段前后所占有的空间。流段在 dt 时段前后所占有的空间虽然有变动,但 $1'$、2 两断面间空间则是 dt 时段前后所共有。在这段空间内的流体,不但位能不变,动能也由于流动的恒定性,各点流速不变,动能也保持不变。所以,能量的增加,只应就流体占据的新位置 2-2′ 所增加的能量,和流体离开原位置 1-1′ 所减少的能量来计算。因此整个元流流段的动能增量等于 2-2′ 段的动能与 1-1′ 段的动能之差。即

$$\Delta E = E_{2\text{-}2'} - E_{1\text{-}1'}$$

根据物理公式,动能为 $\frac{1}{2}mu^2$。

则
$$\Delta E = \frac{1}{2}dm_2 u_2^2 - \frac{1}{2}dm_1 u_1^2$$

根据质量守恒定律,单位时间流入断面 1 的流体质量 dm_1,应等于流出断面 2 的流体质量 dm_2,即

$$dm_1 = dm_2 = \rho dv = \rho dQ dt$$

所以动能增量

$$\Delta E = \frac{1}{2}\rho dQ dt (u_2^2 - u_1^2) = \frac{u_2^2 - u_1^2}{2g}\gamma dQ dt \tag{a}$$

(2) 外力作功

由于是理想流体元流运动,不考虑粘滞力,因而作用在元流段上的力只有重力和压力。

1) 重力做功

元流段上重力做功等于流体位置势能的增量。同样,1′-2 段是时间 dt 前后所共有的公共段,重力不做功,因此整个元流段的重力做功等于流段 1-1′ 的位置势能与 2-2′ 段的位置势能之差。

根据物理公式,位能为 mgz。

则
$$W_G = dm_1 gz_1 - dm_2 gz_2 = (z_1 - z_2)\gamma dQ dt \tag{b}$$

2) 压力做功

作用在元流上的压力,包括流段的端面压力和侧面压力。断面 1 所受压力 $p_1 dA$,与流

向一致做正功为 $p_1\mathrm{d}A_1 u_1\mathrm{d}t$；断面 2 所受压力 $p_2\mathrm{d}A$，与流向相反作负功为 $p_2\mathrm{d}A_2 u_2\mathrm{d}t$。元流侧面压力和流段正交，不产生位移，不做功。所以压力做功为

$$W_\mathrm{p} = p_1\mathrm{d}A_1 u_1\mathrm{d}t - p_2\mathrm{d}A_2 u_2\mathrm{d}t$$
$$= (p_1 - p_2)\mathrm{d}Q\mathrm{d}t \qquad (c)$$

根据动能原理，外力对元流所做功的代数和等于元流动能的增量：

$$(a) = (b) + (c)$$

$$(z_1 - z_2)\gamma\mathrm{d}Q\mathrm{d}t + (p_1 - p_2)\mathrm{d}Q\mathrm{d}t = \frac{u_2^2 - u_1^2}{2g}\gamma\mathrm{d}Q\mathrm{d}t$$

将等式两边同除以 $\gamma\mathrm{d}Q\mathrm{d}t$，则

$$z_1 + \frac{p_1}{\gamma} + \frac{u_1^2}{2g} = z_2 + \frac{p_2}{\gamma} + \frac{u_2^2}{2g} \tag{3-13}$$

公式(3-13)就是理想不可缩流体恒定流元流能量方程。在方程推导过程中，两断面是任意选取的。所以，很容易把这个关系推广到元流的任意断面。即对元流的任意断面：

$$z + \frac{p}{\gamma} + \frac{u^2}{2g} = 常数 \tag{3-14}$$

由于实际流体具有粘滞性，在流动过程中，流体的粘滞力作负功，使机械能沿流向不断衰减。以符号 h'_w 表示元流 1、2 两断面间单位能量的衰减。h'_w 称为水头损失。则实际流体元流能量方程式应为

$$z_1 + \frac{p_1}{\gamma} + \frac{u_1^2}{2g} = z_2 + \frac{p_2}{\gamma} + \frac{u_2^2}{2g} + h'_\mathrm{w} \tag{3-15}$$

二、实际液体总流的能量方程

我们知道，总流是无数元流之和，则总流的能量方程就应当是元流能量方程在两断面范围内的积分。

在公式(3-15)等号两边同乘以元流重量 $\gamma\mathrm{d}Q$ 后积分：

$$\int_Q \left(z_1 + \frac{p_1}{\gamma} + \frac{u_1^2}{2g}\right)\gamma\mathrm{d}Q = \int_Q \left(z_2 + \frac{p_2}{\gamma} + \frac{u_2^2}{2g}\right)\gamma\mathrm{d}Q + \int_Q h'_\mathrm{w}\gamma\mathrm{d}Q$$

或

$$\int_Q \left(z_1 + \frac{p_1}{\gamma}\right)\gamma\mathrm{d}Q + \int_Q \frac{u_1^2}{2g}\gamma\mathrm{d}Q = \int_Q \left(z_2 + \frac{p_2}{\gamma}\right)\gamma\mathrm{d}Q + \int_Q \frac{u_2^2}{2g}\gamma\mathrm{d}Q + \int_Q h'_\mathrm{w}\gamma\mathrm{d}Q \quad (a)$$

将以上各项，按能量性质，分为三种类型，分别讨论各类型的积分。

(1) 势能积分

$$\int_Q \left(z + \frac{p}{\gamma}\right)\gamma\mathrm{d}Q = \gamma\int_A \left(z + \frac{p}{\gamma}\right)u\mathrm{d}A$$

表示单位时间通过断面的流体势能。通过前面的学习，我们知道流体在渐变流过流断面上的压强分布服从静力学规律，即在同一断面上，流体各点的测压管水头 $z + \frac{p}{\gamma} = 常数$。因此若将断面取在渐变流断面上，可将 $z + \frac{p}{\gamma}$ 提到积分符号以外。则两断面的势能积分可写为：

$$\left.\begin{array}{l}\gamma\int_{A_1} \left(z_1 + \frac{p_1}{\gamma}\right)u_1\mathrm{d}A_1 = \gamma\left(z_1 + \frac{p_1}{\gamma}\right)\int_{A_1} u_1\mathrm{d}A_1 = \left(z_1 + \frac{p_1}{\gamma}\right)\gamma Q \\ \gamma\int_{A_2} \left(z_2 + \frac{p_2}{\gamma}\right)u_2\mathrm{d}A_2 = \gamma\left(z_2 + \frac{p_2}{\gamma}\right)\int_{A_2} u_2\mathrm{d}A_2 = \left(z_2 + \frac{p_2}{\gamma}\right)\gamma Q\end{array}\right\} \quad (b)$$

(2) 动能积分

$$\int_Q \frac{u^2}{2g}\gamma dQ = \int_A \frac{u^3}{2g}\gamma dA = \frac{\gamma}{2g}\int_A u^3 dA$$

表示单位时间通过断面的流体动能。由于流速 u 在总流过流断面上的分布一般难以确定，故用断面平均流速 v 来表示实际动能。则

$$\frac{\gamma}{2g}\int_A u^3 dA = \frac{\gamma}{2g}\alpha v^3 A = \frac{\alpha v^2}{2g}\gamma Q \tag{c}$$

这里，由于按断面平均流速计算的动能 $\frac{v^2}{2g}\gamma Q$ 与实际动能存在差异，所以引入动能修正系数 α：

$$\alpha = \frac{\int u^3 dA}{v^3 A} \tag{d}$$

式(d)为实际动能与按断面平均流速计算动能的比值。

有了修正系数，两断面动能可写为：

$$\left.\begin{array}{l}\dfrac{\gamma}{2g}\int_{A_1} u_1^3 dA_1 = \dfrac{\alpha_1 v_1^2}{2g}\gamma Q \\ \dfrac{\gamma}{2g}\int_{A_2} u_2^3 dA_2 = \dfrac{\alpha_2 v_2^2}{2g}\gamma Q\end{array}\right\} \tag{e}$$

α 值根据流速在断面上分布的均匀性来决定。流速分布均匀，$\alpha=1$；流速分布愈不均匀，α 值愈大。在管流的紊流流动中，$\alpha=1.05\sim 1.1$。在实际工程计算中，常取 α 等于 1。

(3) 能量损失积分

$$\gamma \int_Q h'_w dQ$$

表示单位时间内流体克服 1~2 流段的阻力作功所损失的能量。总流中各元流能量损失也是沿总流断面变化的。为了计算方便，设 h_w 为单位重量流体在总流流段 1~2 间的平均能量损失。则

$$\gamma \int_Q h'_w dQ = \gamma \int_A h'_w u dA = h_w \gamma Q \tag{f}$$

现在将以上各个积分式(b)、(e)、(f)代入原积分式(a)得：

$$\left(z_1 + \frac{p_1}{\gamma} + \frac{\alpha_1 v_1^2}{2g}\right)\gamma Q = \left(z_2 + \frac{p_2}{\gamma} + \frac{\alpha_2 v_2^2}{2g}\right)\gamma Q + h_{w1-2}\gamma Q$$

等式两边同除以 γQ，得

$$z_1 + \frac{p_1}{\gamma} + \frac{\alpha_1 v_1^2}{2g} = z_2 + \frac{p_2}{\gamma} + \frac{\alpha_2 v_2^2}{2g} + h_{w1-2} \tag{3-16}$$

这就是恒定流实际液体总流的能量方程式，或称恒定总流伯努利方程式。这一方程式，不仅在整个工程流体力学中具有理论指导意义，而且在工程实际中得到广泛的应用，因此十分重要。

式中　z_1、z_2——选定的 1、2 渐变流断面上的点相对于选定基准面的高度(m)；

　　　p_1、p_2——相应断面同一选定点的压强，同时用相对压强或同时用绝对压强(Pa)表示；

v_1、v_2——相应断面的平均流速(m/s);

α_1、α_2——相应断面的动能修正系数;

h_w——1、2 两断面间的平均单位水头(m)损失。

三、实际气体总流的能量方程

在流速不高,压强变化不大的情况下,能量方程同样可以应用于气体。

当能量方程用于气体流动时,由于水头概念没有像液体流动那样明确具体,我们将方程各项乘以容重 γ,转变为压强的单位。而且气体在过流断面上的流速分布一般比较均匀,动能修正系数可以采用 $\alpha = 1.0$,压强 p_1、p_2 应为绝对压强。这样公式(3-16)改写为:

$$\gamma z_1 + p_{1j} + \frac{v_1^2}{2g}\gamma = \gamma z_2 + p_{2j} + \frac{v_2^2}{2g}\gamma + p_{w1\text{-}2} \tag{3-17}$$

式中,$\alpha_1 = \alpha_2 = \alpha = 1.0$;$p_{w1\text{-}2} = \gamma \cdot h_{w1\text{-}2}$,为两断面间的压强损失。

由于相对压强是以同高程的大气压强为零点计算的,所以不同高程的大气压强不同。液体在管中流动时,由于液体的容重远大于空气容重,一般可以忽略大气压强因高度不同的差异;对于气体流动,特别是在高差较大,气体容重和空气容重不等的情况下,必须考虑大气压强因高度不同的差异。因此对于式中的压强应采用绝对压强。如图 3-20 所示。设断面在高程 z_1 处,大气压强为 p_a;在高程为 z_2 的断面,大气压强将减至 $p_a - \gamma_a(z_2 - z_1)$。式中,$\gamma_a$ 为空气容重。

由于工程计算中需要求出的是相对压强而不是绝对压强。并且,工程中所用的压强计,绝大多数都是测定相对压强。这样,水力计算也只能以相对压强为依据。因此将公式转换成:

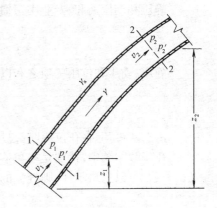

图 3-20 气体的相对压强与绝对压强

$$\gamma z_1 + p_a + p_1 + \frac{v_1^2}{2g}\gamma = \gamma z_2 + p_a - \gamma_a(z_2 - z_1) + p_2 + \frac{v_2^2}{2g}\gamma + p_{w1\text{-}2}$$

消去 p_a,经整理得出:

$$p_1 + \frac{\rho v_1^2}{2} + (\gamma_a - \gamma)(z_2 - z_1) = p_2 + \frac{\rho v_2^2}{2} + p_{w1\text{-}2} \tag{3-18}$$

上式即为用相对压强表示的气流能量方程式。该方程与液体能量方程比较,除各项单位为压强,表示气体单位体积的平均能量外,对应项应有基本相近的意义:

p_1、p_2——断面 1、2 的相对压强,专业上习惯称为静压。但不能理解为静止流体的压强。它与管中水流的压强水头相对应。应当注意,相对压强是以同高程处大气压强为零点计算的,不同的高程引起大气压强的差异,已经计入方程的位压项了。

$\dfrac{\rho_1 v_1^2}{2}$、$\dfrac{\rho_2 v_2^2}{2}$——为 1、2 断面的动压。它反映断面流速无能量损失地降低至零所转化的压强值。

$(\gamma_a - \gamma)(z_2 - z_1)$——容重差与高程差的乘积,称为位压,与水流的位置水头差相应。位压是以 2 断面为基准量度的 1 断面的单位体积位能。我们知道,$(\gamma_a - \gamma)$ 为单位体积气体所承受的有效浮力,气体从 z_1 至 z_2,顺浮力方向上升(z_2-z_1)铅直距离时,气体所损失的位能为($\gamma_a-\gamma$)(z_2-z_1)。因此($\gamma_a-\gamma$)(z_2-z_1)即为断面1相对于断面2的单位体积位能。式中($\gamma_a-\gamma$)的正或负,表征有效浮力的方向为向上或向下;(z_2-z_1)的正或负表征气体向上或向下流动。位压是两者的乘积,因而可正可负。当气流方向(向上或向下)与实际作用力(重力或浮力)方向相同时,位压为正。当二者方向相反时,位压为负。

应当注意,气流在正的有效浮力作用下,位置升高,位压减小;位置降低,位压增大。这与气流在负的有效浮力作用下,位置升高,位压增大;位置降低,位压减小正好相反。

$p_{w1\text{-}2}$——1、2 两断面间的压强损失。

静压和位压相加,称为势压,以 p_s 表示。下标 s 表示"势压"的第一个注解符号。势压与管中水流的测压管水头相对应。显然

$$p_s = p + (\gamma_a - \gamma)(z_2 - z_1) \tag{3-19}$$

静压和动压之和,专业中习惯称为全压,以 p_q 表示。表示方法同前,即

$$p_q = p + \frac{\rho v^2}{2} \tag{3-20}$$

静压、动压和位压三项之和以 p_z 表示,称为总压,与管中水流的总水头相对应,即

$$p_z = p + \frac{\rho v^2}{2} + (\gamma_a - \gamma)(z_2 - z_1)$$

由上式可知,存在位压时,总压等于位压加全压。位压为零时,总压就等于全压。

在多数问题中,特别是空气在管中的流动问题,或高差甚小,或容重差甚小,($\gamma_a - \gamma$)($z_2 - z_1$)可以忽略不计,则气流的能量方程简化为:

$$p_1 + \frac{\rho v_1^2}{2} = p_2 + \frac{\rho v_2^2}{2} + p_{w1\text{-}2} \tag{3-21}$$

四、能量方程式的适用条件

恒定总流能量方程式,在应用上有很大的灵活性和适应性。从该方程的推导过程可以看出,应用时应满足下列条件:

1. 流体运动必须是恒定流。客观上虽然并不存在绝对的恒定流,但多数流动,流速随时间变化缓慢,由此所导致的惯性力较小,方程仍然适用。

2. 流体是不可压缩的。它不仅适用于压缩性极小的液体流动,也适用于专业上所碰到的大多数气体流动。只有压强变化较大,流速很高,才需要考虑流体的可压缩性。

3. 断面选在渐变流段。这点在一般条件下是要遵守的,特别是断面流速很大时,更应严格遵守。但在某些问题中,断面流速不大,离心惯性力不显著,或者断面流速项在能量方程中所占比例很小,也允许将断面划在急变流处,近似地求流速或压强。需强调的是在所选取的两个过流断面之间,可以是急变流。

4. 建立方程式的两断面间无能量的输入和输出。如果有能量的输出(例如中间有水轮机或汽轮机)或输入(例如中间有水泵或风机),则可以将输入的单位能量项 H_i 加在方程(3-16)的左方:

$$z_1 + \frac{p_1}{\gamma} + \frac{\alpha_1 v_1^2}{2g} + H_i = z_2 + \frac{p_2}{\gamma} + \frac{\alpha_2 v_2^2}{2g} + h_{w1\text{-}2} \tag{3-22}$$

或将输出的单位能量项 H_0 加在方程(3-16)的右方:

$$z_1 + \frac{p_1}{\gamma} + \frac{\alpha_1 v_1^2}{2g} = z_2 + \frac{p_2}{\gamma} + \frac{\alpha_2 v_2^2}{2g} + H_0 + h_{w1\text{-}2} \qquad (3\text{-}23)$$

以维持能量收支的平衡。

5．建立方程式的两断面间无分流或合流。

如果两断面之间有分流或合流，应当怎样建立两断面的能量方程呢？

若 1、2 断面间有分流，如图 3-21 所示。可见分流点是非渐变流断面，而离分离点稍远的 1、2 或 3 断面都是渐变流断面；可以近似认为各断面通过流体的单位能量在断面上的分布是均匀的。而 $Q_1 = Q_2 + Q_3$，即 Q_1 的流体一部分流向 2 断面，一部分流向 3 断面。无论流向哪一个断

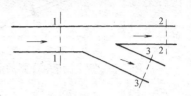

图 3-21　流动分流

面的流体，在 1 断面上单位重量流体所具有的能量都是 $z_1 + \frac{p_1}{\gamma} + \frac{\alpha_1 v_1^2}{2g}$，只不过流到 2 断面时产生的单位能量损失是 $h_{w1\text{-}2}$，而流到 3 断面的流体的单位能量损失是 $h_{w1\text{-}3}$ 而已。能量方程是两断面间单位能量的关系，因此可以直接建立 1 断面和 2 断面的能量方程：

$$z_1 + \frac{p_1}{\gamma} + \frac{\alpha_1 v_1^2}{2g} = z_2 + \frac{p_2}{\gamma} + \frac{\alpha_2 v_2^2}{2g} + h_{w1\text{-}2}$$

或 1 断面和 3 断面的能量方程：

$$z_1 + \frac{p_1}{\gamma} + \frac{\alpha_1 v_1^2}{2g} = z_3 + \frac{p_3}{\gamma} + \frac{\alpha_3 v_3^2}{2g} + h_{w1\text{-}3}$$

可见，两断面间虽分出流量，但能量方程的形式并不改变。显然，分流对单位能量损失 $h_{w1\text{-}2}$ 的值是有影响的。

五、应用恒定流能量方程式注意的几点

1．基准面的选取，要选择一个基准水平面作为写方程 z 值的依据。基准水平面原则上可任意选择。一般通过总流的最低点，或通过两断面中较低一断面的形心。这样就使一个断面的 z 值为零，而另一断面的 z 值保持正值。

2．压强基准的选取，可以是相对压强，也可以是绝对压强，但方程式两边必须选取同一基准。

3．计算断面的划分。是在分析流动的基础上进行。两断面应划分在压强已知或压差已知的渐变流段上，应使我们所需要的未知量出现在方程中。

4．在计算过流断面的测压管水头 $z + \frac{p}{\gamma}$ 值时，可以选取过流断面上任意点来计算，因为在渐变流的同一断面上任何点的 $\left(z + \frac{p}{\gamma}\right)$ 值均相等，具体选择哪一点，以计算方便为宜。对于管道一般可选管轴中心点来计算较为方便，大容器中取自由表面上的点。

5．方程式中能量损失一项，在本章中直接给出，或者按理想流体处理不予考虑。关于能量损失的分析和计算，我们将在下一章专门研究。

【例 3-4】　如图 3-22 用直径 $d = 100\text{mm}$ 的管道从水箱中引水。如水箱中的水面恒定，水面高出管道出口中心的高度 $H = 4\text{m}$，管道的损失假设沿管长均匀发生，$h_w = 3\frac{v^2}{2g}$。

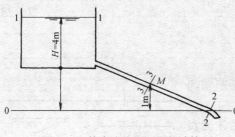

图 3-22 管中流速和压强的计算

求解 (1) 通过管道的流速 v 和流量 Q；
(2) 管道中点 M 处的压强 p_M。

【解】 整个流动是从水箱水面通过水箱水体经管道流入大气中。

(1) 管道的流速 v 和流量 Q

取 0-0 为基准水平面，它是通过出口断面形心，是流动的最低点。取和大气相接触的水箱水面为 1-1 断面，欲求流速的出口处为 2-2 断面。

列 1-1、2-2 断面的能量方程：

$$z_1 + \frac{p_1}{\gamma} + \frac{\alpha_1 v_1^2}{2g} = z_2 + \frac{p_2}{\gamma} + \frac{\alpha_2 v_2^2}{2g} + h_{w1\text{-}2}$$

式中，$z_1 = 4\text{m}$，$z_2 = 0$；断面 1-1 处与大气相接触。按相对压强考虑 $p_1 = 0$，断面 2-2 处直通大气，取与 1-1 断面相同的压强基准；按相对压强考虑，则 $p_2 = 0$；H 断面的速度水头即水箱中的速度水头。由于 1-1 断面与 2-2 断面相比，水箱断面积比管道断面积大得多，流速较小，流速水头数值更小，一般可忽略不计，则 $\frac{\alpha_1 v_1^2}{2g} \approx 0$，$\frac{\alpha_2 v_2^2}{2g} = \frac{\alpha v^2}{2g}$，$h_{w1\text{-}2} = 3\frac{v^2}{2g}$

代入方程

$$4 + 0 + 0 = 0 + 0 + \frac{\alpha v^2}{2g} + 3\frac{v^2}{2g}$$

取 $\alpha = 1$，则

$$4 = 4\frac{v^2}{2g}, \quad \frac{v^2}{2g} = 1\text{m}$$

$$v = \sqrt{2g \times 1} = \sqrt{2 \times 9.81 \times 1} = 4.43\text{m/s}$$

$$Q = vA = 4.43 \times \frac{3.14 \times (0.1)^2}{4} = 0.0348\text{m}^3/\text{s}$$

(2) 管道中点 M 处的压强

为求 M 点的压强，必须在 M 点取断面 3-3。另一断面取在和大气相接的水箱水面或管流出口断面，计算结果是相同的。

若选择在出口断面为计算断面，以 0-0 为基准面。

列 3-3，2-2 两断面的能量方程：

$$z_3 + \frac{p_3}{\gamma} + \frac{\alpha_3 v_3^2}{2g} = z_2 + \frac{p_2}{\gamma} + \frac{\alpha_2 v_2^2}{2g} + h_{w3\text{-}2}$$

$z_3 = 1\text{m}$，$\frac{p_3}{\gamma} = \frac{p_M}{\gamma}$，$\frac{\alpha_3 v_3^2}{2g} = \frac{\alpha_2 v_2^2}{2g} = \frac{\alpha v^2}{2g} = 1\text{m}$；

$z_2 = 0$，$\frac{p_2}{\gamma} = 0$，$\frac{\alpha_2 v_2^2}{2g} = 1\text{m}$，$h_{w3\text{-}2} = \frac{1}{2} \times 3 \times \frac{v^2}{2g} = 1.5\text{m}$。

$$1 + \frac{p_M}{\gamma} + 1 = 0 + 0 + 1 + 1.5$$

$$\frac{p_M}{\gamma} = 0.5\text{m}$$

$$p_M = 4.904 \text{kN/m}^2$$

若选择水箱水面为计算断面。则以 0-0 为基准面,列 1-1,3-3 断面能量方程:

$$z_1 + \frac{p_1}{\gamma} + \frac{\alpha_1 v_1^2}{2g} = z_3 + \frac{p_3}{\gamma} + \frac{\alpha_3 v_3^2}{2g} + h_{w1\text{-}3}$$

式中 $h_{w1\text{-}3} = \frac{1}{2} \times 3 \frac{v^2}{2g} = 1.5\text{m}$

$$4 + 0 + 0 = 1 + \frac{p_M}{\gamma} + 1 + 1.5$$

$$\frac{p_M}{\gamma} = 0.5\text{m}$$

$$p_M = 4.904 \text{kN/m}^2$$

【例 3-5】 气体由压强 $p = 12\text{mmH}_2\text{O}$ 的静压箱 A,沿直径 $d = 100\text{mm}$,长度 $L = 100\text{m}$ 的管 B 输出,已知高差 $H = 40\text{m}$,如图 3-23 所示。沿程均匀作用的压强损失为 $p_M = 9\frac{\rho v^2}{2}$。当气体为与大气温度相同的空气时;求管中流速,流量及管长一半处 B 点的压强。

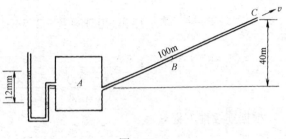

图 3-23

【解】 气体为空气时,此时气体密度

$$\rho = \rho_a = 1.2 \text{ kg/m}^3$$

取 A、C 断面列能量方程:

$$p_1 + \frac{\rho v_1^2}{2} = p_2 + \frac{\rho v_2^2}{2} + p_w$$

$$12 \times 9.81 + 0 = 0 + 1.2 \times \frac{v^2}{2} + 9 \times 1.2 \times \frac{v^2}{2}$$

$$12 \times \frac{v^2}{2} = 117.6 \text{ N/m}^2$$

$$v = \sqrt{2 \times 117.6/12} = 4.43 \text{ m/s}$$

$$Q = vA = 4.43 \times 0.1^2 \times \frac{\pi}{4} = 0.0348 \text{ m}^3/\text{s}$$

B 点压强计算,取 B、C 断面列方程:

$$p_B + \frac{\rho v_B^2}{2} = p_C + \frac{\rho v_C^2}{2} + p_w$$

$$p_B + 1.2 \times \frac{v^2}{2} = 0 + 1.2 \times \frac{v^2}{2} + 9 \times 1.2 \times \frac{v^2}{2} \times \frac{1}{2}$$

$$p_B = 4.5 \times 1.2 \times \frac{v^2}{2} = 52.92 \text{ N/m}^2$$

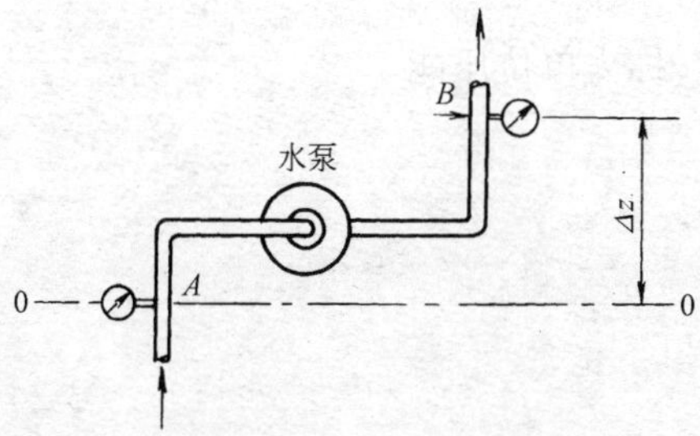

图 3-24 水泵功率的测定

【例 3-6】 如图 3-24 所示,为了测定水泵的功率,在水泵的压水管和吸水管上分别安装压力表和真空表。当流量 $Q=50$L/s 时,压力表读数 $p_B=0.2$MPa,真空表读数 $h_v=184$mmHg,已知两表位置高差 $\Delta z=0.5$m,吸水管直径 $d_A=15$cm,压水管直径 $d_B=10$cm,不计损失,且 $\alpha=1.0$,试求水泵的功率 N。

【解】 首先求出水泵输入的机械能,即水泵提供的水头 H_i。

取吸水管安装真空表处为 0-0 基准面,并以安装真空表处的断面为 A-A 断面,以安装压力表处的断面为 B-B 断面,据公式(3-22)列 A-A、B-B 断面能量方程式

$$z_A + \frac{p_A}{\gamma} + \frac{\alpha_A v_A^2}{2g} + H_i = z_B + \frac{p_B}{\gamma} + \frac{\alpha_B v_B^2}{2g} + h_{wA\text{-}B}$$

式中 $z_B - z_A = \Delta z = 0.5$m;

$$\frac{p_B}{\gamma} = \frac{0.2 \times 10^6}{9810} = 20\text{m};$$

$$\frac{p_A}{\gamma} = -\frac{\gamma_{Hg} h_v}{\gamma_{H_2O}} = -13.6 \times 0.184 = -2.5\text{m};$$

$\alpha_A = \alpha_B = 1.0$;$h_{wA\text{-}B}=0$

$$v_A = \frac{Q}{A} = \frac{4Q}{\pi d_A^2} = \frac{4 \times 0.05}{3.14 \times 0.15^2} = 2.83\text{m/s}$$

根据连续性方程

$$v_B = \left(\frac{d_A}{d_B}\right)^2 v_A = \left(\frac{15}{10}\right)^2 \times 2.83 = 6.37\text{m/s}$$

则水泵提供的水头

$$H = (z_B - z_A) + \left(\frac{p_B}{\gamma} - \frac{p_A}{\gamma}\right) + \frac{\alpha_B v_B^2 - \alpha_A v_A^2}{2g} + h_{wA\text{-}B}$$

$$= 0.5 + (20 + 2.5) + \frac{6.37^2 - 2.83^2}{2g} + 0 = 24.66\text{m}$$

水泵的功率

$$N = \gamma Q H = 9810 \times 0.05 \times 24.66 = 12.1\text{kW}$$

第六节 能量方程式的意义

一、能量方程式的物理学意义

理想不可压缩流体恒定流元流能量方程中的每一项均表示单位重量流体具有的能量。

z 表示单位重量流体对某一基准面具有的位置势能,称为单位位能。

$\frac{p}{\gamma}$ 表示压力作功所能提供给单位重量流体的能量,称为单位压能。

$\frac{u^2}{2g}$ 表示单位重量流体的动能,称为单位动能。

前两项相加,以 H_p 表示:

$$H_p = z + \frac{p}{\gamma} \tag{3-24}$$

表明单位重量流体具有的总势能称为单位势能。

三项相加,以 H 表示：

$$H = z + \frac{p}{\gamma} + \frac{u^2}{2g} \tag{3-25}$$

表明单位重量流体具有的总能量,称为单位总机械能。

二、水力学意义

方程式中的每一项表示单位重量流体具有的水头。

z 称为过流断面上流体质点相对于某一基准面的位置水头。

$\frac{p}{\gamma}$ 称为过流断面上流体质点的压强水头。

两项相加的 H_p 称为测压管水头。

$\frac{u^2}{2g}$ 称为过流断面上流体的流速水头。

为了进一步说明流速水头,在恒定管流中放置测速管与测压管,如图 3-25 所示,测速管是一根有 90°弯曲管段的细管,其顶端截面正对来流方向,放在测定点 A 处。在恒定流时流体上升至一定高度 $\frac{p'}{\gamma}$ 后保持稳定。此时,A 点的运动质点由于受到测速管的阻滞,流速应等于零。测压管置于和 A 点同一过流断面的管壁上,其高度为 $\frac{p}{\gamma}$。

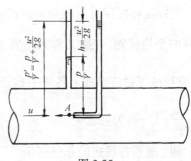

图 3-25

未放测速管前 A 点的单位重量流体的能量为

$$z + \frac{p}{\gamma} + \frac{u^2}{2g}$$

放入测速管后,该点的动能全部转化为压能,故单位重量流体的能量为

$$z + \frac{p'}{\gamma}$$

由于流体流动是恒定的,A 点的单位重量流体的能量在装测速管前后没有改变,故

$$z + \frac{p}{\gamma} + \frac{u^2}{2g} = z + \frac{p'}{\gamma}$$

得

$$\frac{u^2}{2g} = \frac{p'}{\gamma} - \frac{p}{\gamma} = h_u \tag{3-26}$$

式(3-26)表明：流速水头 $\frac{u^2}{2g}$ 也是可以实测的高度。它等于测速管与测压管内液面的高差 h_u。

三项相加的 H 称为总水头,是测压管水头与流速水头之和。

三、几何学意义

能量方程式中的各项表示某种高度。

z 表示过流断面相对于选定基准面的高度。

$\frac{p}{\gamma}$ 是断面压强作用使流体沿测压管所能上升的高度。

$\dfrac{u^2}{2g}$ 是以断面流速 u 为初速的铅直上升射流所能达到的理论高度。

前两项相加 H_p 表示断面测压管水面相对于基准面的高度。

三项相加 H 表示断面测速管水面相对于基准面的高度。

能量方程式说明,理想不可压缩流体恒定元流中,各断面总水头相等,单位重量的总能量保持不变。位能,压能和动能可以相互转换,流速变小,动能转变为压能,压能将增加;反之,压能亦可转变为动能。

恒定总流的能量方程与恒定流元流的能量方程相比,所不同的是总流能量方程中的动能 $\dfrac{\alpha v^2}{2g}$ 项是用断面平均动能来表示的;而 h_w 则代表总流单位重量流体由一个断面流至另一断面的平均能量损失。

实际流体恒定总流能量方程式中各项物理量,z 代表总流过流断面上单位重量流体所具有的平均位能,一般又称为位置水头;$\dfrac{p}{\gamma}$ 代表过流断面上单位重量流体所具有的平均压能,它反映了过流断面上各点平均动水压强所对应的压强高度,$\left(z+\dfrac{p}{\gamma}\right)$ 称为测压管水头;$z+\dfrac{p}{\gamma}+\dfrac{\alpha v^2}{2g}$ 称为总水头。

四、能量方程式的几何图示

为了形象地反映总流中各种能量的变化规律,用几何图形来表示能量方程式的方法,称为能量方程的几何图示。因为单位重量流体所具有的各种能量都具有长度的量纲,于是可用水头为纵坐标,按一定的比例尺沿流程把过流断面的 z、$\dfrac{p}{\gamma}$ 及 $\dfrac{\alpha v^2}{2g}$ 分别绘于图上(如图 3-26)。z 值在总流过流断面上各点是变化的,一般选取断面形心点来标绘,相应的 $\dfrac{p}{\gamma}$ 亦选用形心点动水压强来标绘。把各断面的 $\left(z+\dfrac{p}{\gamma}\right)$ 值的点连接起来可以得到一条测压管水头线,把各断面 $H=z+\dfrac{p}{\gamma}+\dfrac{\alpha v^2}{2g}$ 描出的点连接起来可以得到一条总水头线,任意两断面之间的总水头线的差值,即为两断面间的水头损失 h_w。

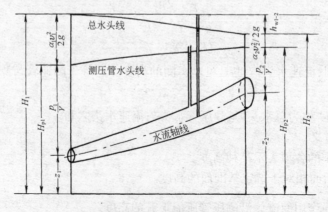

图 3-26 能量方程式的几何图示

五、总水头线和测压管水头线

总水头线和测压管水头线,直接绘在图示上,以它们距基准面的铅直距离,分别表示相应断面的总水头和测压管水头,如图 3-26 所示。

我们知道,位置水头、压强水头和流速水头之和,$H = z + \dfrac{p}{\gamma} + \dfrac{\alpha v^2}{2g}$,称为总水头。

在总流中任意选取两个过流断面,该两断面流体所具有的总水头若为 H_1 和 H_2,根据能量方程式:

$$H_1 = H_2 + h_{w1\text{-}2}$$

或

$$H_2 = H_1 - h_{w1\text{-}2}$$

即每一个断面的总水头,是上游断面总水头减去两断面之间的水头损失。根据这个关系,从最上游断面起,沿流向依次减去水头损失,求出各断面的总水头,一直到流动的结束。可见,总水头线是沿水流通段减去水头损失绘出来的。

测压管水头 H_p 是同一断面总水头与流速水头之差:

$$H = H_p + \dfrac{v^2}{2g}$$

或

$$H_p = H - \dfrac{v^2}{2g}$$

根据这个关系,从断面的总水头减去同一断面的流速水头,即得该断面的测压管水头。将各断面的测压管水头连成的线,就是测压管水头线。所以,测压管水头线是根据总水头线减去流速水头绘出的。

由于实际流体在流动中总能量沿程减小,所以实际流体的总水头线总是沿程下降。而测压管水头线沿程可能下降,也可能是一条水平直线,甚至是一条上升曲线,这取决于水头损失及流体的动能与势能间互相转化的情况。

实际流体总水头线沿程下降的快慢可用总水头线的坡度(称为水力坡度)J 表示。水力坡度是指单位重量流体沿单位长度流程的能量损失,即

$$J = \dfrac{h_w}{L} = \dfrac{H_1 - H_2}{L} \tag{3-27}$$

测压管水头线沿程的变化可以用测压管坡度 J_p 来表示,即

$$J_p = \dfrac{\left(z_1 + \dfrac{p_1}{\gamma}\right) - \left(z_2 + \dfrac{p_2}{\gamma}\right)}{L} \tag{3-28}$$

如果 J_p 为正值,表示测压管水头线沿程下降。如果 J_p 为负值,则表示测压管水头线沿程上升。当 J_p 为零时,表示测压管水头线是水平的。

【例 3-7】 水由水箱经前后相接的两管恒定出流。大小管断面面积比为 $2:1$。动能修正系数 $\alpha = 1$。全部水头损失的计算式参见图 3-27。

(1) 求出口流速 v_2;
(2) 试绘制总水头线和测压管水头线;
(3) 根据水头线求 M 点的压强 p_M。

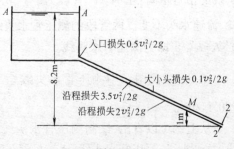

图 3-27

【解】 (1) 取管轴出口中心为基准面 0-0,并取水面 A-A 断面及出流断面 2-2,列能量方程式

$$z_A + \frac{p_A}{\gamma} + \frac{\alpha_A v_A^2}{2g} = z_2 + \frac{p_2}{\gamma} + \frac{\alpha_2 v_2^2}{2g} + h_{wA\text{-}2}$$

式中 $z_A = 8.2\text{m}, p_A = 0, v_A = 0, z_2 = 0, p_2 = 0; \alpha_1 = \alpha_2 = \alpha = 1.0$。
则

$$8.2 + 0 + 0 = 0 + 0 + \frac{v_2^2}{2g} + h_{wA\text{-}2}$$

根据图 3-27

$$h_{wA\text{-}2} = 0.5\frac{v_1^2}{2g} + 0.1\frac{v_2^2}{2g} + 3.5\frac{v_1^2}{2g} + 2\frac{v_2^2}{2g}$$

由于两管断面面积之比 2∶1,两管流速之比为 1∶2,即 $v_2 = 2v_1$,则 $\frac{v_1^2}{2g} = \frac{1}{4} \times \frac{v_2^2}{2g}$

$$h_{wA\text{-}2} = 3.1\frac{v_2^2}{2g}$$

则

$$8.2 = 4.1\frac{v_2^2}{2g}$$

$$\frac{v_2^2}{2g} = 2\text{m} \quad v_2 = \sqrt{2 \times 9.8 \times 2} = 6.29\text{m/s}$$

$$\frac{v_1^2}{2g} = 0.5\text{m}$$

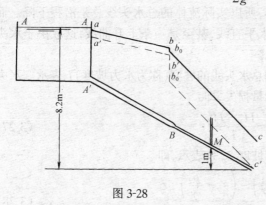

图 3-28

(2) 现在从 A-A 断面开始绘总水头线,水箱水面高 $H = 8.2\text{m}$,总水头线就是水面线。管子入口处有局部损失,$0.5\frac{v_1^2}{2g} = 0.5 \times 0.5 = 0.25\text{m}$。则 A-a 的铅直向下长度为 0.25m。从 A 到 B 的沿程损失为 $3.5\frac{v_1^2}{2g} = 1.75\text{m}$,则 b 低于 a 的铅直距离为 1.75m。以此类推,直至水流出口,图 3-28 中 A-a-b-b_0-c 即为总水头线。

测压管水头线在总水头线之下,距总水头线的铅直距离:在 A'-B 管段为 $\frac{v_1^2}{2g} = 0.5\text{m}$,在 B-C 管段的距离为 $\frac{v_2^2}{2g} = 2\text{m}$。由于断面不变,流速水头不变。两管段的测压管水头线,分别与各管段的总水头线平行。图 3-28 中 A-a'-b'-b_0'-c' 即为测压管水头线。

(3) 经实测图示中测压管水头线至 BC 管中点的铅直距离为 1m,即 $\frac{p_M}{\gamma} = 1\text{m}$, $p_M = 9807\text{N/m}^2$。

从上例可以看出,绘制测压管水头线和总水头线之后,图形上出现四根有能量意义的线:总水头线,测压管水头线,水流轴线(管轴线)和基准线。这四根线的相互铅直距离,反映

了各断面的各种水头值。即水流轴线到基准线之间的铅直距离,就是断面的位置水头。测压管水头线到水流轴线之间的铅直距离,就是断面的压强水头。而总水头线到测压管水头线之间的铅直距离,就是断面流速水头。

第七节 能量方程式的实际应用

在工程流体力学中,恒定流能量方程式作为最基本的方程之一,除了理论上具有指导意义之外,还在工程实际中得到广泛的应用。

一般来讲,实际工程问题,不外乎三种类型:一是求流速,二是求压强,三是求流速和压强。这里,求流速是主要的,其他问题,例如流量问题,水头问题,都是和流速、压强相关联的。

那么,如何利用能量方程式来分析和解决具体实际问题呢?现以文丘里流量计和毕托管为例来讨论。

一、文丘里流量计

文丘里流量计是利用流体在管道中造成流速差,引起压强变化,通过压差的量测来求出管道中流量大小的一种装置。

文丘里流量计如图 3-29 所示,是由一段渐缩管,一段喉管和一段渐扩管相连所组成。将它连接在主管中,当主管水流通过此流量计时,由于喉管断面缩小,流速增加,压强相应降低,用差压计测定压强水头的变化 Δh,即可计算出通过管道中的流量,现将其原理分析如下:

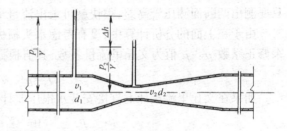

图 3-29 文丘里流量计原理

假定管道是水平放置的,取管轴线为基准面 0-0,现对安装测压管的 1、2 两渐变流断面,列能量方程式:

$$z_1 + \frac{p_1}{\gamma} + \frac{\alpha_1 v_1^2}{2g} = z_2 + \frac{p_2}{\gamma} + \frac{\alpha_2 v_2^2}{2g} + h_w$$

$z_1 = z_2 = 0$,暂不考虑能量损失 $h_w = 0$,取动能修正系数 $\alpha_1 = \alpha_2 = 1.0$。

移项

$$\frac{p_1}{\gamma} + \frac{p_2}{\gamma} = \frac{v_2^2}{2g} - \frac{v_1^2}{2g} = \Delta h$$

由连续性方程式可得

$$v_1 \times \frac{\pi}{4} d_1^2 = v_2 \times \frac{\pi}{4} d_2^2$$

$$\frac{v_2}{v_1} = \left(\frac{d_1}{d_2}\right)^2, \quad v_2^2 = \left(\frac{d_1}{d_2}\right)^4 v_1^2$$

代入能量方程式

$$\left(\frac{d_1}{d_2}\right)^4 \frac{v_1^2}{2g} - \frac{v_1^2}{2g} = \Delta h$$

解出流速

$$v_1 = \sqrt{\frac{2g\Delta h}{\left(\frac{d_1}{d_2}\right)^4 - 1}}$$

流量为

$$Q = \frac{\pi}{4}d_1^2 v_1 = \frac{\pi}{4}d_1^2 \sqrt{\frac{2g\Delta h}{\left(\frac{d_1}{d_2}\right)^4 - 1}}$$

令

$$K = \frac{\pi}{4}d_1^2 \sqrt{\frac{2g}{\left(\frac{d_1}{d_2}\right)^4 - 1}} \tag{3-29}$$

则

$$Q = K\sqrt{\Delta h} \tag{3-30}$$

很显然，K 只和管径 d_1 和 d_2 有关，对于一个流量计，它是一个常数，可以预先算出。只要测出两断面测压管高差，很快就可求出流量 Q 值。

由于在上面的分析计算中，没有考虑水头损失，而水头损失将会促使流量减小，为此，需乘修正系数 μ。μ 值为文丘里流量系数，其值根据实验确定，值约在 0.95~0.98 之间。则

$$Q = \mu K \sqrt{\Delta h} \tag{3-31}$$

如果在文丘里流量计上直接安装水银压差计(如图 3-30)，由压差计原理可知：

$$\frac{p_1}{\gamma} - \frac{p_2}{\gamma} = \left(\frac{\gamma_{Hg} - \gamma}{\gamma}\right)\Delta h = 12.6\Delta h$$

式中 Δh 为水银压差计液面高差，此时文丘里流量计的流量为：

$$Q = \mu K \sqrt{12.6\Delta h} \tag{3-32}$$

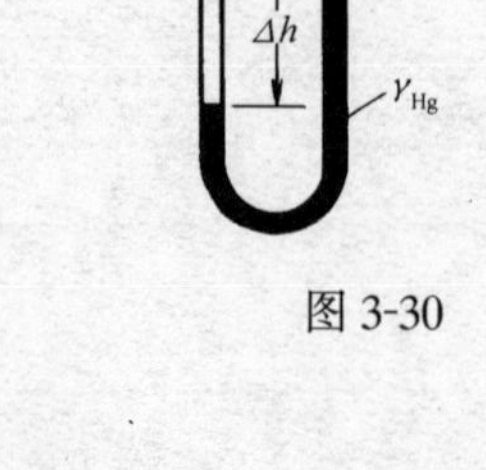

【例 3-8】 如图 3-30 设文丘里流量计的两管直径 $d_1 = 100\text{mm}$, $d_2 = 50\text{mm}$，测得两断面的压强差 $\Delta h = 0.5\text{m}$，流量系数 $\mu = 0.98$，求流量？

【解】 据公式(3-29)，流量系数

$$K = \frac{1}{4}\pi d_1^2 \sqrt{\frac{2g}{\left(\frac{d_1}{d_2}\right)^4 - 1}}$$

$$= 0.785 \times (0.1)^2 \times \sqrt{\frac{2 \times 9.81}{\left(\frac{0.1}{0.05}\right)^4 - 1}}$$

$$= 0.00905 \text{m}^{\frac{5}{2}}/\text{s}$$

图 3-30

据公式(3-31)，流量

$$Q = \mu K \sqrt{\Delta h}$$
$$= 0.98 \times 0.00905 \times \sqrt{0.5}$$
$$= 6.25 \times 10^{-3} \text{m}^3/\text{s} = 6.25 \text{L/s}$$

二、毕托管

毕托管是广泛用于测量水流和气流流速的一种仪器。如图 3-31 所示，毕托管是一根很

细的弯管,管前端有开孔 a,侧面有多个开口 b,当需要测量流体中某点流速时,将弯管前端 a 正对气流或水流,前端小孔 a 和侧面小孔 b 分别由两个不同通道与上部 a' 和 b' 相通。当测定水流时,a'、b' 两管水面差 h_v 即反映 a、b 两处压差。当测定气流时,a'、b' 两端接液柱差压计,以测定 a、b 两处的压差,并由此来求得所测点之流速。

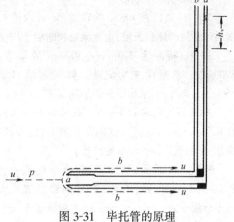

图 3-31 毕托管的原理

根据公式(3-26):

$$\frac{u^2}{2g} = \frac{p'}{\gamma} - \frac{p}{\gamma} = h_v$$

$$u = \sqrt{2g\frac{p'-p}{\gamma}} \quad (3-33)$$

$$u = \varphi\sqrt{2gh_v} \quad (3-34)$$

式中　u——流体中任意一点的实际流速(m/s);

　　　φ——流速系数,一般采用 $\varphi = 1.0 \sim 1.04$。

如果用毕托管测定气体,则根据液体压差计所量得的压差,$p' - p = p_a - p_b = \gamma'h_v$,代入(3-33)式计算气流速度:

$$u = \varphi\sqrt{2g\frac{\gamma'}{\gamma}h_v} \quad (3-35)$$

式中　γ'——液体压差计所用液体的容重(N/m³);

　　　γ——流动气体本身的容重(N/m³)。

应当指出,用毕托管所测定的流速,只是过流断面上某一点的流速 u,若要测定断面平均流速 v,可将过流面积分成若干等分,用毕托管测定每一小等分面积上的流速,然后计算各点流速的平均值,以此作为断面平均流速。显然,面积划分愈小,测点愈多,计算结果愈符合实际。

【例 3-9】　如图 3-31 用毕托管测定(1)风道中的空气流速;(2)管道中水流速。两种情况均测得水柱 $h_v = 30$mm。空气的容重 $\gamma = 11.8$N/m³;取 $\varphi = 1.0$,分别求其流速。

【解】　(1)风道中空气流速　根据公式(3-35):

$$u = \sqrt{2g \times \frac{9807}{11.8} \times 0.03} = 22.1 \text{m/s}$$

(2)水管中的水流速

根据公式(3-34):

$$u = \sqrt{2g \times 0.03} = 0.766 \text{m/s}$$

习　题

3-1　如图所示,水箱中的水经变径管流出,若水箱水位 H 保持不变,在下列情况下,水流是恒定流?还是非恒定流?

(1)阀门开度一定;

(2)阀门渐渐关闭。

3-2 一直径为 40mm 的管道,5min 内排水量为 400L,试求通过管道的体积流量、重量流量和断面平均流速。

3-3 断面为 300mm × 400mm 的矩形风道,风量为 2700m³/h,求断面平均流速。如风道出口处断面收缩为 150mm × 400mm,求该断面的平均流速。

3-4 设计输水量为 2942.1kN/h 的给水管道,流速限制在 0.9~1.4m/s 之间。试确定管道直径,并根据所选直径求流速,直径规定为 50mm 的倍数。

3-5 如图所示,水从水箱流经直径为 d_1 = 100mm,d_2 = 50mm、d_3 = 25mm 的管道流入大气中。当出口流速为 10m/s 时,求(1)体积流量及质量流量;(2)d_1 及 d_2 管段的流速。

3-6 如图所示,有一水平管道,输水量 Q = 0.12m³/s,直径 d_1 = 20cm,d_2 = 40cm,断面 1-1 中心处的压强 p_1 = 157kPa,不考虑能量损失,试求断面 2-2 中心处的压强 p_2。

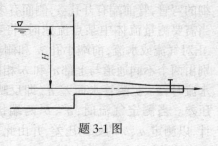

题 3-1 图

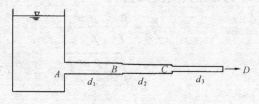

题 3-5 图

3-7 如图所示,有一直径相等的立管,两断面的间距 h = 20m,能量损失 h_w = 1.5m,断面 A-A 处压强 p_A = 49.1kPa,在下列情况下,试求断面 B-B 处的压强。(1)水向上流动;(2)水向下流动。

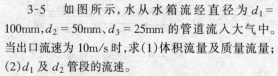

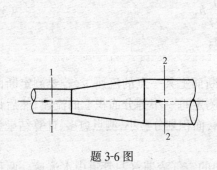

题 3-6 图

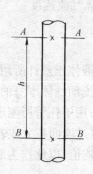

题 3-7 图

3-8 如图所示,管路由不同直径的两管前后相连接所组成,小管直径 d_A = 0.2m,大管直径 d_B = 0.4m。水在管中流动时,A 点压强 p_A = 70kN/m²,B 点压强 p_B = 40kN/m²,B 点流速 v_B = 1m/s。试判断水在管中流动方向。并计算水流经两断面间的水头损失。

3-9 如图,有一虹吸管,直径为 150mm,喷嘴出口直径为 50mm,不计水头损失。求出 A、B、C、D 各点的压强及出口处的流速和流量。

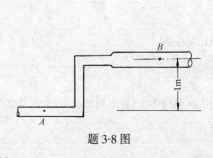

题 3-8 图

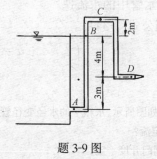

题 3-9 图

3-10　如图。闸门关闭时的压力表读数为 $49kN/m^2$,闸门打开后,压力表读数为 $0.98kN/m^2$,由管进口到闸门的水头损失为 1m,求管中的平均流速。

3-11　如图,水沿垂直变径管向下流动,已知上管直径 $D=200mm$,流速 $v=3m/s$,为使上下两个压力计的读数相同,下管直径应为多大？水头损失不计。

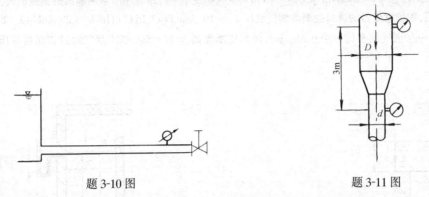

题 3-10 图　　　　　　　　题 3-11 图

3-12　如图,用水泵向一封闭容器充水,并通过管路泄出。已知管路直径 $d_1=25mm$,$d_2=50mm$,高程 $\nabla_0=7.5m$,$\nabla_1=3.0m$,$\nabla_2=9.0m$,不计能量损失,求管 1 中开始发生汽化时的压力表读数。设当地大气压强为 98kPa,水的汽化压强为 5kPa。

3-13　如图,风管直径 $D=100mm$,空气容重 $\gamma=12N/m^3$,在直径 $d=50mm$ 的喉部装一细管与池相接,高差 $H=150mm$,当汞测压计中读数 $\Delta h=25mm$ 时,开始从水池中将水吸入管中能量损失不计,问此时的空气流量多大？

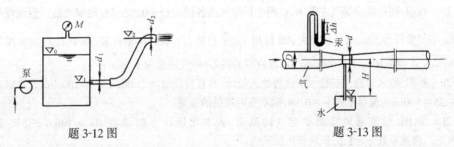

题 3-12 图　　　　　　　　题 3-13 图

3-14　如图　由断面为 $0.2m^2$ 和 $0.1m^2$ 的两根管子所组成的水平输水管从水箱流入大气中:(1) 若不计损失,(a)求断面流速 v_1 及 v_2;(b)绘总水头线及测压管水头线。(2)计入损失、第一段为 $4\dfrac{v_1^2}{2g}$,第二段为 $3\dfrac{v_2^2}{2g}$,(a)求断面流速 v_1 及 v_2;(b)绘总水头线及测压管水头线;(c)根据水头线求各段中间的压强。不计局部损失。

3-15　如图,有一等径弯管自水箱接出,不考虑能量损失,试绘制总水头线及测压管水头线,并问何处的压强最小？何处的压强最大？进口处 A 点的相对压强是否为 γH?

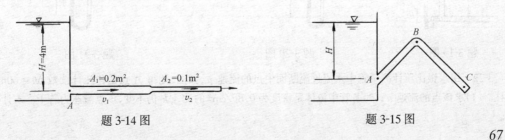

题 3-14 图　　　　　　　　题 3-15 图

3-16 如图所示,有一立管从水箱接出,箱中水深 $h=1$m,由于收缩影响,水管入口断面 A-A 处的平均流速为管出口断面处平均流速的 1.5 倍,设水在绝对压强 $p=14.7$kPa 下发生汽化,试求立管的长度 l 最大为多少时,才不使断面 A-A 处发生汽化。不考虑能量损失。

3-17 如图为一水平风管,空气自断面 1-1 流向断面 2-2,已知断面 1-1 的压强 $p_1=150$mmH$_2$O, $v_1=15$m/s,断面 2-2 的压强 $p_2=140$mmH$_2$O, $v_2=10$m/s,空气密度 $\rho=1.29$kg/m^3,求两断面的压强损失。

3-18 如图,锅炉省煤器的进口处测得烟气负压 $h_1=10.5$mmH$_2$O,出口负压 $h_2=20$mmH$_2$O。如炉外空气 $\rho=1.2$kg/m^3,烟气的平均 $\rho'=0.6$kg/m^3,两测压断面高差 $H=5$m,试求烟气通过省煤器的压强损失。

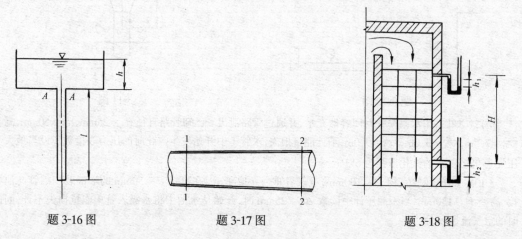

题 3-16 图   题 3-17 图   题 3-18 图

3-19 如图,高层楼房煤气立管 B、C 两个供煤气点各供应 $Q=0.02$m^3/s 的煤气量。假设煤气的密度为 0.6kg/m^3,管径为 50mm,压强损失 AB 段用 $3\rho\dfrac{v_1^2}{2}$ 计算,BC 用 $4\rho\dfrac{v_2^2}{2}$ 计算,假定 C 点要求保持余压为 300N/m^2,求 A 点酒精($\gamma=7.9$kN/m^3)液面应有的高差(空气密度为 1.2kg/m^3)。

3-20 如图,给水管道上安装水平放置的流量计,两管直径 $d_1=200$mm,$d_2=100$mm,若水银比压计上的读数 $\Delta h=800$mm,流量系数 $\mu=0.98$,试求管内通过的流量。

3-21 如图,量测通风管道中空气的流速,若水比压计上的读数 $\Delta h=10$mm,空气容重 $\gamma=12.65$N/m^3,流速系数 $\varphi=1.0$,试求管内的风速。

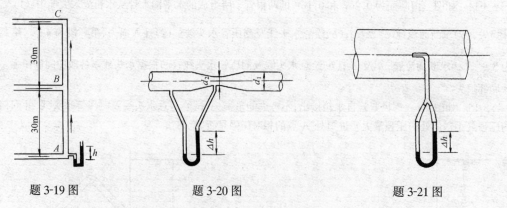

题 3-19 图   题 3-20 图   题 3-21 图

3-22 用水银比压计测量管中水流过流断面中点的流速 u,如图,测得 A 点的比压计读数 $\Delta h=60$mm 汞柱。(1)求该点的流速 u;(2)若管中流体是密度为 0.8g/cm^3 的油,Δh 仍不变,该点流速为若干。不计损失。

3-23 如图，水泵的进口管直径 $d_1 = 100$mm，断面 1 的真空计读数为 300mm 汞柱，出口管直径 $d_2 = 50$mm，断面 2 的压力计读数为 29.4kN/m^2，两表的高差 $\Delta z = 0.3$m，管路内的流量 $Q = 10$L/s，不计水头损失，求水泵所提供的扬程和功率。

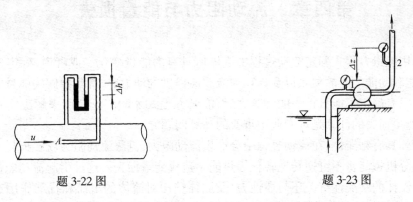

题 3-22 图　　　　　　题 3-23 图

第四章　流动阻力与能量损失

为了运用能量方程式确定流动过程中流体所具有的能量变化。或者说,确定各断面上位能,压力能和动能之间的关系以及计算为流动应提供的动力等,都需要解决能量损失项的计算问题。只有确定了能量损失的计算之后,能量方程式才能广泛地用来解决实际工程问题。因此,能量损失的计算是本专业中重要的计算问题之一。

实际流体具有粘滞性,在流动过程中会产生流动阻力,克服流动阻力就要损耗一部分机械能。这部分机械能将不可逆转地转化为热能。造成能量损失。这种引起流动能量损失的阻力除了与流体的粘滞性有关还与惯性力,及固体壁面对流体的阻滞和扰动作用有关。因此,为了得到能量损失的规律,必须分析各种阻力的特性,研究壁面特征的影响。

第一节　流动阻力与能量损失的形式

一、流动阻力和能量损失的分类

为便于计算,根据流体运动时与流体接触的边壁条件和流体本身粘滞作用的影响,可将能量损失分为两类:沿程损失 h_f 和局部损失 h_j。

在边壁沿程不变的管段上(如图 4-1 中的 ab、bc、cd 段),阻碍流体流动的阻力沿程也基本不变,称这类阻力为沿程阻力。克服沿程阻力引起的能量损失称为沿程损失。图中的 h_{fab},h_{fbc},h_{fcd} 就是相应 ab、bc、cd 各管段的沿程损失。沿程损失沿管段均匀分布,作用在整个管段流程上。

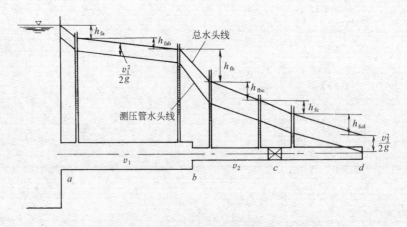

图 4-1　管内流体运动的能量损失

在边界急剧变化的区域,如管道中的阀门、突然扩大和缩小等,阻力主要集中在该区域内及其附近,这种集中分布的阻力称为局部阻力。克服局部阻力的能量损失称为局部损失。如图 4-1 中管道进口,变径管和阀门等处均产生局部阻力,h_{ja},h_{jb},h_{jc} 就是相应的局部水头损失。

二、能量损失的计算公式

能量损失用水头损失表示,以 mH₂O 为单位时,沿程水头损失按下式计算

$$h_f = \lambda \frac{l}{d} \cdot \frac{v^2}{2g} \tag{4-1}$$

局部水头损失按下式计算

$$h_j = \zeta \frac{v^2}{2g} \tag{4-2}$$

用压强损失表示,以 Pa 为单位时:

$$p_f = \lambda \frac{l}{d} \cdot \frac{\rho v^2}{2} \tag{4-3}$$

$$p_j = \zeta \frac{\rho v^2}{2} \tag{4-4}$$

式中 l——管长(m);
d——管径(m);
v——断面平均流速(m/s);
g——重力加速度(m/s²);
λ——沿程阻力系数;
ζ——局部阻力系数。

这些公式是经前人的观测资料和长期工程实践的经验总结、归纳出来的通用公式。通常称为达西公式。它把求能量损失的问题转化为求阻力系数的问题。阻力系数 λ 和 ζ 的计算,除了少数简单情况,主要是用经验或半经验的方法获得的。

整个管路的总能量损失等于各管段的沿程损失和所有局部损失之和。即

$$h_w = \Sigma h_f + \Sigma h_j \tag{4-5}$$

对于图 4-1 所示流动系数,总能量损失为

$$h_w = h_{fab} + h_{fbc} + h_{fcd} + h_{ja} + h_{jb} + h_{jc}$$

第二节 过流断面的水力要素

流体流动的能量损失,除了与流体本身的物理特性有关之外,还与流体的运动边界特征有密切关系。引起沿程损失的沿程阻力与固体边壁的接触面积有直接关系,而接触面积的大小又与过流断面的几何形状有关。因此,在研究沿程损失计算方法之前,首先需要分析过流断面的几何条件。

流体力学中,通常把反映过流断面上影响流动阻力的几何条件称为过流断面的水力要素。

1. 过流面积 指流体过流断面的面积。用符号 A 表示。它是一个基本的水力要素。根据恒定流体积流量连续性方程式($Q = vA$),过流面积

$$A = \frac{Q}{v}$$

上式表明:过流面积与流量成正比,与断面平均流速成反比。

2. 湿周 指过流断面上流体和固体壁面相接触的周界。用符号 X 表示。
如图 4-2 几种不同断面管道的湿周

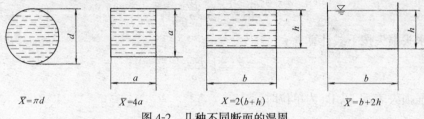

图 4-2 几种不同断面的湿周

对于不同断面的管道,在流量、流速相等的条件下,虽然各管道的过流面积相等,但是它们的湿周并不一定相等。讨论情况见【例 4-1】。

3. 水力半径 指过流断面积 A 和湿周 X 之比。用符号 R 表示

$$R = \frac{A}{X} \tag{4-6}$$

A 和 X 是过流断面中影响沿程损失的两个主要因素。若管道的过流面积 A 一定,湿周 X 越小,流动阻力就越小,这时水力半径大;若两种管道具有不同断面形式,但具有相同的湿周,相同的平均流速。则 A 越大,通过流体的数量就越多,因而单位重量流体的能量损失就越小,这时水力半径 R 也大。所以,沿程损失 h_f 和水力半径 R 成反比,水力半径 R 是一个基本上能反映过流断面大小、形状对沿程损失综合影响的物理量。

圆管的水力半径为

$$R = \frac{A}{X} = \frac{\pi d^2/4}{\pi d} = \frac{d}{4}$$

边长为 a 和 b 的矩形断面水力半径为

$$R = \frac{A}{X} = \frac{ab}{2(a+b)}$$

边长为 a 的正方形断面的水力半径为

$$R = \frac{A}{X} = \frac{a^2}{4a} = \frac{a}{4}$$

4. 当量直径 对于正方形、矩形等非圆管形管道,应用达西公式时,也需要确定它们的直径。因此,引入非圆管道当量直径的概念。当非圆管的水力半径和圆管的水力半径相等时,则将圆管的直径作为非圆管的当量直径。用符号 D_d 表示

由于圆管 $D = 4R$ 可得当量直径的计算公式:

$$D_d = 4R \tag{4-7}$$

式(4-7)表明非圆管当量直径为非圆管水力半径的 4 倍。

因此,矩形管的当量直径为

$$D_d = \frac{2ab}{(a+b)}$$

方形管的当量直径为

$$D_d = a$$

应当指出,上述所讲的当量直径,都是指非圆管与圆管在流速相等时的当量直径即等流速当量直径。

【例 4-1】 有一断面面积为 $A=0.48\text{m}^2$ 的正方形压力管道,宽为高的三倍的矩形压力管道和圆形压力管道。

(1) 分别求出它们的湿周和水力半径;
(2) 正方形和矩形管道的当量直径。

【解】 (1) 求湿周和水力半径

1) 正方形管道

边长 $\qquad a=\sqrt{A}=\sqrt{0.48}=0.692\text{m}$

湿周 $\qquad X=4a=4\times 0.692=2.77\text{m}$

水力半径 $\qquad R=\dfrac{A}{X}=\dfrac{0.48}{2.77}=0.174\text{m}$

2) 矩形管道

据题意 $\qquad a\times b=a\times 3a=3a^2=A$

则 边长 $\qquad a=\sqrt{\dfrac{A}{3}}=\sqrt{\dfrac{0.48}{3}}=0.4\text{m}$

$\qquad b=3a=3\times 0.4=1.2\text{m}$

湿周 $\qquad X=2(a+b)=2(0.4+1.2)=3.2\text{m}$

水力半径 $\qquad R=\dfrac{A}{X}=\dfrac{0.48}{3.2}=0.15\text{m}$

3) 圆形管道

根据题意 $\qquad A=\dfrac{\pi d^2}{4}=0.48\text{m}^2$

则 管径 $\qquad d=\sqrt{\dfrac{4A}{\pi}}=\sqrt{\dfrac{4\times 0.48}{3.14}}=0.78\text{m}$

湿周 $\qquad X=\pi d=3.14\times 0.78=2.45\text{m}$

水力半径 $\qquad R=\dfrac{A}{X}=\dfrac{0.48}{2.45}=0.195\text{m}$

或 $\qquad R=\dfrac{d}{4}=\dfrac{0.78}{4}=0.195\text{m}$

以上计算结果说明,过流面积虽然相等,但因断面形状不同,湿周长短不等。圆形断面湿周最小,长方形断面湿周最大。由于湿周愈小,表明流体与管壁接触的长度愈小,即流体受管壁的影响相对小些,因而流动阻力也就小。而湿周越短,水力半径就越大,则沿程损失随水力半径的加大而减少。因此当流量和断面积等条件相同时,正方形管道的沿程损失小于矩形管道的沿程损失,而圆形管道的沿程损失又小于正方形管道的沿程损失。从减少水头损失的观点来看,圆形断面是最佳的。

(2) 正方形和矩形管道的当量直径

1) 正方形管道

$$D_\text{d}=a=0.692\text{m}$$

2) 矩形管道

$$D_\text{d}=\dfrac{2ab}{a+b}=\dfrac{2\times 0.4\times 1.2}{0.4+1.2}=0.6\text{m}$$

在水暖通风工程中,流体的输送一般均采用圆形管道。有些情况为了配合建筑结构或工艺上的需要,有时采用非圆形管道,如正方形或矩形通风管道等。对矩形等非圆形断面的管道,将其折算为圆形管,即用当量直径来进行有关的水力计算。

第三节 流体流动的两种流态

在19世纪初就已经发现水头损失和流速有一定关系。在流速很小的情况下,水头损失和流速的一次方成正比;在流速较大的情况下,水头损失则和流速的二次方或接近于二次方成正比。直到1883年,由于英国物理学家雷诺的试验研究,才使人们认识到能量损失规律之所以不同,是因为流体运动有两种结构不同的流动状态,其规律与流态密切相关。

一、两种流态

雷诺试验的装置如图4-3所示。由水箱A引出玻璃管B,阀门C用于调节流量,容器D内盛有容重与水相近的颜色水,经细管E流入玻璃管B,阀门F用于控制颜色水量。

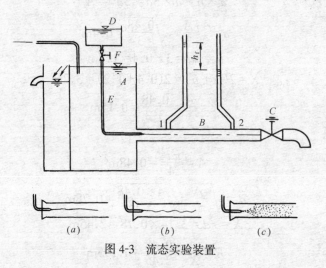

图4-3 流态实验装置

试验时水箱A内装满水,水位保持不变,水流为恒定流。液面稳定后先打开阀门C,使管B内水流速度很小。再打开阀门F,放出少量颜色水。这时可见管内颜色水成一股界限分明的细直流束,这表明各液层间毫不掺混。这种分层有规则的流动状态称为层流。如图4-3(a)所示。当阀门C逐渐开大流速增加到某一临界流速v_K'时,颜色水出现摆动,如图4-3(b)所示。继续开大阀门,增大流速,颜色水迅速与周围清水掺混,使管内全部水流都带有颜色,如图4-3(c)所示。这表明液体质点的运动轨迹是极不规则的,各部分流体互相剧烈掺混,这种流动状态称为紊流。

若实验按相反的程序进行时,流速由大变小,则上述观察到的流动现象以相反程序重演,但由紊流转变为层流的临界流速v_K小于由层流转变为紊流的临界流速v_K'。称v_K'为上临界流速,v_K为下临界流速。

实验进一步表明:上临界流速v_K'是不固定的,随着流动的起始条件和实验条件的扰动程度不同,v_K'值有很大的差异,扰动愈强,v_K'愈小。但是下临界流速v_K却是不变的流速,小于v_K后,流动就进入层流状态。在实际工程中,扰动普遍存在,上临界流速v_K'没有实际意义。以后所指的临界流速均指下临界流速v_K。

在管 B 的断面1、2处加接两根测压管,以管轴中心为基准面,列1、2两断面能量方程式,得

$$\frac{p_1}{\gamma} - \frac{p_2}{\gamma} = h_f$$

这就是说,两测压管的液面差即是1、2断面间的沿程水头损失。

用阀门 C 调节流量,通过测量流量就可以得到沿程水头损失与平均流速的多组数据。若以 $\lg v$ 为横轴,以 $\lg h_f$ 为纵轴,将实验数据绘出,得到 h_f-v 关系曲线,如图4-4所示。

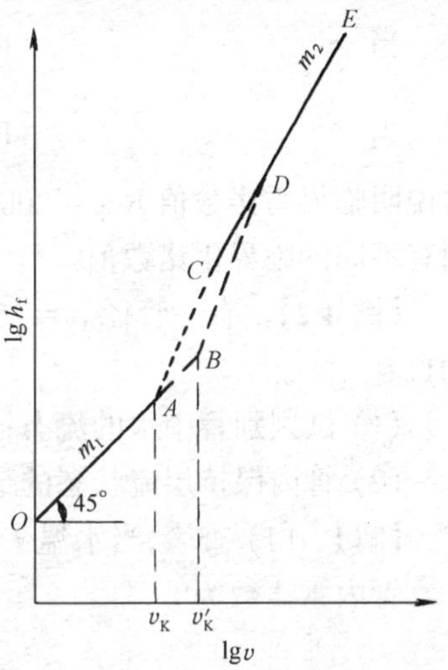

实验曲线 $OABDE$ 在流速由小变大时获得;而流速由大变小时的实验曲线是 $EDCAO$。其中 AD 部分不重合。图中 B 点对应的流速是上临界流速 v'_K,A 点对应的是下临界流速 v_K。

图4-4所示实验曲线,分为三部分:

(1) OA 段 当流速较小 $v<v_K$ 时,流动为层流。所有的试验点都分布在与横轴成45°的直线上,OA 的斜率 $m_1=1.0$。

图4-4 h_f-v 关系图

(2) CDE 段 流速较大 $v>v'_K$ 时,流动为紊流。CE 的开始部分是直线,与横轴成60°15′,往上略呈弯曲,然后又逐渐成为与横轴成63°25′的直线。CDE 段的斜率 $m_2=1.75\sim2.0$。

(3) AC 段、BD 段 试验点分布比较散乱,是流态不稳定的过渡区域,但总的趋势是沿程损失随平均流速的增大而急剧上升,其斜率均大于2.0。

上述实验结果如用直线方程来表示

$$\lg h_f = \lg a + m\lg v$$

即

$$h_f = av^m$$

层流时,$m_1=1.0$,$h_f=a_1v^{1.0}$,沿程损失和流速一次方成正比;紊流时,$m_2=1.75\sim2.0$,$h_f=a_2v^{1.75\sim2.0}$,沿程水头损失与流速的1.75~2.0次方成正比。

雷诺实验揭示了流体流动存在着两种性质不同的型态即层流和紊流。它们的内在结构完全不同,因而水头损失的规律也不同。因此,要计算水头损失,首先必须判别流体的型态。

二、流态的判别准则-临界雷诺数

在不能直接观察其内部结构的流动中,怎样才能判别流体的型态呢?雷诺等人曾对不同流体和不同管径进行了实验,发现临界流速的大小与管径 d、流体的密度 ρ 和动力粘度 μ 有关,而用临界流速判别流型并不方便。因此,将 $v_K=f(d,\rho,\mu)$,这四个参数组合成一个无因次数,叫雷诺数,用 Re 表示。

$$\mathrm{Re} = \frac{vd\rho}{\mu} = \frac{v \cdot d}{\nu} \tag{4-8}$$

对应于临界流速的雷诺数称临界雷诺数,用 Re_K 表示。大量实验研究表明,在实验条件不同,即外界条件对流体扰动的影响不同时,上临界雷诺数 Re'_K 值很不稳定,在实际工程计算中无实用意义。而下临界雷诺数 Re_K 是不随管径大小和流体种类改变的常数,其值约为

2000。即

$$\mathrm{Re}_K = \frac{v_K \cdot d}{\nu} = 2000 \tag{4-9}$$

因此,流态的判别条件是

当 $\mathrm{Re} = \frac{vd}{\nu} \leqslant 2000$ 时,流动为层流 (4-10)

当 $\mathrm{Re} = \frac{vd}{\nu} > 2000$ 时,流动为紊流 (4-11)

需说明临界雷诺数值 $\mathrm{Re}_K = 2000$,是仅就圆管压力流而言。若对边界条件发生变化的流动,则有不同的临界雷诺数值。

【例 4-2】 有一管径 $d = 25\mathrm{mm}$ 的室内给水管道,已知管中流速 $v = 1.0\mathrm{m/s}$,水温 $t = 10℃$。

(1) 试判别管中水的流态;
(2) 管内保持层流状态的最大流速为多少?

【解】 (1) 查表,当水温 $t = 10℃$ 时,水的运动粘度 $\nu = 1.31 \times 10^{-6} \mathrm{m^2/s}$。
管内雷诺数为

$$\mathrm{Re} = \frac{vd}{\nu} = \frac{1.0 \times 0.025}{1.31 \times 10^{-6}} = 19100 > 2000$$

故管中水流为紊流。

(2) 保持层流状态的最大流速就是临界流速 v_K。

由于

$$\mathrm{Re}_K = \frac{v_K \cdot d}{\nu} = 2000$$

所以

$$v_K = \frac{2000 \cdot \nu}{d} = \frac{2000 \times 1.31 \times 10^{-6}}{0.025} = 0.105 \mathrm{m/s}$$

【例 4-3】 某送风管道,圆管直径 $d = 200\mathrm{mm}$,风速 $v = 3.0\mathrm{m/s}$,空气温度 $t = 30℃$。

(1) 试判断风道内气体的流态。
(2) 该风管的临界流速是多少?

【解】 (1) 查表 当温度 $t = 30℃$ 时,空气的运动粘度 $\nu = 16.6 \times 10^{-6} \mathrm{m^2/s}$,
风管中雷诺数为

$$\mathrm{Re} = \frac{vd}{\nu} = \frac{3 \times 0.2}{16.6 \times 10^{-6}} = 36150 > 2000$$

故为紊流。

(2) 求临界流速 v_K

由于

$$\mathrm{Re}_K = \frac{v_K \cdot d}{\nu} = 2000$$

$$v_K = \frac{2000 \times 16.6 \times 10^{-6}}{0.2} = 0.166 \mathrm{m/s}$$

从以上两例看出,水和空气的流动绝大多数都是紊流,只有在管径和流速很小及运动粘度很大的情况下,才可能出现层流。

三、流态分析

由雷诺实验可知,层流与紊流的主要区别在于紊流时各流层之间流体质点存在不断地互相掺混作用,而层流则没有。由于紊流质点掺混,互相碰撞,除了粘滞阻力外,还存在着惯性阻力。因此,紊流阻力比层流阻力大得多。

层流受扰动后能否成为紊流,关键在于扰动的惯性作用和粘性的稳定作用相互斗争的结果。层流受扰动后,当粘性的稳定作用起主导作用时,扰动就受到粘性的阻滞而衰减下来,层流就是稳定的。当扰动占上风,粘性的稳定作用无法使扰动衰减下来,于是流动变为紊流。

雷诺数之所以能判别流态,正是因为它反映了惯性力和粘性力的对比关系。下面的因次分析有助于我们认识到这一点。

流体惯性力的因次为

$[惯性力]=[m][a]=[\rho][L^3][L]/[T]^2=[\rho][L^3][v^2]/[L]$

$[粘性力]=[\mu][A]\left[\dfrac{\mathrm{d}u}{\mathrm{d}y}\right]=[\mu][L^2][v]/[L]$

$\dfrac{[惯性力]}{[粘性力]}=\dfrac{[\rho][L^3][v^2]/[L]}{[\mu][L^2][v]/[L]}=\dfrac{[\rho][v][L]}{[\mu]}=[\mathrm{Re}]$

取 $L=d$,以上雷诺数就和式(4-8)一致了。

以上分析说明,流体在运动过程中,当雷诺数较小时,粘滞力占主导地位,当雷诺数较大时,惯性力占主导地位,层流就转变成为紊流。

第四节 管中的层流运动

本节主要讲述圆管层流运动的特点以及从理论上导出沿程损失及沿程阻力系数 λ 的计算公式。

一、均匀流动方程式

在第三章已分析过均匀流动的特点,均匀流只有沿程损失,而无局部损失。为了解决沿程水头损失的计算问题,首先要建立沿程水头损失与切应力之间的关系式。如图 4-5 所示的均匀流中,取 0-0 为基准面,任选两个断面 1-1 和 2-2 列能量方程式

$z_1+\dfrac{p_1}{\gamma}+\dfrac{\alpha_1 v_1^2}{2g}=z_2+\dfrac{p_2}{\gamma}+\dfrac{\alpha_2 v_2^2}{2g}+h_\mathrm{w}$

由均匀流的性质:

$\dfrac{\alpha_1 v_1^2}{2g}=\dfrac{\alpha_2 v_2^2}{2g} \qquad h_\mathrm{w}=h_\mathrm{f}$

代入上式得

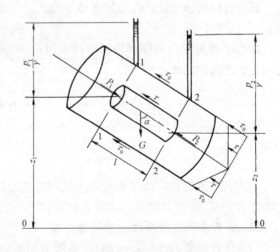

图 4-5 圆管均匀流动

$$h_\mathrm{f}=\left(z_1+\dfrac{p_1}{\gamma}\right)-\left(z_2+\dfrac{p_2}{\gamma}\right) \tag{4-12}$$

上式表明,均匀流两过流断面间的沿程水头损失,等于两断面的测压管水头差。

分析所取 1-2 流段在流向上的受力平衡条件。设两断面间的距离为 L,过流面积为 A

$=A_1=A_2$,断面上流体和固体壁面接触的周界(湿周)为 x。对于半径为 r_0 的管流来说,湿周即为断面的周长,即 $x=2\pi r_0$。

作用在该流段上的质量力只有重力 G。
$$G=\gamma Al$$

表面力有:
端面压力 $\quad P_1=p_1A \quad P_2=p_2A$
管壁切力 $\quad F=\tau_0 xl$

其中 τ_0——管壁切应力。

在均匀流中,流体质点作等速运动,加速度为零,因此,以上各力的合力为零。写出沿流动方向力的平衡方程式
$$P_1-P_2+G\cos\alpha-F=0$$
即
$$p_1A-p_2A+\gamma Al\cos\alpha-\tau_0 xl=0$$

将 $\cos\alpha=\dfrac{z_1-z_2}{l}$ 代入整理得

$$\left(z_1+\frac{p_1}{\gamma}\right)-\left(z_2+\frac{p_2}{\gamma}\right)=\frac{\tau_0 xl}{\gamma A} \tag{4-13}$$

比较式(4-12)和式(4-13),得

$$h_f=\frac{\tau_0 xl}{\gamma A}=\frac{2\tau_0 l}{\gamma r_0} \tag{4-14}$$

把水力坡度 $J=\dfrac{h_f}{l}$,水力半径 $R=\dfrac{A}{X}$,代入上式得

$$\tau_0=\gamma RJ=\gamma\frac{r_0}{2}J \tag{4-15}$$

式(4-14)或(4-15)就是均匀流动方程式。它反映了沿程水头损失和管壁切应力之间的关系。

如取半径为 r 的同轴圆柱形流体来讨论,可类似地求得管内任一点轴向切应力 τ 与水力坡度 J 之间的关系:

$$\tau=\gamma\frac{r}{2}J \tag{4-16}$$

比较式(4-15)和(4-16),得

$$\frac{\tau}{\tau_0}=\frac{r}{r_0} \tag{4-17}$$

上式表明圆管均匀流过流断面上的切应力是按直线分布的,切应力与半径成正比,轴线上切应力为零,管壁上切应力达最大值。如图4-5所示。

二、圆管层流过流断面上的流速分布

当流体在圆管内作层流运动时,粘滞力起主导作用,各流层的流体质点互不掺混,可看成是无数无限薄的圆筒一个套着一个地相对滑动。与管壁接触的最外一层流体附着在壁面上,流速为零;愈向管轴心流速愈大,在管轴心处流速最大。如图4-6所示。

各流层间的切应力符合牛顿内摩擦定律,即

$$\tau=\mu\frac{\mathrm{d}u}{\mathrm{d}y}$$

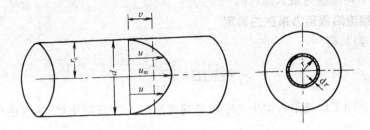

图 4-6 圆管中层流的速度分布

设圆管半径为 r，由于速度 u 随 r 的增大而减小，速度梯度 $\dfrac{du}{dr}$ 为负，所以在等式右边加负号，以保证 τ 为正。因此

$$\tau = -\mu \frac{du}{dr} \tag{4-18}$$

联立式(4-18)和均匀流方程(4-16)

$$-\mu \frac{du}{dr} = \gamma \frac{r}{2} J$$

整理得

$$du = -\frac{\gamma J}{2\mu} r dr$$

其中 γ 和 μ 都是常数，J 不随 r 而变化，J 也是常数。因此，上式积分得

$$u = -\frac{\gamma J}{4\mu} r^2 + c$$

积分常数 c 由边界条件确定，当 $r = r_0$ 时，$u = 0$，代入上式得

$$c = \frac{\gamma J}{4\mu} r_0^2$$

$$u = \frac{\gamma J}{4\mu}(r_0^2 - r^2) \tag{4-19}$$

上式即为圆管层流运动过流断面上流速分布的表达式。表明过流断面上的流速分布规律呈抛物线分布规律。见图 4-6。

将 $r = 0$ 代入式(4-19)，得管轴处最大流速为

$$u_{max} = \frac{\gamma J}{4\mu} r_0^2 = \frac{\gamma J}{16\mu} d^2 \tag{4-20}$$

将式(4-19)和 $A = \pi r_0^2$，$dA = 2\pi r dr$ 代入平均流速定义式

$$v = \frac{\int_A u dA}{A} = \frac{\int_0^{r_0} \frac{\gamma J}{4\mu}(r_0^2 - r^2) \cdot 2\pi r dr}{\pi r_0^2}$$

$$= \frac{\gamma J}{2\mu r_0^2} \int_0^{r_0} (r_0^2 - r^2) r dr$$

$$v = \frac{\gamma J}{8\mu} r_0^2 = \frac{\gamma J}{32\mu} d^2 \tag{4-21}$$

比较式(4-20)和(4-21)，得

$$v = \frac{1}{2} u_{max} \tag{4-22}$$

即圆管层流的平均流速为最大流速的一半。

三、圆管层流沿程阻力系数的确定

根据式(4-21),得

$$h_f = JL = \frac{32\mu v L}{\gamma d^2} \tag{4-23}$$

此式从理论上证明了层流沿程损失与断面平均流速的一次方成正比,这与前面所介绍的实验结果一致。

对式(4-23),可作如下变形改写为式(4-1)的形式,则

$$h_f = \frac{32\mu v L}{\gamma d^2} = \frac{64}{\frac{\rho v d}{\mu}} \frac{Lv^2}{d2g} = \frac{64}{\mathrm{Re}} \frac{L}{d} \frac{v^2}{2g}$$

$$= \lambda \frac{L}{d} \frac{v^2}{2g}$$

式中,λ 为沿程阻力系数,圆管层流运动中 λ 为

$$\lambda = \frac{64}{\mathrm{Re}} \tag{4-24}$$

它表明圆管层流的沿程阻力系数仅与雷诺数有关,且成反比,而和管壁粗糙度无关。

实际工程中管内层流运动主要存在于某些小管径、小流量的室内管路或粘性较大的机械润滑系统和输油管路中。研究层流,不仅可解决工程实际问题,而且通过分析对比,可加深对紊流的理解。

【例 4-4】 设圆管的直径 $d=20$mm,流速 $v=12$cm/s,水温 $t=10$℃,试求在管长 $L=20$m 上的沿程水头损失。

【解】 先判别流态,查得 $t=10$℃时水的运动粘滞系数 $\nu=0.013\mathrm{cm}^2/\mathrm{s}$。

$$\mathrm{Re} = \frac{vd}{\nu} = \frac{12 \times 2}{0.013} = 1846 < 2000 \text{ 故为层流。}$$

求沿程阻力系数 λ

$$\lambda = \frac{64}{\mathrm{Re}} = \frac{64}{1846} = 0.0347$$

沿程损失为:

$$h_f = \lambda \cdot \frac{L}{d} \cdot \frac{v^2}{2g} = 0.0347 \times \frac{2000}{2} \times \frac{12^2}{2 \times 981} = 2.6\mathrm{cm}$$

【例 4-5】 在管径 $d=10$mm,管长 $L=5$m 的圆管中,冷冻机润滑油作层流运动,测得流量 $Q=80\mathrm{cm}^3/\mathrm{s}$,水头损失 $h_f=30\mathrm{mH_2O}$,试求油的运动粘度 ν?

【解】 圆管中润滑油的平均流速

$$v = \frac{Q}{A} = \frac{4Q}{\pi d^2} = \frac{4 \times 80}{3.14 \times 1^2} = 102\mathrm{cm/s}$$

根据公式(4-1)

$$h_f = \lambda \frac{L}{d} \frac{v^2}{2g}$$

沿程阻力系数为

$$\lambda = \frac{h_f d \cdot 2g}{L \cdot v^2} = \frac{30 \times 0.01 \times 2 \times 9.81}{5 \times 1.02^2} = 1.13$$

据题意,流动为层流,$\lambda = \frac{64}{\text{Re}}$,所以

$$\text{Re} = \frac{64}{\lambda} = \frac{64}{1.13} = 56.6$$

润滑油的运动粘滞系数为:

$$\nu = \frac{vd}{\text{Re}} = \frac{102 \times 1}{56.6} = 1.802 \text{cm}^2/\text{s}$$

【例 4-6】 有一直径 $d = 200$mm 的供油管道,输送石油的重量流量 $Q_G = 883$kN/h,石油的容重 $\gamma = 8.83$kN/m^3,冬季石油的运动粘度 $\nu = 1.092 \text{cm}^2/\text{s}$,管道全长 $L = 2$km,试求供油管道的沿程压头损失。

【解】 据重量流量 $\qquad Q_G = \gamma \cdot vA$

则管内石油平均流速

$$v = \frac{Q_G}{\gamma A} = \frac{883}{8.83 \times \frac{\pi}{4} \times (0.2)^2 \times 3600} = 0.885 \text{m/s}$$

判别流态

$$\text{Re} = \frac{vd}{\nu} = \frac{88.5 \times 20}{1.092} = 1620 < 2000$$

故流型为层流。

管内石油沿程压力损失,据式(4-3)

$$\begin{aligned} p_f &= \lambda \frac{L}{d} \frac{v^2}{2g} \gamma \\ &= \frac{64}{\text{Re}} \frac{L}{d} \frac{v^2}{2g} \gamma = \frac{64}{1620} \times \frac{2000}{0.2} \times \frac{0.885^2}{2 \times 9.81} \times 8830 \\ &= 139 \text{kPa} \end{aligned}$$

第五节 管中的紊流运动

前述圆管中的层流运动,从理论上解决了过流断面上流速分布和沿程水头损失的计算问题。而在实际工程中,除了少数流动属于层流之外,大部分管流为紊流。因此,研究紊流运动的特征及其能量损失规律,更具有普遍意义和实用意义。

一、运动参数的脉动与时均流速

流体在作紊流运动时,质点的运动杂乱无章,相互混杂。流体的运动参数如速度、压强等均随时间作无规则的变化,并围绕某一个平均值上下波动,运动参数的这种波动叫做运动参数的脉动。

运动参数脉动和质点掺混是紊流运动的两个基本特征,也是研究紊流运动的出发点。

紊流运动参数随时间脉动的现象,表明它不属于恒定流,这对于紊流的研究带来一定困难。但由实验发现,紊流中空间任意点上运动参数虽有变化,但在足够长的时间段内,运动参数的时间平均值是不变的,并有一定的规律性。

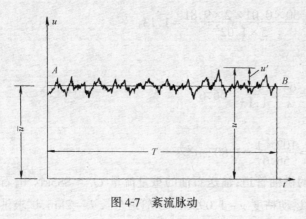

图 4-7 紊流脉动

图 4-7 是某紊流流动在某一空间固定点上测得的速度随时间的分布。由图可见，流体的瞬时速度 u 随时间无规则地变化，并围绕着某一个平均值上下波动。这样，流体的瞬时速度可以分成两部分：时均速度 $\bar{u}$ 和脉动速度 u'，即

$$u = \bar{u} + u' \tag{4-25}$$

其中由于

$$\bar{u}T = \int_0^T u\,dt$$

所以时均速度

$$\bar{u} = \frac{1}{T}\int_0^T u\,dt \tag{4-26}$$

由于流体质点在紊流状态下作不定向杂乱无章的运动，其脉动速度 u' 有正、有负，因此在一段时间内脉动速度的平均值必为零，即

$$\bar{u'} = \frac{1}{T}\int_0^T u'\,dt = 0 \tag{4-27}$$

同样道理，瞬时压强、平均压强和脉动压强之间的关系可表示为

$$p = \bar{p} + p' \tag{4-28}$$

其中时均压强 $\bar{p} = \frac{1}{T}\int_0^T p\,dt$。脉动压强 p' 的时均值也为零。

这里再明确一下上述三种速度、压强的概念：

(1) 瞬时速度 u，瞬时压强 p：表示在某时刻 t，空间某点上流体的速度、压强的真实值。

(2) 时均速度 $\bar{u}$、时均压强 $\bar{p}$：表示在一定的时间段内，紊流中空间某点上流体瞬时速度、压强的平均值。

(3) 脉动速度 u'、脉动压强 p'：表示在某时刻 t，紊流中空间某点上流体的瞬时速度、压强与时均速度、时均压强的差值。

运动参数的时均化，用时均流速和时均压强来代替随时间做不规则脉动的瞬时速度和瞬时压强，从而把复杂的紊流运动简化为一种时均流动。虽然从瞬时运动参数看，紊流不是恒定流，但从时均流动看，凡运动参数的时均值不随时间变化的流动，就可以看成是恒定流。紊流运动要素的时均化，不仅为紊流的研究提供了方便，而且使第三章中恒定流基本方程式对于紊流仍然适用。因此，在以后紊流运动的研究中，所有概念都将以时间平均值来定义。

二、层流边层与紊流核心

实验证明，在紊流中邻近管壁的极小区域存在着很薄的一层流体，由于固体壁面的阻滞作用，流速较小，因而仍保持为层流运动，该流层称为层流边层。管中心部分称为紊流核心。在紊流核心与层流边层之间还存在一个由层流到紊流的过渡层。如图 4-8 所示。

层流边层的厚度 δ 可按下式计算

$$\delta = \frac{32.8d}{\mathrm{Re}\sqrt{\lambda}} \tag{4-29}$$

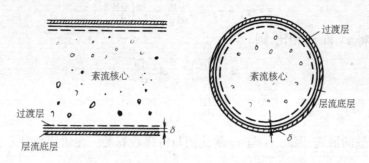

图 4-8 层流底层与紊流核心

式中 d——管径(mm);
Re——雷诺数;
λ——沿程阻力系数。

从公式中看出,层流边层的厚度 δ 随着雷诺数 Re 的不断加大而越来越薄。层流边层的厚度虽然很小,一般只有几毫米或十分之几毫米,但它对沿程阻力和沿程损失却有很大影响。

在实际工程中,不论管壁是什么材料制成的,都会有不同程度的凸凹不平。我们把管壁表面粗糙凸出的平均高度叫做管壁的绝对粗糙度,用 K 表示。把绝对粗糙度 K 与管径 d 的比值,称为相对粗糙度,用 K/d 表示。

当层流边层的厚度 δ 明显大于管壁的绝对粗糙度 K 时,管壁的粗糙突出部分完全被掩盖在层流边层以内,管壁的粗糙对紊流核心部分的流动没有影响,流体就像在壁面绝对光滑的管中流动一样,因而沿程损失与管壁的粗糙度无关,这种情况的管内紊流流动称为水力光滑管。如果层流边层厚度 δ 小于绝对粗糙度 K,管壁的粗糙突起有一部分或大部分暴露在紊流核心区内。此时,紊流区中的流体流过管壁粗糙突出部分时将会引起旋涡,随着旋涡的不断产生和扩散,流体的紊动加大,造成更大的能量损失,这时沿程损失与管壁的粗糙度有关,这种情况管内的流动称为水力粗糙管。由此可见,所谓光滑管或粗糙管,并不完全取决于管壁粗糙的突起高度 K,还取决于层流边层的厚度。对同一管道,随着雷诺数的增大,层流边层的厚度不断减小,就会由水力光滑管转变为水力粗糙管。

三、紊流阻力及速度分布

紊流流动比层流流动要复杂得多。在紊流中,一方面因相邻两流层间时均流速相对运动,仍然存在着粘性切应力,另一方面还存在流体质点互相碰撞和掺混所引起的惯性切应力。因此,紊流阻力 τ 包括两部分:粘性切应力 τ_1 和惯性切应力 τ_2。即

$$\tau = \tau_1 + \tau_2 \tag{4-30}$$

粘性切应力可由牛顿内摩擦定律计算

$$\overline{\tau}_1 = \mu \frac{d\overline{u}}{dy}$$

惯性切应力 τ_2 目前仍然采用经典的半经验理论——普朗特混合长度理论。由普朗特混合长度理论得到的以时均流速表示的紊流切应力表达式为

$$\overline{\tau}_2 = \rho l^2 \left(\frac{d\overline{u}}{dy}\right)^2 \tag{4-31}$$

式中,l 称为混合长度。则紊流切应力可写成:

$$\overline{\tau} = \tau_1 + \tau_2 = \mu \frac{d\overline{u}}{dy} + \rho l^2 \left(\frac{d\overline{u}}{dy}\right)^2$$

如果我们将 τ_2 和 τ_1 相比,则

$$\frac{\tau_2}{\tau_1} = \frac{\rho l^2 \left(\dfrac{d\overline{u}}{dy}\right)^2}{\mu \dfrac{d\overline{u}}{dy}} = \frac{\rho l^2 \dfrac{d\overline{u}}{dy}}{\mu} \approx \frac{\overline{u} l}{\nu}$$

$\dfrac{\overline{u} l}{\nu}$ 是雷诺数的形式,因此 τ_2 与 τ_1 的比例与雷诺数有关。在雷诺数较小,紊动较弱时,τ_1 占主导地位,雷诺数越大,紊动越剧烈,τ_1 的影响就越小,当雷诺数很大时,粘性切应力与惯性切应力相比甚小,τ_1 就可以忽略了,则

$$\overline{\tau} = \rho l^2 \left(\frac{d\overline{u}}{dy}\right)^2 \tag{4-32}$$

为了简便起见,时均值以后不再标以时标符号。

将式(4-32)运用于圆管紊流,为得到过流断面上流速分布规律,引用以下假设。

(1) 管壁附近紊流切应力等于壁面处的切应力,即

$$\tau = \tau_0$$

(2) 混合长度 l 与质点到管壁的距离 y 成正比,即

$$l = \beta y$$

式中 β——实验确定的常数,称为卡门通用常数;

y——从管壁算起的径向距离。

将上述假设代入(4-32)中,得

$$u = \frac{1}{\beta} \sqrt{\frac{\tau_0}{\rho}} \ln y + c \tag{4-33}$$

设 $u_* = \sqrt{\dfrac{\tau_0}{\rho}}$

式中,u_* 具有流速的量纲,称为切应力速度。

$$u = \frac{u_*}{\beta} \ln y + c \tag{4-34}$$

式中,c 为积分常数。

上式就是由混合长度理论得到的紊流断面流速分布规律。是按对数曲线分布的,比层流时抛物线分布均匀得多(如图 4-9 所示)。这是因为紊流时由于流体质点的掺混作用,动量发生交换,使流速分布均匀化的结果。

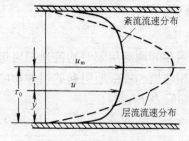

图 4-9 紊流断面流速分布规律

第六节 沿程阻力系数的确定

沿程损失的计算,关键在于如何确定沿程阻力系数 λ。由于紊流的复杂性,目前还不能像层流那样严格地从理论上推导出来。而主要是借助于实验研究来分析紊流沿程阻力系数的变化规律,并以此为依据,综合成阻力系数 λ 的纯经验公式或半经验公式。

一、阻力系数 λ 的影响因素

为了通过实验研究沿程阻力系数 λ，首先要分析 λ 的影响因素。在层流中，$\lambda = \dfrac{64}{\text{Re}}$，即 λ 仅与雷诺数有关，与管壁粗糙度无关。在紊流中，影响 λ 的因素有两方面，一方面取决于反映流动内部矛盾的粘性力和惯性力的对比关系，用雷诺数 Re 来表示。另一方面又取决于流动的外部因素即边壁的几何条件，边壁几何条件包括管长、过流断面的形状、大小以及壁面的粗糙等。对圆管来说，过流断面的形状固定了，而管长 l 和管径 d 在公式(4-1)中已考虑。因此边壁的几何条件中只剩下壁面粗糙需要通过 λ 来反映。这就是说，沿程阻力系数 λ，主要取决于 Re 和壁面粗糙这两个因素。

壁面粗糙情况一般来说包括糙粒的高度、形状，以及疏密程度和排列等。为便于分析粗糙的影响，尼古拉兹在试验中使用了一种简化的粗糙模型。他用人工方法把大小基本相同，形状近似球体粒径均匀的砂粒用胶粘附于管内壁上，这种管道称为人工粗糙管(如图 4-10 所示)。对于这种特定的粗糙形式，可用糙粒的突起高度 K(即相当于砂粒直径)来表示壁面的粗糙程度。K 称为绝对粗糙度。K 与直径(或半径)之比 K/d (或 K/r) 称为管壁相对粗糙度，它是一个能够在不同直径的管道中用来反映管壁粗糙影响的量。这样，影响 λ 的因素就是雷诺数和相对粗糙度，即

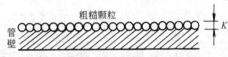

图 4-10 人工粗糙管示意

$$\lambda = f\left(\text{Re}, \frac{K}{d}\right)$$

二、尼古拉兹实验

为了探索沿程阻力系数 λ 的变化规律，尼古拉兹采用多种管径和多种粒径的砂粒，得到了 $\dfrac{K}{d} = \dfrac{1}{30} \sim \dfrac{1}{1014}$ 的六种不同相对粗糙度的管道。把这些管道放在类似于图 4-3 的装置中，量测不同流量时的断面平均流速 v 和沿程水头损失 h_f。根据

$$\text{Re} = \frac{vd}{\nu} \text{ 和 } \lambda = h_f \frac{d}{l} \frac{2g}{v^2}$$

两式，计算出相应的雷诺数 Re 和沿程阻力系数 λ。把试验结果点绘在对数坐标纸上。得到图 4-11。

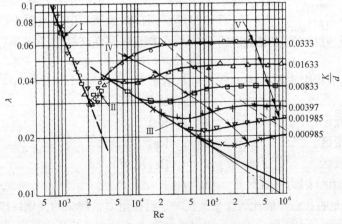

图 4-11 尼古拉兹实验曲线

根据 λ 变化的特征,图中曲线可分为五个区域:

第Ⅰ区,Re<2000 时,所有的实验点,不论其相对粗糙度大小,都集中在一条直线。这表明 λ 仅与 Re 有关,而与相对粗糙度无关。只是雷诺数的函数,即 $\lambda = f(\mathrm{Re})$,数值关系为 $\lambda = \dfrac{64}{\mathrm{Re}}$,这说明,由理论分析得到的层流沿程阻力系数公式与实验结果相符。该区称为层流区。

第Ⅱ区,2000<Re<4000,是由层流向紊流的转变过程。λ 只与 Re 有关,而与相对粗糙度无关。该区称为过渡区或临界区。该区范围很小,实用意义不大。

第Ⅲ区,Re>4000 以后,不同相对粗糙的实验点,起初都集中在曲线Ⅲ线,表明 λ 与相对粗糙度无关,只与 Re 有关。随着 Re 的加大,相对粗糙度较大的管道,其实验点在较低的 Re 时就偏离曲线Ⅲ。而相对粗糙度较小的管道,其实验点在较大的 Re 时才偏离此线。该区称为紊流光滑区。

第Ⅳ区,实验点已偏离光滑区曲线。不同相对粗糙度的试验点各自分散成一条条波状曲线。λ 既与 Re 有关,又与相对粗糙度 K/d 有关,该区称为紊流过渡区。

第Ⅴ区,不同相对粗糙度的实验点,分别落在一些与横坐标平行的直线上。λ 只与 K/d 有关,而与 Re 无关。该区称为紊流粗糙区。当 λ 与 Re 无关时,沿程损失与流速的平方成正比,因此该区又称为阻力平方区。

尼古拉兹实验结果表明,紊流沿程阻力系数 λ 决定于 Re 和 K/d 两个因素。紊流分为三个阻力区,各区的 λ 变化规律不同。那么,为什么会出现如此不同呢?这个问题可用层流边层的存在来解释。

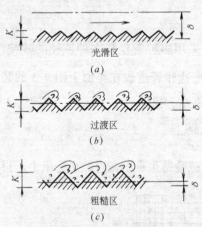

图 4-12 层流边层与管壁粗糙的作用

在光滑区,层流边层的厚度 δ 显著大于管壁的绝对粗糙度 K,即糙粒的突起高度。粗糙完全被淹盖在层流边层以内(如图 4-12a),粗糙对紊流核心的流动几乎没有影响,流体好像在完全光滑的管道中流动一样。因而 λ 只与 Re 有关,而与 K/d 无关。

在过渡区,层流边层的厚度 δ 变薄,粗糙开始影响紊流核心区内的流动(如图 4-12b)。糙粒对紊流核心的影响不仅与 K 有关,同时还与 δ 有关,而 δ 随 Re 变化。因此,λ 与 K/d 和 Re 两个因素有关。

在粗糙区,层流边层更薄,$\delta \ll K$,粗糙 K 几乎全部暴露在紊流核心中,(如图 4-12c)此时 Re 的变化对紊流的影响程度已微不足道,所以 λ 只与 K/d 有关,与 Re 无关。

综上所述,沿程损失系数 λ 的变化可归纳如下:

Ⅰ 层流区 $\qquad\qquad\qquad\qquad \lambda = f_1(\mathrm{Re})$
Ⅱ 临界过渡区 $\qquad\qquad\qquad \lambda = f_2(\mathrm{Re})$
Ⅲ 紊流光滑区 $\qquad\qquad\qquad \lambda = f_3(\mathrm{Re})$
Ⅳ 紊流过渡区 $\qquad\qquad\qquad \lambda = f_4(\mathrm{Re}, K/d)$
Ⅴ 紊流粗糙区(阻力平方区) $\qquad \lambda = f_5(K/d)$

综上所述,尼古拉兹实验比较完整地反映了沿程阻力系数 λ 的变化规律,揭示了不同情况下沿程阻力系数 λ 的主要影响因素。它对推导紊流 λ 的半经验公式提供了可靠的依据。

三、工业管道紊流阻力系数的计算公式

由于尼古拉兹实验是在人工均匀粗糙管内进行的,而工业管道的实际粗糙是千变万化的,与均匀粗糙有很大不同,因此,将尼古拉兹结果用于工业管道时,首先要分析这种差异和寻求解决问题的办法。

1. 工业管道实验曲线和尼古拉兹实验曲线的比较

图 4-13 中实线 A 为尼古拉兹实验曲线,虚线 B 和 C 分别为直径 50mm 镀锌钢管和 125mm 新焊接钢管的实验曲线。由图可见,在光滑区工业管道的实验曲线和尼古拉兹实验曲线是重叠的。因此,只要流动位于阻力光滑区,实际工业管道 λ 的计算就可采用尼古拉兹的实验结果。

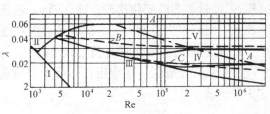

图 4-13 λ 曲线的比较

在粗糙区,工业管道和尼古拉兹实验曲线都与横坐标轴平行,说明也有相同的变化规律,这就存在着用尼古拉兹粗糙区公式计算工业管道的可能性。问题是如何确定工业管道的 K 值。为了解决这个问题,以尼古拉兹实验的人工粗糙管为标准,把工业管道的不均匀粗糙折合成尼古拉兹粗糙。因此,而引入当量糙粒高度的概念(或称当量绝对粗糙度)。所谓当量糙粒高度是指和工业管道在紊流粗糙区 λ 值相等的同直径尼古拉兹粗糙管的糙粒高度。如实测出某种材料工业管道在粗糙区时的 λ 值,将它与尼古拉兹实验结果进行比较,再找出同一直径与 λ 值相等的尼古拉兹人工粗糙管的糙粒高度,这就是该种材料工业管道的当量糙粒高度。

由此可见,工业管道的当量糙粒高度是按沿程损失的效果来确定的,它在一定程度上反映了粗糙中各种因素对沿程损失的综合影响。

几种常用工业管道的 K 值,见表 4-1。

几种常用管道当量糙粒高度   表 4-1

管道材料	K(mm)	管道材料	K(mm)
钢板制风管	0.15(引自全国通用通风管道计算表)	竹风道	0.8~1.2
塑料板制风管	0.01(引自全国通用通风管道计算表)	铅管、铜管、玻璃管	0.01 光滑(以下引自莫迪当量粗糙图)
矿渣石膏板风管	1.0(以下引自采暖通风设计手册)	镀锌钢管	0.15
表面光滑砖风道	4.0	钢 管	0.046
矿渣混凝土板风道	1.5	涂沥青铸铁管	0.12
铁丝网抹灰风道	10~15	铸 铁 管	0.25
胶合板风道	1.0	混凝土管	0.3~3.0
地面沿墙砌造风道	3~6	木条拼合圆管	0.18~0.9
墙内砌砖风道	5~10		

在过渡区,工业管道实验曲线和尼古拉兹曲线存在较大的差异。表现在工业管道实验曲线的过渡区曲线在较小的 Re 下就偏离光滑曲线,但随着 Re 的增加平滑下降,而尼古拉兹曲线则存在着上升部分。

造成这种差异的原因在于两种管道粗糙均匀性的不同。在工业管道中,粗糙是不均匀的。当雷诺数较小,层流边层较厚、比当量糙粒高度还大很多时,粗糙中的最大糙粒提前伸入到紊流核心对紊流流动产生影响,使 λ 开始与 K/d 有关,实验曲线也就较早地脱离紊流

光滑区。随着 Re 的增大，层流边层越来越薄，对核心区内的流动能产生影响的糙粒越来越多，粗糙的作用是逐渐增加的，因而过渡曲线比较平缓。而尼古拉兹人工粗糙管是均匀的，随着雷诺数的增大，层流边层厚度减小，当层流边层的厚度开始小于糙粒高度之后，全部糙粒同时开始直接伸入紊流核心，其作用几乎是同时产生。使紊流光滑到紊流粗糙过渡比较突然，因而过渡曲线变化比较急剧。同时，暴露在紊流核心内的糙粒部分随 Re 的增大而不断加大。沿程损失急剧上升。这就是尼古拉兹实验中过渡曲线产生上升的原因。

2. 沿程阻力系数 λ 的计算公式

(1) 紊流光滑区　在应用普朗特半经验理论的基础上结合尼古拉兹实验曲线，得到该区 λ 公式为

$$\frac{1}{\sqrt{\lambda}} = 2\lg(\mathrm{Re}\sqrt{\lambda} - 0.8)$$

或写成

$$\frac{1}{\sqrt{\lambda}} = 2\lg \frac{\mathrm{Re}\sqrt{\lambda}}{2.51} \quad (4\text{-}35)$$

式(4-35)是半经验公式，称为尼古拉兹光滑管公式。

此外，还有许多由实验资料整理成的纯经验公式。其中，布拉修斯于 1913 年在综合光滑区实验资料的基础上提出的公式应用最广，形式为

$$\lambda = \frac{0.3164}{\mathrm{Re}^{0.25}} \quad (4\text{-}36)$$

上式仅适用于 $\mathrm{Re} < 10^5$ 的情况（见图 4-11），而尼古拉兹光滑管公式可适用于更大的 Re 范围。但布拉修斯光滑管公式形式简单，计算方便。因此得到了广泛应用。

(2) 紊流粗糙区　采用与紊流光滑区相同的方法，类似地得到公式

$$\lambda = \frac{1}{\left(1.74 + 2\lg \dfrac{d}{2K}\right)^2}$$

或写成

$$\frac{1}{\sqrt{\lambda}} = 2\lg \frac{3.7d}{K} \quad (4\text{-}37)$$

式(4-37)是半经验公式，称为尼古拉兹粗糙管公式。

也可采用纯经验公式，希弗林松公式

$$\lambda = 0.11 \left(\frac{K}{d}\right)^{0.25} \quad (4\text{-}38)$$

由于它的形式简单，计算方便。因此，工程上也常采用。

(3) 紊流过渡区　通过上述曲线比较，尼古拉兹的过渡区的实验资料对工业管道是完全不适用的。柯列勃洛克根据大量的工业管道实验资料，提出工业管道过渡区 λ 公式

$$\frac{1}{\sqrt{\lambda}} = -2\lg\left(\frac{K}{3.7d} + \frac{2.51}{\mathrm{Re}\sqrt{\lambda}}\right) \quad (4\text{-}39)$$

式中，K 为工业管道的当量糙粒高度，可由表 4-1 查得。(4-39)式称为柯列勃洛克公式（以下简称柯氏公式）。

柯氏公式，实际上是尼古拉兹光滑区公式和粗糙区公式的结合。公式中当 Re 值很小时，等号右边括号内的第二项很大，第一项相对很小，该式就接近尼古拉兹光滑管公式。当 Re 值很大时，等号右边括号内第二项很小，该式接近尼古拉兹粗糙管公式。这样，柯氏公式

不仅适用于工业管道紊流过渡区,而且可以适用于整个紊流的三个阻力区,故又称为紊流的综合公式。

为了简化计算,莫迪在柯氏公式的基础上,绘制了工业管道 λ 的计算曲线,反映 Re、K/d 和 λ 对应关系的莫迪图(图4-14),在图上可根据 Re 和 K/d 直接查出 λ。

柯氏公式虽然是一个经验公式,但它是在合并两个半经验公式的基础上获得的。因此可以认为柯氏公式是普朗特理论和尼古拉兹实验结合后进一步发展到工程应用阶段的产物。这个公式在国内外得到了极为广泛的应用。我国通风管道的设计计算,目前就是以柯氏公式为基础的。

紊流粗糙区 λ 的计算,也可采用洛巴耶夫公式,即

$$\lambda = \frac{1.42}{\left[\lg\left(\text{Re} \cdot \frac{d}{K}\right)\right]^2} \tag{4-40}$$

在采用紊流阻力系数分区公式计算沿程阻力系数 λ 时,应首先判别紊流所处的流动区域,然后选用相应的公式进行计算。根据我国汪兴华教授得出的判别标准如下:

紊流光滑区: $2000 < \text{Re} < 0.32\left(\frac{d}{K}\right)^{1.28}$

紊流过渡区: $0.32\left(\frac{d}{K}\right)^{1.28} < \text{Re} \leqslant 1000\left(\frac{d}{K}\right)$

紊流粗糙区: $\text{Re} > 1000\left(\frac{d}{K}\right)$

沿程阻力系数 λ 还可以采用阿里特苏里综合公式进行计算

$$\lambda = 0.11\left(\frac{K}{d} + \frac{68}{\text{Re}}\right)^{0.25} \tag{4-41}$$

上式适用于紊流三个区,在供热工程中用于室内供暖管道 λ 值的计算,已编有专用计算图表。

(4-41)式也是柯氏公式的近似公式。当 Re 很小时括号内的第一项可忽略,公式实际上成为布拉修斯光滑区公式(4-36)。即

$$\lambda = 0.11\left(\frac{68}{\text{Re}}\right)^{0.25} = 0.1\left(\frac{100}{\text{Re}}\right)^{0.25} = \frac{0.3164}{\text{Re}^{0.25}}$$

当 Re 很大时,括号内第二项可忽略,公式和粗糙区的希弗林松公式(4-38)一致。

在给水排水工程的钢管和铸铁管的水力计算中,由于钢管和铸铁管,使用后会发生锈蚀或沉垢,管壁粗糙加大,λ 也会加大,所以工程设计一般按旧管计算,采用舍维列夫公式计算。

过渡区公式($v < 1.2 \text{m/s}$,水温 283K)

$$\lambda = \frac{0.0179}{d^{0.3}}\left(1 + \frac{0.867}{v}\right)^{0.3} \tag{4-42}$$

粗糙区公式($v \geqslant 1.2 \text{m/s}$)

$$\lambda = \frac{0.021}{d^{0.3}} \tag{4-43}$$

式中 d——管道内径(m)。

由尼古拉兹实验得知,紊流过渡区的沿程阻力系数 λ 与 Re 及 K/d 有关,即 $\lambda = f(\text{Re}, K/d)$。对旧钢管和旧铸铁管,因管子材料一定,水温一定,则 K、ν 为定值,这样公式在过

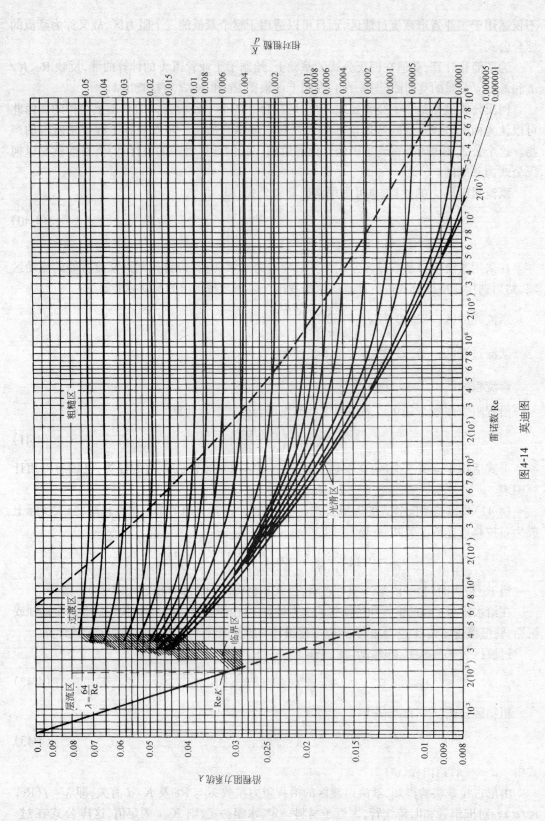

图4-14 莫迪图

渡区 λ 就只与流速 v 及管径 d 有关。在粗糙区 λ 只与管径 d 有关。

应当指出,在确定沿程阻力系数 λ 时,无论是采用公式计算还是查莫迪图,所得结果应该接近或相等。

【例 4-7】 在管径 $d=100\text{mm}$,管长 $l=300\text{m}$ 的圆管中,输送 $t=10℃$ 的水,其雷诺数 $\text{Re}=80000$,试分别求下列三种情况下的水头损失。

(1) 管内壁为 $K=0.15\text{mm}$ 均匀砂粒的人工粗糙管。
(2) 为光滑铜管(即流动处于紊流光滑区)。
(3) 为工业管道,其当量糙粒高度 $K=0.15\text{mm}$。

【解】 (1) $K=0.15\text{mm}$ 的人工粗糙管的水头损失

根据 $\text{Re}=80000$ 和 $\dfrac{K}{d}=\dfrac{0.15}{100}=0.0015$

查图 4-11 得 $\lambda=0.02$；$t=10℃$ 时,$\nu=1.3\times 10^{-6}\text{m}^2/\text{s}$。

由
$$\text{Re}=\frac{vd}{\nu}$$
$$80000=\frac{v\times 0.1}{1.3\times 10^{-6}}$$

得
$$v=1.04\text{m/s}$$

因此
$$h_\text{f}=\lambda\frac{l}{d}\frac{v^2}{2g}$$
$$=0.02\times\frac{300}{0.1}\times\frac{1.04^2}{2g}=3.31\text{m}$$

(2) 光滑铜管的沿程水头损失

在 $\text{Re}<10^5$ 时可采用布拉修斯公式(4-36)

$$\lambda=\frac{0.3164}{\text{Re}^{0.25}}=\frac{0.3164}{80000^{0.25}}=0.0188$$

由图 4-11 或 4-14 查得的 λ 值与计算结果基本相符。

$$h_\text{f}=\lambda\cdot\frac{l}{d}\cdot\frac{v^2}{2g}=0.0188\times\frac{300}{0.1}\times\frac{1.04^2}{2g}=3.12\text{m}$$

(3) $K=0.15\text{mm}$ 工业管道的沿程水头损失

根据判别式判别流动区域,判别式中

$$0.32\left(\frac{d}{K}\right)^{1.28}=0.32\left(\frac{100}{0.15}\right)^{1.28}=1318$$

$$1000\left(\frac{d}{K}\right)=1000\left(\frac{100}{0.15}\right)=6.67\times 10^5$$

$$0.32\left(\frac{d}{K}\right)^{1.28}<\text{Re}<1000\left(\frac{d}{K}\right)$$

所以流动为紊流过渡区。

采用洛巴耶夫计算公式

$$\lambda=\frac{1.42}{\left[\lg\left(80000\times\frac{100}{0.15}\right)\right]^2}\approx 0.024$$

根据 $\text{Re}=80000, K/d=0.15/100=0.0015$

由图 4-14 查得 $\lambda \approx 0.024$。
与计算结果一致

$$h_f = \lambda \frac{l}{d} \frac{v^2}{2g} = 0.024 \times \frac{300}{0.1} \times \frac{1.04^2}{2g} = 3.97\text{m}$$

【例 4-8】 一矩形风道，断面为 1200mm×600mm，通过 45℃ 的空气，风量为 42000m³/h，风道壁面材料的当量糙粒高度 $K=0.1$mm，在 $l=12$m 长的管段中，用倾斜 30° 的装有酒精的微压计测得斜管中读数 $a=7.5$mm，酒精密度 $\rho=860$kg/m³，求风道的沿程阻力系数 λ。并和用经验公式计算以及用莫迪图查得结果进行比较。

【解】 (1) 查表 45℃ 的空气 $\rho=1.110$kg/m³，$\nu=18.1\times 10^{-6}$m²/s。

根据公式 $\quad\quad\quad\quad Q = vA$

得 风道流速 $\quad v = \dfrac{Q}{A} = \dfrac{42000}{3600\times 1.2\times 0.6} = 16.2\text{m/s}$

当量直径 $\quad\quad\quad D_d = \dfrac{2\times 1.2\times 0.6}{1.2+0.6} = 0.8\text{m}$

由式(4-3)

$$p_f = \lambda \frac{l}{d} \frac{\rho v^2}{2}$$

$$= \lambda \frac{l}{D_d} \frac{\rho v^2}{2} = \gamma_{\text{酒}} a \sin 30°$$

$$\lambda = \frac{2D_d \gamma_{\text{酒}} a \sin 30°}{l\rho v^2} = \frac{2\times 0.8\times 860\times 9.81\times 7.5\times 10^{-3}\times 0.5}{12\times 1.110\times 16.2^2}$$

$$= 0.0145$$

(2) 查莫迪图

$$\text{Re} = \frac{vD_d}{\nu} = \frac{16.2\times 0.8}{18.1\times 10^{-6}} = 7.16\times 10^5$$

$$\frac{K}{d} = \frac{K}{D_d} = \frac{0.1\times 10^{-3}}{0.8} = 1.25\times 10^{-4}$$

查图 4-14 得 $\lambda = 0.0143$

(3) 根据判别式

$$0.32\left(\frac{d}{K}\right)^{1.28} = 0.32\times\left(\frac{0.8}{0.1\times 10^{-3}}\right)^{1.28} = 6.6\times 10^{-4}$$

$$1000\left(\frac{d}{K}\right) = 1000\left(\frac{0.8}{0.1\times 10^{-3}}\right) = 8\times 10^6$$

$0.32\left(\dfrac{d}{K}\right)^{1.28} < \text{Re} < 1000\left(\dfrac{d}{K}\right)$ 为紊流过渡区

根据洛巴耶夫公式(4-40)

$$\lambda = \frac{1.42}{\left[\lg\left(\text{Re}\dfrac{d}{K}\right)\right]^2} = \frac{1.42}{\left(\lg\left(7.16\times 10^5\times\dfrac{0.8}{0.1\times 10^{-3}}\right)\right)^2}$$

$$= 0.0149$$

根据阿里特苏里公式

$$\lambda = 0.11\left(\frac{K}{d} + \frac{68}{\text{Re}}\right)^{0.25}$$

$$= 0.11\left(\frac{0.1 \times 10^{-3}}{0.8} + \frac{68}{7.16 \times 10^5}\right)^{0.25} = 0.0134$$

根据柯氏公式

$$\frac{1}{\sqrt{\lambda}} = -2\lg\left(\frac{K}{3.7d} + \frac{2.51}{\text{Re}\sqrt{\lambda}}\right)$$

$$= -2\lg\left(3.38 \times 10^{-5} + \frac{0.351}{\sqrt{\lambda}} \times 10^{-5}\right)$$

$$= 10 - 2\lg\left(3.38 + \frac{0.351}{\sqrt{\lambda}}\right)$$

通过试算得 $\lambda = 0.0143$

【例 4-9】 某厂修建一条长 300m 的输水管道,输水量为 200t/h,水温按 10℃ 考虑,管径采用 200mm,试确定:

(1) 若铺设铸铁管,沿程水头损失为多少?
(2) 改用钢筋混凝土管($K=2$mm),则沿程水头损失为多少?

【解】 (1) 铸铁管的沿程水头损失

根据 $Q_M = \rho v A$

管内流速

$$v = \frac{4Q_M}{\rho \cdot \pi d^2} = \frac{4 \times 200 \times 1000}{3600 \times 1000 \times 3.14 \times 0.2^2} = 1.77 \text{m/s}$$

由于 $v > 1.2$m/s,λ 值按式(4-43)计算

$$\lambda = \frac{0.021}{d^{0.3}} = \frac{0.021}{0.2^{0.3}} = 0.034$$

铸铁管的沿程水头损失

$$h_f = \lambda \cdot \frac{l}{d} \cdot \frac{v^2}{2g} = 0.034 \times \frac{300}{0.2} \times \frac{1.77^2}{2 \times 9.81} = 8.14 \text{mH}_2\text{O}$$

(2) 钢筋混凝土管的沿程水头损失

水温为 10℃ 时,查表 $\nu = 1.31 \times 10^{-6}$m²/s

$$\text{Re} = \frac{vd}{\nu} = \frac{1.77 \times 0.2}{1.31 \times 10^{-6}} = 2.7 \times 10^5$$

$$\frac{K}{d} = \frac{2}{200} = 0.01$$

查莫迪图可得 $\lambda = 0.038$,水流处于紊流粗糙区,或采用判别式

$$0.32\left(\frac{d}{K}\right)^{1.28} = 0.32 \times \left(\frac{200}{2}\right)^{1.28} = 116$$

$$1000\left(\frac{d}{K}\right) = 1000 \times \left(\frac{200}{2}\right) = 1 \times 10^5$$

$$\text{Re} > 1000\left(\frac{d}{K}\right)$$

为紊流粗糙区,采用公式

$$\lambda = \frac{1}{\left(1.74 + 2\lg\dfrac{d}{2K}\right)^2} = \frac{1}{\left(1.74 + 2\lg\dfrac{200}{2\times 2}\right)^2} = 0.038$$

钢筋混凝土管的沿程水头损失为

$$h_f = \lambda \frac{l}{d}\frac{v^2}{2g} = 0.038 \times \frac{300}{0.2} \times \frac{1.77^2}{2\times 9.81} = 9.1\,\mathrm{mH_2O}$$

【例 4-10】 如管道的长度不变，允许的水头损失 h_f 不变，若使管径增大一倍，不计局部损失，试分别讨论在下列三种情况下流量应增大多少倍。

(1) 管中流动为层流，$\lambda = \dfrac{64}{\mathrm{Re}}$

(2) 管中流动为紊流光滑区，$\lambda = \dfrac{0.3164}{\mathrm{Re}^{0.25}}$

(3) 管中流动为紊流粗糙区，$\lambda = 0.11\left(\dfrac{K}{d}\right)^{0.25}$

【解】 (1) 流动为层流

$$h_f = \lambda \frac{l}{d}\frac{v^2}{2g} = \frac{64}{\mathrm{Re}}\frac{l}{d}\frac{v^2}{2g} = \frac{128\nu l}{\pi g}\frac{Q}{d^4}$$

令

$$C_1 = \frac{128\nu l}{\pi g}$$

则

$$Q = \frac{1}{C_1}h_f d^4$$

可以看出层流中若 h_f 不变，则流量 Q 与管径的四次方成正比。即

$$\frac{Q_2}{Q_1} = \left(\frac{d_2}{d_1}\right)^4$$

当 $d_2 = 2d_1$ 时，$Q_2/Q_1 = 16$，$Q_2 = 16 Q_1$

层流时管径增大一倍，流量为原来的 16 倍。

(2) 流动为紊流光滑区

$$h_f = \lambda \frac{l}{d}\frac{v^2}{2g} = \frac{0.3164}{\left(\dfrac{vd}{\nu}\right)^{0.25}}\frac{l}{d}\frac{v^2}{2g}$$

$$= \frac{0.3164\,\nu^{0.25} l\, Q^{1.75}}{2g\left(\dfrac{\pi}{4}\right)^{1.75} d^{4.75}}$$

$$\left(\frac{Q_2}{Q_1}\right)^{1.75} = \left(\frac{d_2}{d_1}\right)^{4.75},\quad Q_2 = (2)^{\frac{4.75}{1.75}} Q_1$$

$$Q_2 = 6.56 Q_1$$

(3) 流动为紊流粗糙区

$$h_f = \lambda\frac{l}{d}\frac{v^2}{2g} = 0.11\left(\frac{K}{d}\right)^{0.25}\frac{l}{d}\frac{1}{2g}\frac{Q^2}{\left(\dfrac{\pi}{4}\right)^2 d^4}$$

$$= 0.11\frac{K^{0.25} l}{2g\left(\dfrac{\pi}{4}\right)^2}\frac{Q^2}{d^{5.25}}$$

$$\left(\frac{Q_2}{Q_1}\right)^2 = \left(\frac{d_2}{d_1}\right)^{5.25}$$

$$Q_2 = (2)^{\frac{5.25}{2}} \cdot Q_1$$
$$Q_2 = 6.17 Q_1$$

第七节 局部损失的计算

实际工程中用于输送流体的管道都要安装一些阀门、弯头、三通……等配件,用以控制和调节流体在管内的流动。流体经过这些配件,由于边壁条件或流量的改变,均匀流在这一局部地区遭到破坏,引起流速、方向或分布的变化。由此产生的能量损失,称为局部损失。用符号 h_j 表示。

局部损失的种类繁多,形状各异,边壁变化也比较复杂,加之紊流本身的复杂性,局部损失的计算,应用理论来解决有很大难度,多数情况是用实验方法来解决。

下面分别讨论局部损失产生的原因和计算方法。

一、局部损失产生的原因

实验研究表明,局部损失和沿程损失一样,不同的流态遵循不同的规律。如果流体以层流经过局部阻碍,而且受干扰后仍能保持层流,这种情况局部阻力系数 ζ 与雷诺数 Re 成反比,即

$$\zeta = \frac{B}{\mathrm{Re}} \tag{4-44}$$

式中,B 是随局部阻碍的形状而异的常数。

这种情况下,损失的产生还是由于各流层之间的粘性切应力引起的。只是由于边壁的变化,促使流速分布重新调整,流体质点产生剧烈变形,加强了相邻流层间的相对运动,因而加大了这一局部地区的水头损失。但是,这种受边壁强烈干扰仍然保持层流的情况,只有在 Re 很小的情况下才有可能。这样小的 Re 在供暖通风专业中是很少遇到的,绝大部分情况均为紊流状态。下面将着重研究紊流的局部损失。

在讨论紊流局部损失成因之前,首先介绍一下局部阻碍的种类。局部阻碍的种类虽多,但分析其流动特征,主要归结为三类,一类是过流断面的扩大或收缩。如:突扩管,突缩管,渐扩管等。二类是流动方向的改变。如,直角弯头,折角弯头,圆管弯头等。三类是流量的合入与分出。如,合流三通,分流三通等。如图 4-15 所示。

从边壁的变化缓急来看,局部阻碍又分为突变的和渐变的两类:图 4-15 中的 a、c、e、g 是突变的,而 b、d、f、h 是渐变的。根据边壁变化分析,引起局部损失的原因,主要来自以下两个方面。

1. 当流体以紊流通过突变的局部障碍时,在惯性力的作用下,流体不能像边壁那样突然转折,于是在边壁突变的地方,出现主流与边壁脱离的现象。因而在主流与固体壁面之间产生旋涡区。

2. 在边壁无突然变化,但沿流动方向出现减速增压现象的地方,也会产生旋涡区。图 4-15b 所示的渐扩管中,流速沿程减小,压强不断增加,出现减速增压现象。在这样的减速增压区,流体质点受到与流动方向相反的压差作用,使靠近壁面流速原本就小的流体质点,在这一反向压差的作用下,速度逐渐减小到零。出现与主流方向相反的流动。就在流速等于零的地方,主流开始与壁面脱离,在出现反向流动的地方出现旋涡区。图 4-15e、f 所示的弯

管中,虽然过流断面沿程不变,但弯管内流体质点受到离心力的作用,压向外壁面,在弯管的前半段,外侧压强沿程增大,内侧压强沿程减小;而流速是外侧减小,内侧增大。因此,在弯管前半段沿外壁出现减速增压现象,形成旋涡区;在弯管的后半段旋涡区在内侧出现。弯管内侧的旋涡,无论是大小还是强度,一般都比外侧的大。

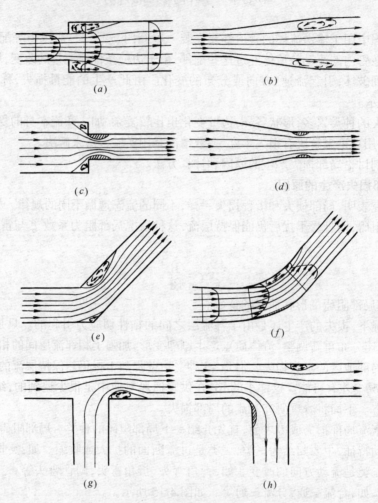

图 4-15　几种典型的局部阻碍

(a)突扩管;(b)渐扩管;(c)突缩管;(d)渐缩管;(e)折弯管;(f)圆弯管;(g)锐角合流三通;(h)圆角分流三通

旋涡区内不断产生着旋涡,旋涡区中的流体质点不断地被主流带走,而主流区内将有流体给予补充。由于旋涡的能量来自主流,因而不断消耗主流的能量;在旋涡区及其附近,过流断面上的流速梯度加大,如图 4-15a 所示,也使主流能量损失有所增加。在旋涡被不断带走并扩散的过程中,加剧了下游一定范围内的紊流脉动,从而加大了这段管长的能量损失。事实上,局部损失发生在一定长度的流段上,而不是在某一断面上。

对各种局部阻碍进行的大量实验研究表明,紊流阻力系数 ζ 一般说来决定于局部阻碍的几何形状、固体壁面的相对粗糙和雷诺数。即

$$\zeta = f(局部阻碍形状,相对粗糙,Re)$$

但在不同情况下,各因素所起的作用不同。局部阻碍形状始终是一个起主导作用的因

素。

由上述可见,尽管造成局部损失的形式是各种各样的,但其形成能量损失的本质却是基本相同的。由于各种局部装置和流道的变化情况不同,引起的旋涡区大小以及速度的重新分布就会不同,所产生的局部损失大小也不同。

二、局部损失的计算

局部损失采用公式(4-2),(4-4)进行计算。从公式可看出,把求 h_j 的问题转化为求 ζ 的问题了。

通过前面的分析可以看出,局部损失产生的原因是十分复杂的,所以对大多数情况下的局部损失只能通过实验来确定。只有极少数情况下的局部损失可以进行理论计算。现以圆管突然扩大的情况为例,通过应用能量方程和动量方程,介绍局部损失的计算方法。

图 4-16 为圆管突然扩大处的流动。流体在其中作恒定流动。取 0-0 为基准面,取管断面突然变化处为Ⅰ-Ⅰ断面,扩大后流动接近均匀流正常状态的断面为Ⅱ-Ⅱ断面,设突然扩大前后流体的过流面积分别为 A_1 和 A_2,压强分别为 p_1、p_2,断面平均流速分别为 v_1、v_2,两断面中心距 0-0 基准面的距离为 z_1、z_2。两断面间的沿程水头损失忽略不计。

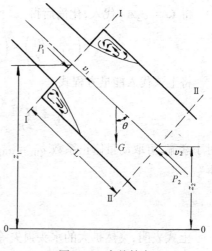

图 4-16 突然扩大

以 0-0 为基准面,列Ⅰ-Ⅰ、Ⅱ-Ⅱ断面能量方程式,则

$$h_j = \left(z_1 + \frac{p_1}{\gamma} + \frac{\alpha_1 v_1^2}{2g}\right) - \left(z_2 + \frac{p_2}{\gamma} + \frac{\alpha_2 v_2^2}{2g}\right)$$

为了确定压强与流速的关系,再对Ⅰ、Ⅱ两断面与管壁所包围的流动空间写出沿流动方向的动量方程:

$$\Sigma F = \frac{\gamma Q}{g}(\alpha_{02} v_2 - \alpha_{01} v_1)$$

方程表明:作用于流段全部外力之和等于单位时间流出流段和流入流段的动量差。式中,ΣF 为作用在所取流体上的全部轴向外力之和,其中包括:

1. 端面压力

作用在Ⅰ断面上的总压力 P_1。P_1 等于Ⅰ-Ⅰ断面上的形心压强 p_1 与 A_1 的乘积再加上环形面积上的压强(根据实验其接近于断面Ⅰ-Ⅰ上的压强 p_1)与其面积($A_2 - A_1$)的乘积,即

$$P_1 = p_1 A_1 + p_1(A_2 - A_1) = p_1 A_2$$

作用在Ⅱ断面上的总压力,$P_2 = p_2 A_2$。

2. 重力

等于控制体内流体本身的重量

$$G = \gamma V = \gamma A_2 L$$

重力在管轴上的投影

$$G \cdot \cos\theta = \gamma \cdot A_2 \cdot L \cdot \frac{z_1 - z_2}{L} = \gamma A_2 \cdot (z_1 - z_2)$$

3. 侧面压力

作用在控制体上的侧面压力与管轴垂直,在管轴上的投影为零。
因此

$$p_1 A_2 - p_2 A_2 + \gamma A_2(z_1 - z_2) = \frac{\gamma Q}{g}(\alpha_{02} v_2 - \alpha_{01} v_1)$$

将 $Q = v_2 A_2$ 代入,化简后得

$$\left(z_1 + \frac{p_1}{\gamma}\right) - \left(z_2 + \frac{p_2}{\gamma}\right) = \frac{v_2}{g}(\alpha_{02} v_2 - \alpha_{01} v_1)$$

将上式代入能量方程式

$$h_j = \frac{\alpha_1 v_1^2}{2g} - \frac{\alpha_2 v_2^2}{2g} + \frac{v_2}{g}(\alpha_{02} v_2 - \alpha_{01} v_1)$$

对于紊流,可取动量修正系数 $\alpha_{01} = \alpha_{02} = 1; \alpha_1 = \alpha_2 = 1$。
得

$$h_j = \frac{(v_1 - v_2)^2}{2g} \tag{4-45}$$

上式表明,突然扩大的水头损失等于以平均流速差计算的流速水头。

要把(4-45)式变换成计算局部损失的一般形式只需将 $v_2 = v_1 \frac{A_1}{A_2}$,或 $v_1 = v_2 \frac{A_2}{A_1}$ 代入

$$\left. \begin{aligned} h_j &= \left(1 - \frac{A_1}{A_2}\right)^2 \frac{v_1^2}{2g} = \zeta_1 \frac{v_1^2}{2g} \\ h_j &= \left(\frac{A_2}{A_1} - 1\right)^2 \frac{v_2^2}{2g} = \zeta_2 \frac{v_2^2}{2g} \end{aligned} \right\} \tag{4-46}$$

所以突然扩大的阻力系数为:

$$\zeta_1 = \left(1 - \frac{A_1}{A_2}\right)^2 \text{ 或 } \zeta_2 = \left(\frac{A_2}{A_1} - 1\right)^2 \tag{4-47}$$

上述公式看出,突然扩大前后有两个不同的平均流速,因而也有两个相应的阻力系数。计算时必须注意使选用的阻力系数与流速相对应。局部阻力系数 ζ 一般与流速大小无关,它主要与局部阻碍的几何形状有关。

通过以上分析,我们得出了圆管突然扩大局部水头损失的计算公式。其形式与公式(4-2)相同。因此,只要管件的局部阻力系数 ζ 值能够确定,局部损失就不难求出。

各种局部阻碍的局部阻力系数 ζ 值,除了少数可用理论推导出的公式计算外,多数均通过实验确定,并由此编制成专用计算图、表,供计算时查用。

表 4-2 列出了常用的局部阻力系数 ζ 值。

应当注意,表 4-2 中的 ζ 值,都是针对某一过流断面上的平均流速而言的。查表时必须与指定的断面流速相对应,凡未注明的,均应采用局部阻碍以后的流速。

常用各种管件的局部阻力系数 ζ 值　　　　表 4-2

序号	管件名称	示意图	局部阻力系数							
1	突然扩大		$\frac{A_1}{A_2}$	0.01	0.1	0.2	0.4	0.6	0.8	0.9	1.0
			ζ	0.93	0.81	0.64	0.36	0.16	0.04	0.01	0
2	突然缩小		$\frac{A_2}{A_1}$	0.01	0.1	0.2	0.4	0.6	0.8	0.9	1.0
			ζ	0.5	0.47	0.45	0.34	0.25	0.15	0.09	0
3	管子入口		边缘尖锐时　$\zeta=0.50$ 边缘光滑时　$\zeta=0.20$ 边缘极光滑时　$\zeta=0.05$
4	管子出口		$\zeta=1.0$
5	转心阀门		α	10°	15°	20°	25°	30°	35°	40°	45°	50°	55°	60°
			ζ	0.29	0.75	1.56	3.10	5.47	9.68	17.3	31.2	52.6	106	206
6	带有滤网底阀		$\zeta=5\sim10$
7	直流三通		$\zeta=1.0$
8	分流三通		$\zeta=1.5$
9	合流三通		$\zeta=3.0$
10	渐缩管		当 $\alpha\leqslant45°$ 时，$\zeta=0.01$

续表

序号	管件名称	示意图	局部阻力系数					
11	渐扩管		α	\multicolumn{5}{c}{A_2/A_1}				
				1.50	1.75	2.00	2.25	2.50
			10°	0.02	0.03	0.04	0.05	0.06
			15°	0.03	0.05	0.06	0.08	0.10
			20°	0.05	0.07	0.10	0.13	0.15
12	折管		α	20°	40°	60°	80°	90°
			ζ	0.05	0.14	0.36	0.74	0.99
13	90°弯头		d (mm)	15	20	25	32	40	≥50
			ζ	2.0	2.0	1.5	1.5	1.0	1.0
14	90°煨弯		d (mm)	15	20	25	32	40	≥50
			ζ	1.5	1.5	1.0	1.0	0.5	0.5
15	止回阀		\multicolumn{6}{c}{$\zeta = 1.70$}
16	闸阀		DN (mm)	15	20	25	32	40	≥50
			ζ	1.5	0.5	0.5	0.5	0.5	0.5
17	截止阀		DN (mm)	15	20	25	32	40	≥50
			ζ	16.0	10.0	9.0	9.0	8.0	7.0

另外，通过前面的分析我们知道，各种局部阻碍的阻力损失，不是发生在流动的某一断面上，而是发生在一定影响长度的流段中。因此，如两个局部阻碍距离很近，局部阻力之间会产生相互干扰，使 ζ 值有所改变。可能增大，也可能减小。因此需进行特殊的实验来确定。通过实验研究，在设计管道时，如果局部阻碍之间的距离大于三倍管径，可以忽略相互干扰的影响，其计算结果一般是偏于安全的。

以上我们分别讨论了管路沿程损失及局部损失的计算问题。在实际工程中，一个管路系统往往是由许多规格不同的管子及一些必要的局部阻碍组成。在计算管路中流体的总能量损失时，应分别计算各管段的沿程损失及各种局部阻力损失，然后按能量损失的叠加原则，即(4-5)式进行计算。

【例 4-11】 有一突扩管，由直径 $d_1 = 100$mm 变为直径 $d_2 = 200$mm，已知管中流量 $Q = 50$L/s，试求突扩管的局部水头损失。

【解】 突扩管前后的断面平均流速

$$v_1 = \frac{4Q}{\pi d_1^2} = \frac{4 \times 0.05}{3.14 \times (0.1)^2} = 6.37 \text{m/s}$$

$$v_2 = \frac{4Q}{\pi d_2^2} = \frac{4 \times 0.05}{3.14 \times (0.2)^2} = 1.59 \text{m/s}$$

根据公式(4-45),突扩管的局部损失

$$h_j = \frac{(v_1 - v_2)^2}{2g} = \frac{(6.37 - 1.59)^2}{2 \times 9.81} = 1.16 \text{mH}_2\text{O}$$

若查表 4-2,当 $\frac{A_1}{A_2} = \left(\frac{d_1}{d_2}\right)^2 = \left(\frac{0.1}{0.2}\right)^2 = 0.25$ 时,采用内插法查得 $\zeta_1 = 0.57$。

$$h_j = \zeta_1 \frac{v_1^2}{2g} = 0.57 \times \frac{6.37^2}{2 \times 9.81} = 1.17 \text{mH}_2\text{O}$$

计算结果基本一致。

【例 4-12】 如图 4-17 所示,水箱 A 内的水,经过直径 $d = 25$mm 的管道流入水箱 B,若水箱 A 液面上的相对压强 $p_0 = 98.1$kPa,且 $H_1 = 1$m,$H_2 = 5$m,不计沿程水头损失,试求管内水的流量。

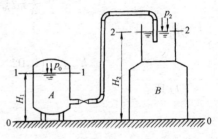

图 4-17

【解】 取 0-0 为基准面,列断面 1-1 与断面 2-2 的能量方程式

$$z_1 + \frac{p_1}{\gamma} + \frac{\alpha_1 v_1^2}{2g} = z_2 + \frac{p_2}{\gamma} + \frac{\alpha_2 v_2^2}{2g} + h_w$$

式中,$z_1 = H_1 = 1$m,$z_2 = H_2 = 5$m;$p_1 = p_0 = 98.1$kPa;$p_2 = 0$(相对压强);$\frac{\alpha_1 v_1^2}{2g} = 0$,$\frac{\alpha_2 v_2^2}{2g} = 0$;$h_w = h_j$;将各项代入上式得

$$1 + \frac{9.81 \times 10^4}{9.81 \times 10^3} + 0 = 5 + 0 + 0 + h_j$$

即 $$h_j = 6 \text{mH}_2\text{O}$$

1-2 断面间各局部阻碍 ζ 查表 4-2 包括:管子入口 $\zeta_1 = 0.5$,闸阀($d = 25$mm) $\zeta_2 = 0.5$,管径 25mm 弯头 $\zeta_3 = 1.5 \times 3 = 4.5$,管子出口 $\zeta_4 = 1.0$;则

$$\Sigma\zeta = \zeta_1 + \zeta_2 + \zeta_3 + \zeta_4 = 6.5$$

根据(4-2)式,局部水头损失

$$h_j = \Sigma\zeta \frac{v^2}{2g}$$

$$6 = 6.5 \frac{v^2}{2g}$$

$$v = \sqrt{\frac{2 \times 9.81 \times 6}{6.5}} = 4.26 \text{m/s}$$

管内水的流量

$$Q = \frac{1}{4}\pi d^2 \cdot v = \frac{1}{4} \times 3.14 \times (0.025)^2 \times 4.26 = 0.0021 \text{m}^3/\text{s}$$

【例 4-13】 如图 4-18 所示,水由管道中 A 点向 D 点流动,管中流量 $Q = 0.02 \text{m}^3/\text{s}$,各

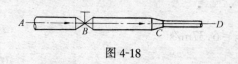

图 4-18

管段的沿程阻力系数 $\lambda = 0.02$。B 处为阀门，$\zeta = 2.0$；C 处为渐缩管，$\zeta = 0.5$。已知管长 $L_{AB} = 100m$，$L_{BC} = 200m$，$L_{CD} = 150m$，管径 $d_{AB} = d_{BC} = 150mm$，$d_{CD} = 125mm$。若 A 点总水头 $H_A = 20m$，试求 D 点总水头。

【解】 由于整个管路直径不等，计算水头损失时，AC 与 CD 两段需分别进行。

AC 段

$$h_{wAC} = \left(\lambda \frac{L_{AC}}{d_{AC}} + \Sigma \zeta_{AC} \right) \frac{v_{AC}^2}{2g}$$

其中 $L_{AC} = L_{AB} + L_{BC} = 100 + 200 = 300m$，$d_{AC} = 150mm$，$\zeta_{AC} = \zeta_B = 2$；

$$v_{AC} = \frac{Q}{\frac{1}{4}\pi d_{AC}^2} = \frac{0.02}{0.785 \times (0.15)^2} = 1.13 m/s$$

所以

$$h_{wAC} = \left(0.02 \times \frac{300}{0.15} + 2 \right) \frac{1.13^2}{2 \times 9.81} = 2.73 mH_2O$$

CD 段

$$h_{wCD} = \left(\lambda \frac{L_{CD}}{d_{CD}} + \Sigma \zeta_{CD} \right) \frac{v_{CD}^2}{2g}$$

其中 $L_{CD} = 150m$，$d_{CD} = 125mm$，$\Sigma \zeta_{CD} = \zeta_C = 0.5$

$$v_{CD} = \frac{Q}{\frac{1}{4}\pi d_{CD}^2} = \frac{0.02}{0.785 \times (0.125)^2} = 1.63 m/s$$

所以

$$h_{wCD} = \left(0.02 \frac{150}{0.125} + 0.5 \right) \frac{(1.63)^2}{2 \times 9.81} = 3.32 mH_2O$$

于是整个管路的总水头损失

$$h_{wAD} = h_{wAC} + h_{wCD} = 2.73 + 3.32 = 6.05 mH_2O$$

由于

$$H_A = H_D + h_{wAD}$$

$$H_D = H_A - h_{wAD} = 20 - 6.05 = 13.95 mH_2O$$

第八节 绕流阻力与升力的概念

在实际工程中，锅炉内烟气横向流过管束，河水流过桥墩，飞机在空气中飞行，船在水中航行，粉尘颗粒在空气中飞扬或沉降，风绕建筑物流动等，都是绕流运动。流体作绕流运动时，作用在物体上的力可分为两个分量：一是平行于来流方向的作用力，叫做绕流阻力。另一是垂直于来流方向的作用力，叫做绕流升力。绕流阻力由两部分组成，即摩擦阻力和形状阻力。实验证明，如水和空气这样一些粘性小的流体在绕过物体运动时，其摩擦阻力主要发生在紧靠物体表面的一个流速梯度很大的流体薄层内。这个薄层叫做附面层。而形状阻力主要指流体绕曲面体或具有锐缘棱角的物体流动时，因附面层分离产生旋涡而形成的流动阻力,它与绕流物体的形状有关,故称为形状阻力。这两种阻力都与附面层有关,因此,我们首先介绍附面层的概念,而后再讨论流体的绕流阻力与升力。

一、附面层的形成

图 4-19 所示为流体在平板上作绕流运动的情况。流体的来流流速为 u_0,均匀分布,方向和平板平行。当流体接触平板之后,由于流体粘性作用使紧靠平板表面的质点流速为零。在垂直于平板方向,流速迅速增加接近未受扰动时的流速 u_0。紧贴平板表面的这一流速梯度很大的流体薄层,称为附面层,厚度用符号 δ 表示。附面层以外的流体,可以认为平板对流动基本上不产生影响,仍以原流速 u_0 向前流动。

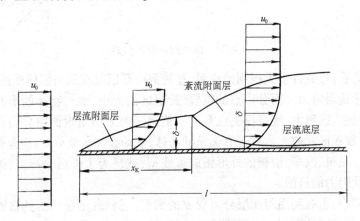

图 4-19 平板附面层

附面层的厚度和流态沿流向怎样变化呢?在平板表面上,从平板前缘开始,附面层厚度 δ 从零沿流向逐渐增加。在平板前部,作层流流动。随着附面层不断加厚,到达一定距离 x_K 处,层流流动转变为紊流。在紊流附面层内也有一层极薄的层流底层。这和流体在管道内作紊流运动的情况是一致的。附面层的流动型态仍然可用临界雷诺数来判别。实验指出,以来流速度 u_0 代替断面平均流速 v,以平板前端至流态转化点的距离 x_K 代替管径 d,则此临界雷诺数为:

$$\mathrm{Re}_K = \frac{u_0 x_K}{\nu} = (3.5 \sim 5.0) \times 10^5 \tag{4-48}$$

二、附面层的分离现象

以上我们分析了流体在平板上的绕流运动,对于实际绕流物体,形状各异。现以流体绕曲面流动情况来分析附面层的分离现象。

如图 4-20 所示,在流体流经曲面体 MM' 断面以前,由于绕流过流断面减小,流速沿程增加,因而压强沿程减小。在 MM' 断面以后,由于断面不断扩大,速度不断减小,因而压强沿程增加。因此,在 MM' 断面前,附面层为减压加速区域,势能减小,动能增大。在 MM' 断面之后为增压减速区域,流体质点不仅受到粘性力的阻滞作用,压差也阻止着流体的前进,越是靠近壁面的流体,受粘性力的阻滞作用越大。在这两个力的作用下,靠近壁面的流速就趋近于零。S 点以后的流体质点在与主流方向相反的压差作用下,将产生反方向的回流。回流和前进的主流这两部分运动方向相反的流体相接触,就形成了旋涡。旋涡的出现势必使附面层与壁面脱离,这种现象称为附面层的分离,而 S 点称为分离点。由此可知,附面层的分离只能发生在断面逐渐扩大而压强沿程增加的区段后,即增压减速区。

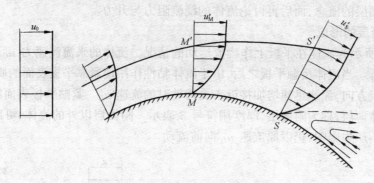

图 4-20　曲面附面层的分离

附面层分离后,形成许多无规则的旋涡,在旋涡内部以及旋涡与固体壁面摩擦时引起能量损失的阻力称旋涡阻力。而分离点的位置,旋涡区的大小,都与物体的形状有关,故称形状阻力。显然,旋涡区愈大,能量损失也愈大。旋涡区的大小与附面层分离点的位置有关,分离点愈靠前,旋涡区就愈大。对于有尖角的物体,流动在尖角处分离,愈是流线型的物体,分离点愈靠后。飞机、汽车、潜艇的外形做成流线型,就是为了推后分离点,缩小旋涡区,从而达到减小形状阻力的目的。

在实际工程中,也有利用附面层分离现象的情况。例如:工业厂房的自然通风,就是要求绕流气体在指定的区域内分离,以增强自然通风效果。

三、绕流阻力与升力

绕流阻力通常用符号 D 表示。可用下式计算

$$D = C_d A \frac{\rho u_0^2}{2} \tag{4-49}$$

式中　D——物体所受的绕流阻力;

　　　C_d——无因次的阻力系数;

　　　A——物体的投影面积,一般采用垂直于来流速度方向的投影面积;

　　　u_0——未受干扰时的来流速度;

　　　ρ——流体的密度。

当绕流物体为非对称形,如图 4-21(a);或虽为对称形,但其对称轴与来流方向不平行,如图 4-21(b)所示。由图可见,在绕流物体的上部流线较密,而下部流线较稀。也就是说,上部的流速大于下部的流速。则下部压强大于上部压强,因此,在垂直于流动方向存在着升力 L。升力的计算公式为:

$$L = C_L A \frac{\rho u_0^2}{2} \tag{4-50}$$

式中　L——物体的升力;

　　　C_L——无因次升力系数;一般由实验确定。

其余符号意义同前。

绕流升力对于轴流水泵和轴流风机的叶片设计具有重要意义。良好的叶片应具有较大的升力和较小的阻力。

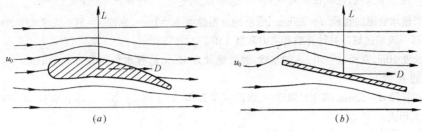

图 4-21 升力示意图

习 题

4-1 用直径 $d = 100$mm,输送流量为 4L/s 的水,如水温为 20℃,试确定管内水的流态。如管内通过的是同样流量的某种润滑油,其运动粘度 $\nu = 0.44$cm^2/s,试判别管内油的流动形态。

4-2 有一圆形风道,管径为 300mm,输送的空气温度 20℃,求气流保持层流时的最大流量。若输送的空气量为 200kg/h,气流是层流还是紊流?

4-3 水流经过一个渐扩管,如小断面的直径为 d_1,大断面的直径为 d_2,而 $\frac{d_2}{d_1} = 2$,试问哪个断面雷诺数大? 这两个断面的雷诺数的比值 Re_1/Re_2 是多少?

4-4 在换热器的管道中,为了保证传热效果,必须使水处于紊流形态。若已知管道直径 $d = 20$mm,通过的流量 $Q = 0.35$L/s,水温 $t = 90$℃,试核算在此条件下,水流形态能否满足要求。

4-5 有一段给水管道,直径 $d = 200$mm,流量 $Q = 30$L/s,沿程阻力系数 $\lambda = 0.03$,管道全长 $L = 75$m,试求管中水流的沿程水头损失。

4-6 由薄钢板制作的通风管道,直径 $d = 400$mm,空气流量 $Q = 700$m^3/h,长度 $L = 20$m,沿程阻力系数 $\lambda = 0.0219$,空气的密度 $\rho = 1.2$kg/m^3,试求风道的沿程压头损失。又问当其他条件相同时,将上述风管改为矩形风道,断面尺寸为:高 $h = 300$mm,宽 $b = 500$mm。其沿程压头损失为多少?

4-7 设圆管直径 $d = 200$mm,管长 $L = 1000$m,输送石油的流量 $Q = 40$L/s,运动粘滞系数 $\nu = 1.6$cm^2/s,求沿程水头损失。

4-8 有一圆管,在管内通过 $\nu = 0.013$cm^2/s 的水,测得通过的流量为 35cm^3/s,在管长 15m 的管段上测得水头损失为 2cm,试求该圆管内径 d。

4-9 如图,油在管中以 $v = 1$m/s 的速度流动,油的密度 $\rho = 920$kg/m^3,管长 $l = 3$m,管径 $d = 25$mm;水银压差计测得 $h = 9$cm,试求(1)油在管中的流态? (2)油的运动粘度 ν?

4-10 油的流量 $Q = 77$cm^3/s,流过直径 $d = 6$mm 的细管,在 $l = 2$m 长的管段两端水银压差计读数 $h = 30$cm,如图所示。油的密度 $\rho = 900$kg/m^3,求油的 μ 和 ν 值(提示:先按层流计算,然后校核)。

4-11 利用圆管层流 $\lambda = \frac{64}{Re}$,水力光滑区 $\lambda = \frac{0.3164}{Re^{0.25}}$ 和粗糙区 $\lambda =$

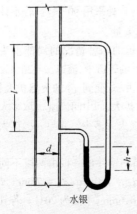

题 4-9 图

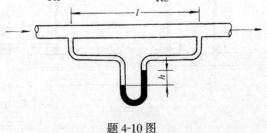

题 4-10 图

$0.11\left(\dfrac{K}{d}\right)^{0.25}$ 这三个公式,论证在层流中 $h_f \propto v$,光滑区 $h_f \propto v^{1.75}$,粗糙区 $h_f \propto v^2$。

4-12 若输水管道的直径 $d=200$mm,管壁绝对粗糙度 $K=1$mm,水温 $t=5$℃,流量 $Q=300$L/s,试判别水流属于哪一流动区域?并计算沿程阻力系数 λ 值。

4-13 长度 10m,直径 $d=50$mm 的水管,测得流量为 4L/s,沿程水头损失为 1.2mH$_2$O,水温为 20℃,求该种管材的 K 值。

4-14 在管径 $d=50$mm 的光滑铜管中,水的流量为 3L/s,水温 $t=20$℃。求在管长 $l=500$m 的管道中的沿程水头损失。

4-15 某铸铁管直径 $d=50$mm,当量粗糙度 $K=0.25$mm。水温 $t=20$℃,问在多大流量范围内属于过渡区流动。

4-16 镀锌铁皮风道,直径 $d=500$mm,流量 $Q=1.2$m³/s,空气温度 $t=20$℃,,试判别流动处于什么阻力区。并求 λ 值。

4-17 如图所示,烟囱的直径 $d=1$m,烟气质量流量为 18000kg/h,烟气的密度 $\rho=0.7$kg/m³,外界大气密度 $\rho=1.29$kg/m³,如烟道的 $\lambda=0.035$,要保证烟囱底部 1-1 断面的负压不小于 100N/m²,烟囱的高度至少应为多少。

4-18 为测定 90°弯头的局部阻力系数 ζ,可采用如图所示的装置。已知 AB 段管长 $l=10$m,管径 $d=50$mm,$\lambda=0.03$。实测数据为(1)AB 两断面测压管水头差 $\Delta h=0.629$m;(2)经两分钟流入水箱的水量为 0.329m³。求弯头的局部阻力系数 ζ。

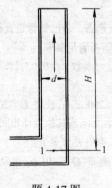

题 4-17 图

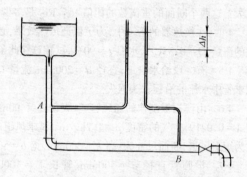

题 4-18 图

4-19 如图所示,测定一阀门的局部阻力系数,在阀门的上下游装设了 3 个测压管,其间距 $L_1=1$m,$L_2=2$m,若直径 $d=50$mm,实测 $H_1=150$cm,$H_2=125$cm,$H_3=40$cm,流速 $v=3$m/s,求阀门的 ζ 值。

4-20 如图所示,水箱 A 中的水通过管路流入敞口水箱 B 中,已知水箱 A 内液面上气体的相对压强 $p_0=1.96$Pa,$H_1=10$m,$H_2=2$m,管径 $d_1=100$mm,$d_2=200$mm,阀门全开,转弯处采用 90°煨弯,若不计沿程水头损失,试求管内水的流量。

4-21 试计算如图所示的四种情况的局部水头损失。在断面积 $A=78.5$cm² 的管道中,流速 $v=2$m/s。

4-22 如图所示,流速由 v_1 变到 v_2 的突然扩大管,为了减小阻力,可分为两次扩大,问中间流速 v 取多大时局部损失最小?此时水头损失为多少?并与一次扩大时比较。

4-23 如图所示,水箱侧壁接出一根由两段不同管径所组成的管道。已知 $d_1=150$mm,$d_2=75$mm,$l=50$m,管道的当量糙度 $K=0.6$mm,水温为 20℃。若管道的出口流速 $v_2=2$m/s,求(1)水位 H。(2)绘出总水头线

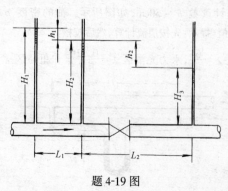

题 4-19 图

和测压管水头线。

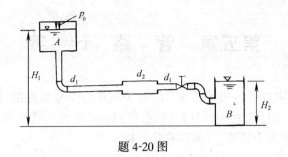

题 4-20 图

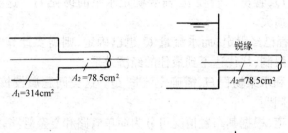

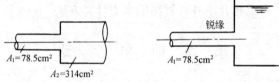

图 4-21 图

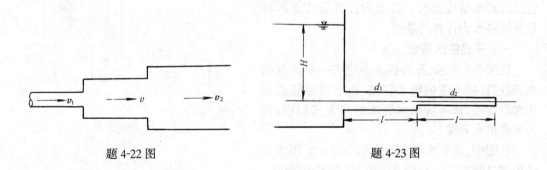

题 4-22 图　　　　　　　　　　题 4-23 图

第五章 管 路 计 算

本章将进一步研究如何运用前已述及的有关流体力学基础理论,特别是能量方程和水头损失的公式来解决实际工程中的计算问题。分析水、空气、蒸汽等流体在有压管路中的流动规律,进行管路的水力计算。(简称管路计算)

在管路的设计计算中,一般要解决下面几个问题:

(1) 已知水流量 Q,管长 l,管径 d,需要确定水泵的扬程 H。这实际上是要计算沿程阻力损失和局部阻力损失。

(2) 如果水泵扬程已经限定,而水流量 Q 也已确定,则需要计算管道直径 d。这类问题由于受客观条件的限制,往往达不到最佳的经济效果。

(3) 已知管径 d 和水泵扬程 H,需确定流量 Q。这类问题属校核计算,一般改建或扩建工程中会遇到这类问题。

实际工程中的管道,根据其布置情况可分为简单管路和复杂管路,复杂管路又可分为串联管路和并联管路等。本章将介绍各种管路的水力计算方法。

第一节 简 单 管 路

简单管路是指管径和流量沿途不变的管路系统。该系统的组成是最简单的,它是各种复杂管路的基本组成部分。其水力计算方法是各种复杂管路水力计算的基础。

一、开式供水系统

如图 5-1 所示,开式供水系统将一定流量的水,通过直径不变的吸水管路、压水管路输送至用水设备处,该系统出水管末端与大气相通,称为开式供水系统。

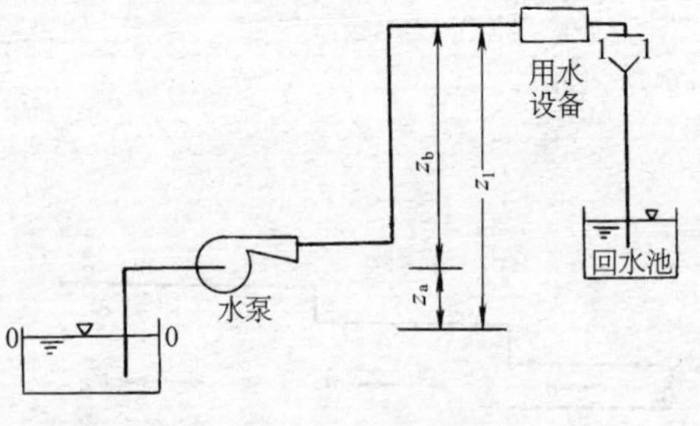

图 5-1 简单管路

在图中,选取水池水面为基准面 0-0,用水设备出水口断面为 1-1,列 0-0 和 1-1 的能量方程。

$$z_0 + \frac{p_0}{\gamma} + \frac{\alpha_0 v_0^2}{2g} + H = z_1 + \frac{p_1}{\gamma} + \frac{\alpha_1 v_1^2}{2g} + h_{w0-1}$$

由于 $z_0 = 0, z_1 = z; p_0 = p_1 = 0, \frac{v_0^2}{2g} \approx 0$,设 $\alpha_0 = \alpha_1 = 1.0, v_1 = v$ 代入上式可得:

$$H = z + \frac{v^2}{2g} + h_w \tag{5-1}$$

式中　H——水泵应产生的总水头(m);

z——水泵对单位重量流体(水)所提供的位置水头(m);

$\frac{v^2}{2g}$——水泵对单位重量流体(水)所提供的流速水头,又称出流水头(m);

h_w——单位重量流体(水),通过整个管路的全部水头损失(m)。

对于气体管路,由于空气容重 γ 较小,位置水头 z 这一项可以忽略不计,所以通风机产生的总压头:

$$P = \frac{v^2}{2g}\gamma + \gamma h_w$$

或

$$P = \frac{v^2}{2g}\gamma + P_w \tag{5-2}$$

式中 P_w——通风管路的全部压头损失(N/m^2)。

二、闭式供水系统

如图 5-2 所示,水泵将水从水池中抽上来,经吸水管、压水管送入锅炉,由于管路末端不与大气相通,所以称为闭式供水系统。

同样,取水池水面为基准面 0-0,列水池水面 0-0 和锅炉水面 1-1 的能量方程。

$$z_0 + \frac{p_0}{\gamma} + \frac{\alpha_0 v_0^2}{2g} + H = z_1 + \frac{p_1}{\gamma} + \frac{\alpha_1 v_1^2}{2g} + h_{w0-1}$$

由于 $z_0 = 0, z_1 = z, p_0 = 0, \frac{v_1^2}{2g} \approx 0, \frac{v_0^2}{2g} \approx 0$

$\alpha_0 = \alpha_1 = 1.0$,设锅炉内蒸汽的相对压强 $p_1 = p_g$

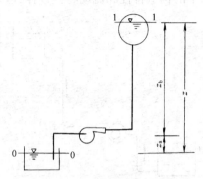

图 5-2 锅炉给水系统

所以

$$H = z + \frac{p_g}{\gamma} + h_w \tag{5-3}$$

式中 H——水泵应产生的总水头(m);

z——水泵对单位重量流体(水)所提供的位置水头(m);

$\frac{p_g}{\gamma}$——锅炉内蒸汽的压强水头(m);

h_w——单位重量流体(水)通过整个管路的全部水头损失(m)。

在上述开式和闭式供水系统中,由于是简单管路流速沿程不变,所以水头损失 h_w 为:

$$h_w = h_f + h_j = \left(\lambda \frac{L}{d} + \Sigma\zeta\right)\frac{v^2}{2g}$$

又由于 $v = \frac{Q}{A} = \frac{4Q}{\pi d^2}$,因此

$$h_w = \left(\lambda \frac{L}{d} + \Sigma\zeta\right)\frac{16Q^2}{\pi^2 \cdot d^4 \cdot 2g} = \frac{\left(\lambda \frac{L}{d} + \Sigma\zeta\right)}{1.23 d^4 \cdot g} Q^2$$

令 $\frac{\left(\lambda \frac{L}{d} + \Sigma\zeta\right)}{1.23 d^4 \cdot g} = S$。即

$$h_w = SQ^2 \tag{5-4}$$

式中 h_w——管路的水头损失(m);

Q——管路的流量(m^3/s);

S——管路的特性阻力数(s^2/m^5)。

对于气体管路：$P_w = \gamma SQ^2$ (5-4a)

从公式(5-4)可以看出，对于一定的流体，即 γ 一定，当管路直径 d 和长度 l 已经确定，各种配件已经选定，即 $\Sigma\zeta$ 已定的情况下，S 只与 λ 有关。如上一章所述，当流态处于紊流粗糙区，λ 与雷诺 Re 无关，也就是与流速无关；而在紊流过渡区，λ 虽然与 Re 有关，但在流速变化不大时，特别是局部阻力所占比例较大时，λ 也接近于常数。本专业的流体流动一般都处于紊流粗糙区和紊流过渡区。因此，在工程计算中，可以把 S 视为常数。这样从公式(5-4)可以看出，水头损失(压头损失)与流量的平方成正比。该公式综合地反映了流体在管路中的构造特性和流动特性规律，故可称为管路特性方程式。

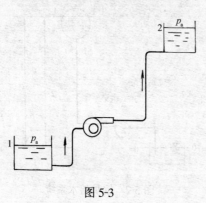

图 5-3

【例 5-1】 开口水池液面位于水泵下 4m 处，水泵将水提升送到距水泵 25m 高的另一开口水池中，流量 $Q = 10\text{m}^3/\text{h}$，管径 $DN = 50\text{mm}$，总长 137m，管道的沿程阻力系数 $\lambda = 0.02$，管道上有 4 个弯头，2 个闸阀，试确定管路的特性阻力数 S 和水泵应提供的扬程 H(如图 5-3)。

【解】 沿流向各管件的局部阻力系数：

4 个弯头　　$\zeta_1 = 4 \times 0.5 = 2$
2 个闸阀　　$\zeta_2 = 2 \times 0.5 = 1$
　　　　　　$\Sigma\zeta = 3$

根据公式(5-4)，管路特性阻力数

$$S = \frac{\left(\lambda \dfrac{L}{d} + \Sigma\zeta\right)}{1.23 d^4 \cdot g} = \frac{\left(0.02 \times \dfrac{137}{0.05} + 3\right)}{1.23 \times 0.05^4 \times 9.81}$$

$$= 7.66 \times 10^5 \text{s}^2/\text{m}^5$$

管中断面平均流速

$$v = \frac{4Q}{\pi d^2} = \frac{4 \times 10}{3600 \times 3.14 \times 0.05^2} = 1.42 \text{m/s}$$

整个管路的水力损失

$$h_w = SQ^2 = 7.66 \times 10^5 \times \left(\frac{10}{3600}\right)^2$$

$$= 5.91 \text{mH}_2\text{O}$$

因此水泵应提供的扬程

$$H = z + \frac{v^2}{2g} + h_w$$

$$= (4 + 25) + \frac{1.42^2}{2 \times 9.81} + 5.91$$

$$= 35.0 \text{mH}_2\text{O}$$

第二节　串联管路的计算

串联管路是由许多长度不同、直径不同的管道首尾相接组合而成的。
串联管路的特点是：

(1) 整个串联管路可分成若干个管段,每一个管段都是简单管路,各个简单管路相连接的点称为"节点",通过各节点的流量符合连续性方程,即流入的体积流量和流出的体积流量相等。以流入流量为正,流出为负,则在每一节点处都有:

$$\Sigma Q = 0 \tag{5-5}$$

如图 5-4,设管路总流量为 Q,节点流量为 q,末端出流流量为 Q_0,则各管段的流量为:

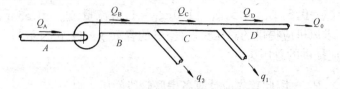

图 5-4 通风串联管路

$$Q_D = Q_0$$
$$Q_C = Q_D + q_1 = Q_0 + q_1$$
$$Q_B = Q_C + q_2 = Q_0 + q_1 + q_2$$
$$Q = Q_A = Q_B = Q_0 + q_1 + q_2$$

如果管路中途没有流体的流入或流出,各管段的流量就相等。即:

$$Q = Q_A = Q_B = Q_C = Q_D$$

(2) 根据阻力叠加的原理,整条管道的总水头(压头)损失等于各管段的水头(压头)损失之和。

$$h_w = h_{w(A)} + h_{w(B)} + h_{w(C)} + \cdots\cdots h_{w(n)} = \sum_{i=1}^{n} h_{w(i)} \tag{5-6}$$

或

$$P_w = P_{w(A)} + P_{w(B)} + P_{w(C)} + \cdots\cdots + P_{w(n)} = \sum_{i=1}^{n} P_{w(i)} \tag{5-6a}$$

由于 $h_w = SQ^2$ 则

$$P_w = \gamma S Q^2$$

$$SQ^2 = S_A Q_A^2 + S_B Q_B^2 + S_C Q_C^2 + \cdots\cdots + S_n Q_n^2 = \sum_{i=1}^{n} S_i Q_i^2 \tag{5-7}$$

或 $\gamma S Q^2 = \gamma S_A Q_A^2 + \gamma S_B Q_B^2 + \gamma S_C Q_C^2 + \cdots\cdots + \gamma S_n Q_n^2 = \sum_{i=1}^{n} \gamma S_i Q_i^2 \tag{5-7a}$

因为管道中途没有流体流入或排出,流量 Q 各段相等。则:

$$S = S_A + S_B + S_C + \cdots\cdots + S_n = \sum_{i=1}^{n} S_i \tag{5-8}$$

总管路的特性阻力数等于各管段的特性阻力数之和。

在了解流量关系和阻力关系的基础上,分析图 5-4 所示的通风机在串联管路系统中所需提供的总压头。通风机的总压头 P 为:

$$P = \frac{v_0^2}{2g}\gamma + \sum_{i=1}^{n} \gamma h_{w(i)} \tag{5-9}$$

或

$$P = \frac{v_0^2}{2g}\gamma + \sum_{i=1}^{n} P_{w(i)} \tag{5-9a}$$

式中　P——通风机应产生的总压头(N/m^2)；

　　　v_0——串联管路系统末端出流速度(m/s)；

　　　$\sum_{i=1}^{n} \gamma h_{w(i)}$ 或 $\sum_{i=1}^{n} P_{w(i)}$——各管段压头损失之和(N/m^2)。

【例 5-2】　如图 5-4 的圆形通风机串联管路，已知 $L_A = 1.4m, d_A = 700mm$；$L_B = 5m$，$d_B = 700mm$；$L_C = 7m, d_C = 650mm$；$L_D = 6m, d_D = 400mm$；沿程阻力系数 $\lambda = 0.02$，各管段的局部阻力系数 $\zeta_A = 0.5, \zeta_B = 0.5, \zeta_C = 1.0, \zeta_D = 1.5$；流量 $Q_0 = 0.55 m^3/s, q_1 = 1.11 m^3/s, q_2 = 0.83 m^3/s$，求风机应提供的总压头。(空气的容重 $\gamma = 12.65 N/m^3$)

【解】　风机应提供的总压头

$$P = \frac{v^2}{2g}\gamma + \sum_{i=1}^{n} P_{w(i)}$$ 因此首先应计算各串联管段的压头损失。

管段 D：流量 $Q_D = Q_0 = 0.55 m^3/s$

$$v_D = \frac{4 \times 0.55}{3.14 \times 0.4^2} = 4.38 m/s$$

$$P_{w(D)} = \left(\lambda \frac{L_D}{d_D} + \Sigma\zeta_D\right)\frac{v_D^2}{2g}\gamma = \left(0.02 \times \frac{6}{0.4} + 1.5\right) \times \frac{4.38^2}{2 \times 9.81} \times 12.65$$
$$= 22.26 Pa$$

管段 C：流量 $Q_C = Q_0 + q_1 = 0.55 + 1.11 = 1.66 m^3/s$

$$v_C = \frac{4 \times 1.66}{3.14 \times 0.65^2} = 5 m/s$$

$$P_{w(C)} = \left(\lambda \frac{L_C}{d_C} + \Sigma\zeta_C\right)\frac{v_C^2}{2g}\gamma = \left(0.02 \times \frac{7}{0.65} + 1\right) \times \frac{5^2}{2 \times 9.81} \times 12.65$$
$$= 19.59 Pa$$

管段 B 和管段 A：

$$Q_A = Q_B = Q_C + q_2 = 1.66 + 0.83 = 2.49 m^3/s$$

$$v_A = v_B = \frac{4 \times 2.49}{3.14 \times 0.7^2} = 6.47 m/s$$

$$P_{w(B)} = \left(\lambda \frac{L_B}{d_B} + \zeta_B\right) \times \frac{v_B^2}{2g} \times \gamma = \left(0.02 \times \frac{5}{0.7} + 0.5\right) \times \frac{6.47^2}{2 \times 9.81} \times 12.65$$
$$= 17.35 Pa$$

$$P_{w(A)} = \left(\lambda \frac{L_A}{d_A} + \zeta_A\right)\frac{v_A^2}{2g}\gamma = \left(0.02 \times \frac{1.4}{0.7} + 0.5\right) \times \frac{6.47^2}{2 \times 9.81} \times 12.65$$
$$= 14.57 Pa$$

因此风机提供的总压头

$$P = \frac{v_D^2}{2g}\gamma + P_{w(A)} + P_{w(B)} + P_{w(C)} + P_{w(D)}$$
$$= \frac{4.38^2}{2 \times 9.81} \times 12.65 + 14.57 + 17.35 + 19.59 + 22.26 = 86.14 Pa$$

第三节　并联管路的计算

并联管路是由两条或两条以上的管道在同一处分出，又在另一处汇集而成的。如图5-5

就是由三条管道组成的并联管路。

一、并联管路的特点

1. 在并联节点 A 或并联节点 B 上，根据恒定流连续性方程，流入节点的体积流量等于流出的体积流量。

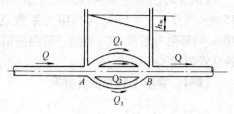

图 5-5 并联管路

设总管段的流量为 Q，各支管段的流量为 Q_i，则

$$Q = Q_1 + Q_2 + Q_3 \tag{5-10}$$

或

$$Q = \Sigma Q_i \tag{5-10a}$$

并联管路的总流量等于各并联管路的流量之和。

2. 并联管道 AB 之间由于有共同的起点和终点，因此各并联管道的水头损失也是相同的。

即：

$$h_w = h_{w1} = h_{w2} = h_{w3} \tag{5-11}$$

由于 $h_w = SQ^2$，则

$$SQ^2 = S_1 Q_1^2 = S_2 Q_2^2 = S_3 Q_3^2 \tag{5-12}$$

又由于 $Q = \sqrt{\dfrac{h_w}{S}}$，代入式(5-10)则有

$$\frac{\sqrt{h_w}}{\sqrt{S}} = \frac{\sqrt{h_{w1}}}{\sqrt{S_1}} + \frac{\sqrt{h_{w2}}}{\sqrt{S_2}} + \frac{\sqrt{h_{w3}}}{\sqrt{S_3}}$$

又可写成

$$\frac{1}{\sqrt{S}} = \frac{1}{\sqrt{S_1}} + \frac{1}{\sqrt{S_2}} + \frac{1}{\sqrt{S_3}} \tag{5-13}$$

并联管路总特性阻力数平方根的倒数等于各并联管段特性阻力数平方根的倒数和。另外还可写成以下关系式：

$$\frac{Q_1}{Q_2} = \frac{\sqrt{S_2}}{\sqrt{S_1}}; \quad \frac{Q_2}{Q_3} = \frac{\sqrt{S_3}}{\sqrt{S_2}}; \quad \frac{Q_3}{Q_1} = \frac{\sqrt{S_1}}{\sqrt{S_3}} \tag{5-14}$$

$$Q_1 : Q_2 : Q_3 = \frac{1}{\sqrt{S_1}} : \frac{1}{\sqrt{S_2}} : \frac{1}{\sqrt{S_3}} \tag{5-14a}$$

以上两式即为并联管路流量分配规律，由于 $S = \dfrac{\left(\lambda \dfrac{L}{d} + \Sigma \zeta\right)}{1.23 d^4 \cdot g}$，当各分支管路的管段几何尺寸和局部构件确定后，各支管段上的流量是按照节点间各支管管路的阻力损失相等的原则分配的，即 S 大的支管流量小，S 小的支管流量大。

在专业上进行并联管路的设计计算时，必须进行"阻力平衡"计算，其实质就是应用并联管路中的流量分配规律，在满足用户需要的流量下，选择合适的管路尺寸和局部构件，使各支管段上的阻力损失相等。

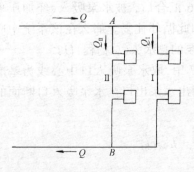

图 5-6 并联管路计算

【例 5-3】 某热水供暖系统立管如图 5-6,并联节点 A、B 间的管段 I 的直径 $d_I = 15\text{mm}$,长度 $L_I = 15\text{m}$,局部阻力系数 $\Sigma\zeta_I = 32$;管段 II 的直径 $d_{II} = 20\text{mm}$,长度 $L_{II} = 10\text{m}$,局部阻力系数 $\Sigma\zeta_{II} = 25$。管路的沿程阻力系数 $\lambda = 0.025$,干管总流量 $Q = 0.2\text{L/s}$,求各立管流量 Q_I 和 Q_{II}。

【解】 管段 I 和管段 II 并联

则有: $S_I Q_I^2 = S_{II} Q_{II}^2$; $\dfrac{Q_I}{Q_{II}} = \dfrac{\sqrt{S_{II}}}{\sqrt{S_I}}$

$$S_I = \dfrac{\left(\lambda \dfrac{L_I}{d_I} + \Sigma\zeta_I\right)}{1.23 d_I^4 \cdot g} = \dfrac{\left(0.025 \times \dfrac{15}{0.015} + 32\right)}{1.23 \times 0.015^4 \times 9.81} = 9.33 \times 10^7 \text{s}^2/\text{m}^5$$

$$S_{II} = \dfrac{\left(\lambda \dfrac{L_{II}}{d_{II}} + \Sigma\zeta_{II}\right)}{1.23 d_{II}^4 \cdot g} = \dfrac{\left(0.025 \times \dfrac{10}{0.02} + 25\right)}{1.23 \times 0.02^4 \times 9.81} = 1.94 \times 10^7 \text{s}^2/\text{m}^5$$

$$\dfrac{Q_I}{Q_{II}} = \sqrt{\dfrac{S_{II}}{S_I}} = \sqrt{\dfrac{1.94 \times 10^7}{9.33 \times 10^7}} = 0.46$$

则 $Q_I = 0.46 Q_{II}$

$$Q_{总} = Q_I + Q_{II} = 0.46 Q_{II} + Q_{II} = 1.46 Q_{II}$$

$$Q_{II} = \dfrac{1}{1.46} Q_{总} = \dfrac{0.2 \times 10^{-3}}{1.46} = 0.14 \times 10^{-3} \text{m}^3/\text{s} = 0.14 \text{L/s}$$

$$Q_I = \left(1 - \dfrac{1}{1.46}\right) Q_{总} = 0.32 Q_{总} = 0.32 \times 0.2 \times 10^{-3}$$
$$= 0.06 \times 10^{-3} \text{m}^3/\text{s} = 0.06 \text{L/s}$$

如果该题进行"阻力平衡"计算,即要求两个并联立管中的流量相等,就需要改变管径 d 和局部阻力系数 $\Sigma\zeta$,在 $Q_I = Q_{II}$ 的条件下,使 $S_I = S_{II}$,$h_{wI} = h_{wII}$。

二、并联循环管路

图 5-7 是热水采暖的并联循环管路系统。经水泵加压的水送入锅炉,被锅炉加热后通过供水干管送至并联节点 3,一部分流量 Q_I,通过管段 3-4-5-6,流到并联节点 6;另一部分流量 Q_{II},通过管段 3-6,也流到并联节点 6。两分支流量在节点 6 汇合后,被水泵吸入,经加压再送入锅炉,如此循环往复。那么在该系统中应如何确定水泵的总水头(总扬程)H?

在图 5-7 中,取水泵吸入口中心线为基准面,按流向列出水泵出口至水泵吸入口断面的能量方程。

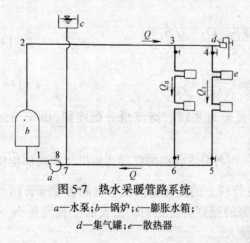

图 5-7 热水采暖管路系统
a—水泵;b—锅炉;c—膨胀水箱;
d—集气罐;e—散热器

$$z_1 + \dfrac{p_1}{\gamma} + \dfrac{\alpha_1 v_1^2}{2g} = z_8 + \dfrac{p_8}{\gamma} + \dfrac{\alpha_8 v_8^2}{2g} + h_{w(1-8)}$$

设 $H_1 = z_1 + \dfrac{p_1}{\gamma} + \dfrac{\alpha_1 v_1^2}{2g}$,即水泵出口断面的总水头。

$H_8 = z_8 + \dfrac{p_8}{\gamma} + \dfrac{\alpha_8 v_8^2}{2g}$,即水泵入口断面的总水头。

则 $H = H_1 - H_8$,H 为水泵出口与吸入口的总水头之差,也就是水泵的总水头(总扬程)。

$$H = h_{w(1-8)} = h_{w(1-2)} + h_{w(2-3)} + h_{w(3-6)} + h_{w(6-8)}$$

其中立管 I 和立管 II 并联,

$$h_{w(3-6)} = h_{w(3-4-5-6)}$$

所以:
$$H = \sum_{i=1}^{n} h_{w(i)} \tag{5-15}$$

该式表明,在并联循环管路系统中,水泵的扬程是用来克服流体在管路中流动时产生的全部水头损失。

【例 5-4】 接【例 5-3】,如图 5-7,管段 $L_{(1-2-3)} = 30\text{m}$,$d_{(1-2-3)} = 25\text{mm}$;$L_{(6-7-8)} = 20\text{m}$,$d_{(6-7-8)} = 25\text{mm}$,局部阻力系数 $\Sigma\zeta_{(1-2-3)} = 22$,$\Sigma\zeta_{(6-7-8)} = 15$。求水泵的扬程 H。

【解】 水泵的扬程

$$H = \sum_{i=1}^{n} h_{w(i)} = h_{w(1-2-3)} + h_{w(3-6)} + h_{w(6-7-8)}$$

根据【例 5-3】的计算结果

$$Q_{II} = 0.14 \times 10^{-3} \text{m}^3/\text{s}$$

$$v_{II} = \dfrac{4Q_{II}}{\pi d_{II}^2} = \dfrac{4 \times 0.14 \times 10^{-3}}{3.14 \times 0.02^2} = 0.45 \text{m/s}$$

$$v_{(1-2-3)} = v_{(6-7-8)} = \dfrac{4 \times 0.2 \times 10^{-3}}{3.14 \times 0.025^2} = 0.4 \text{m/s}$$

$$\begin{aligned}
h_{w(1-2-3)} &= \left(\lambda \dfrac{L_{(1-2-3)}}{d} + \Sigma\zeta_{(1-2-3)}\right)\dfrac{v^2}{2g} \\
&= \left(0.025 \times \dfrac{30}{0.025} + 22\right) \times \dfrac{0.4^2}{2 \times 9.81} \\
&= 0.42 \text{mH}_2\text{O}
\end{aligned}$$

$$\begin{aligned}
h_{w(3-6)} &= \left(\lambda \dfrac{L_{(3-6)}}{d} + \Sigma\zeta_{(3-6)}\right)\dfrac{v^2}{2g} \\
&= \left(0.025 \times \dfrac{10}{0.02} + 25\right) \times \dfrac{0.45^2}{2 \times 9.81} = 0.39 \text{mH}_2\text{O}
\end{aligned}$$

$$\begin{aligned}
h_{w(6-7-8)} &= \left(\lambda \dfrac{L_{(6-7-8)}}{d} + \Sigma\zeta_{(6-7-8)}\right)\dfrac{v^2}{2g} \\
&= \left(0.025 \times \dfrac{20}{0.025} + 15\right) \times \dfrac{0.4^2}{2 \times 9.81} = 0.29 \text{mH}_2\text{O}
\end{aligned}$$

循环水泵的扬程

$$\begin{aligned}
H &= h_{w(1-2-3)} + h_{w(3-6)} + h_{w(6-7-8)} \\
&= 0.42 + 0.39 + 0.29 \\
&= 1.10 \text{mH}_2\text{O} = 10791 \text{Pa}
\end{aligned}$$

第四节 压力管路中的水击现象

当压力管路中的液体因外界的某种原因(如阀门的突然关闭或开启,水泵突然停止工作等),引起动量的迅速变化,从而造成压强的迅速变化,使液体中出现压强的交替升降现象,这时液体压强对管壁或对阀门的作用有如锤击一样,称为水击现象,也称水锤现象。

水击引起的压强升高值不仅可以达到正常工作压强的几十倍,甚至上百倍,而且还具有较高的频率,其破坏性非常大,往往会造成阀门损坏,管道接头断开,甚至管道爆裂等重大事故。

前几章,研究流体的平衡和运动规律时,认为流体是不可压缩流体。但是研究水击问题时,则必须考虑液体的压缩性,而且还要考虑管壁的弹性变形,否则得出的结论与实际情况不符。

水击现象发生时,压力管路中任一点的压强和流速等运动要素都是随时间变化的,这时的流动属于非恒定流动。

一、水击的发生及水击波的传播

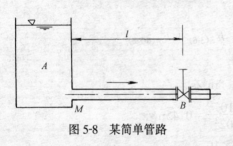

图 5-8 某简单管路

图 5-8 为一简单管路,水流由水位保持不变的水池 A 中流入管路,管长为 l,管径为 d,管路末端设一阀门。阀门关闭前管中流速为 v_0,压强为 p_0。

发生水击时,水击压强的数值很大,管中的流速水头和水头损失均远小于压强水头,故在水击计算中可忽略流速水头和水头损失。

下面分析管路中的水击现象。

第一阶段,若阀门突然关闭,则紧靠阀门处无限薄的一层液体被迫停止流动,速度由 v_0 骤变为零。由于水流的惯性作用,管中水流仍以速度 v_0 向阀门方向流动,于是紧靠阀门的微小流段受压压强升高,密度增大,管壁受到膨胀,这时水的压强升高值为 Δp。在紧靠阀门的第一层液体停下来以后,紧邻着的第二层液体又停下来,受到压缩,压强升高。这样继续下去,第三层,第四层……依次停下来,于是在管道中就形成一个自阀门向上游水池方向传播的减速升压运动,并以压力波的形式传递,该压力波称为水击波。

设水击波的传播速度为 c,在阀门关闭后的时间 $t = \dfrac{l}{c}$(l 为管长)时,水击波会传播到水管入口 M 处,这时整个管路中的流体都停止了流动,压强都升高了 Δp,液体处于被压缩状态。如图 5-9(a)。

第二阶段,当 $t = \dfrac{l}{c}$ 时,管内压强 $p_0 + \Delta p$ 大于水池内管口处的压强 p_0,在压强差 Δp 的作用下,管中的水又会由静止开始运动。由于压强差 Δp 正好为第一阶段的压强增值 Δp,所以水体会产生自阀门向水池方向的流速 $-v_0$。

在时段 $\dfrac{l}{c} < t < \dfrac{2l}{c}$ 内,管中水体倒流,动能增加,压强减小,此过程相当于第一阶段的反射波。这样,水击波又会一层一层地依次传播下去,一直传播到阀门处,波速仍为 c,在 $t = \dfrac{2l}{c}$ 时,水击波到达阀门,管中全部水体的压强都恢复为 p_0,但具有反向速度 $-v_0$。如图 5-9(b)。

第三阶段,在 $t = \dfrac{2l}{c}$ 的瞬间,阀门处水体的压强为 p_0,速度为 $-v_0$。因为惯性作用,水又会向水池倒流,致使紧靠阀门处水体的压强降低为 $p_0 - \Delta p$,该处流速由 $-v_0$ 变为零,此

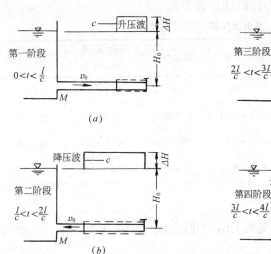

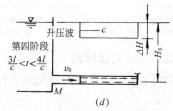

图 5-9 水击现象的分析 $\left(H_0=\dfrac{p_0}{\gamma}, \Delta H=\dfrac{\Delta p}{\gamma}\right)$

时水体处于膨胀状态。在时段 $\dfrac{2l}{c}<t<\dfrac{3l}{c}$ 内，压强的降低同样以波速 c 自阀门向水池方向传播。在 $t=\dfrac{3l}{c}$ 的瞬间，水击波到达水管入口，这时，整个管路内的压力都为 $p_0-\Delta p$，液体处于膨胀静止状态。如图 5-9(c)。

第四阶段，在 $t=\dfrac{3l}{c}$ 的瞬间，管中水体处于静止状态，但该状态却是不稳定的。此时管中压强 $p_0-\Delta p$ 低于水池入口处的静水压强 p_0，由于 $-\Delta p$ 的存在管中水体又会以速度 v_0，自水池流向阀门。在时段 $\dfrac{3l}{c}<t<\dfrac{4l}{c}$ 内，水击波同样以波速 c 自水池向阀门传递，在 $t=\dfrac{4l}{c}$ 时，水击波到达阀门。这时管中水体压强恢复到 p_0，水体由膨胀状态恢复到 $t=0$ 时的状态。如图 5-9(d)。

经过上述四个阶段，水击波的传播完成了一个周期。在一个周期内，水击波由阀门至进口，再由进口至阀门，共往返两次。往返一次所需时间称为相或相长，以"T"表示。

即 $T=\dfrac{2l}{c}$。一个周期包括两相。

如果水击波在传播过程中，没有能量损失，水击波将按这个周期周而复始地传播下去。但实际上由于水流阻力引起的能量损失，水击波的传播将是一个逐渐衰减的过程，最终水击现象将会停止。

图 5-10 是阀门断面压强随时间的变化曲线。其中虚线是不计能量损失的理论曲线，实线是实际变化曲线。

综上所述，管路中流速的突然变化（如阀门突然关闭）是引起水击现象的外因，而液体本身的可压缩性和

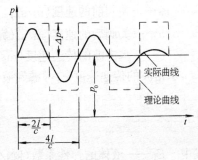

图 5-10 阀门断面压强随时间变化曲线

惯性是引起水击现象的内因。

将水击波的传播过程的运动特征归纳如表 5-1。

水击波传播过程运动特征　　　　表 5-1

阶段	时　距	速度变化	流　向	压强变化	水击波传播方向	运动特征	水体状态
1	$0<t<\dfrac{l}{c}$	$v_0 \to 0$	进口→阀门	升高 Δp	阀门→进口	减速升压	压　缩
2	$\dfrac{l}{c}<t<\dfrac{2l}{c}$	$0 \to -v_0$	阀门→进口	恢复原状	进口→阀门	增速降压	恢复原状
3	$\dfrac{2l}{c}<t<\dfrac{3l}{c}$	$-v_0 \to 0$	阀门→进口	降低 Δp	阀门→进口	减速降压	膨　胀
4	$\dfrac{3l}{c}<t<\dfrac{4l}{c}$	$0 \to v_0$	进口→阀门	恢复原状	进口→阀门	增速升压	恢复原状

二、直接水击和间接水击

在前面的讨论中，认为阀门是突然关闭，实际上阀门的关闭是需要一定时间的，关闭时间不会等于零。

设完全关闭阀门所需的时间为 T_s。

若阀门的关闭时间 T_s 小于一个相长，即 $T_s<\dfrac{2l}{c}$ 时，从阀门发出的水击波会从管道入口反射回来变成减压波，减压波到达阀门之前，阀门已完全关闭，于是阀门处的压强增值将维持最大，不会受到反射波的影响。工程上将 $T_s<\dfrac{2l}{c}$ 时发生的水击称为直接水击。

若阀门关闭时间 $T_s>\dfrac{2l}{c}$ 时，阀门开始关闭时发生的水击波，其反射波到达阀门时，阀门还没有完全关闭，这时阀门的继续关闭要引起阀门处压强继续升高，而不断反射回来的水击波又会使该处压强降低。这样作用在阀门处总的压强值必然小于直接水击时的压强。工程上将 $T_s>\dfrac{2l}{c}$ 时发生的水击称为间接水击。

三、直接水击压强的计算

直接水击产生的压强是相当大的。它将直接威胁管路的安全。

直接水击阀门处产生的水击压强值 Δp 可按下式计算：

$$\Delta p = \rho c(v_0 - v) \tag{5-16}$$

式中　ρ——液体的密度（kg/m³）；
　　　v_0——关阀前的速度（m/s）；
　　　v——关阀后的速度（m/s）（完全关闭时 $v=0$）；
　　　c——水击波的传递速度（m/s）。

水击波的传递速度 c，考虑到液体的压缩性和管壁的弹性变形，可由下式计算：

$$c = \dfrac{1425}{\sqrt{1+\dfrac{E_0}{E}\cdot\dfrac{d}{\delta}}} \tag{5-17}$$

式中　E_0——液体的弹性系数（kN/m²），对于水 $E_0=203.1\times10^4$（kN/m²）；
　　　E——管材的弹性系数（kN/m²），参见表 5-2；
　　　d——管道直径（m）；

δ——管壁的厚度(m)。

各种管材的弹性系数 E 表 5-2

材 料	$E(kN/m^2)$	E_0/E	材 料	$E(kN/m^2)$	E_0/E
钢 管	206×10^6	0.01	混凝土管	196.2×10^5	0.10
铸铁管	98.1×10^6	0.02			

从上式可以看出,管路直径 d 和管壁厚度 δ,与水击波的传递速度 c 有关。d 大则 c 小,Δp 也小。而 δ 大则 c 大,Δp 也大。

因此为了减小水击压强,可考虑选用管径大,管壁薄而富有弹性的管道。

【例 5-5】 有一焊接钢管,直径 $d=500$mm,管壁厚为 10mm,水流速度 $v_0=4.5$m/s,管中的压强 $p_0=981$kPa,若阀门突然关闭,试求直接水击引起的水击压强 Δp 为多少?总压强值 p 为多少?

【解】 查表 5-2,钢管弹性系数 $E=206\times10^6$kN/m^2,则 $\dfrac{E_0}{E}=0.01$,水击波的传递速度

$$c = \frac{1425}{\sqrt{1+\dfrac{E_0}{E}\dfrac{d}{\delta}}} = \frac{1425}{\sqrt{1+0.01\times\dfrac{0.5}{0.01}}} = 1168 \text{m/s}$$

由于阀门突然关闭,$v=0$,所以水击压强

$$\begin{aligned}\Delta p &= \rho v_0 c = 1000\times4.5\times1168 \\ &= 5256\times10^3 \text{N/m}^2 = 5256\text{kPa}\end{aligned}$$

总压强 $p = p_0 + \Delta p = 981 + 5256 = 6237$kPa

四、防止水击危害的措施

防止水击危害的措施有:

1. 延长阀门的启闭时间 T_s,工程上总是使 $T_s > \dfrac{2l}{c}$,以免发生直接水击。并尽可能延长 T_s 以减小间接水击的压强值。

2. 限制管中流速 v_0,从公式(5-16)可知,减小 v_0,水击压强 Δp 就可以减小。在工程计算中,管道往往规定了最大允许流速,就是已将防止水击危害的因素考虑在内了。

3. 设置调压塔。空气罐、安全阀、水击消除器等安全装置,可以有效地缓冲和消除水击压力。

第五节 无压均匀流的水力计算

液体流动时,只依靠液体本身的重力作用而流动,并具有自由表面,自由表面上的压强为大气压强时的流动,被称为无压流。天然河道,人工渠道和排水管道内液体的流动都属于无压流。无压流是在重力作用下的液体流动,又称"重力流"。

无压流动按具体条件的不同,可分为恒定流和非恒定流;均匀流和非均匀流。本节着重介绍在恒定流条件下,明渠无压均匀流和圆管无压均匀流的水力计算方法。

一、明渠无压均匀流

1. 明渠无压均匀流的特点

图 5-11 为一明渠水流的瞬时剖面,渠底与水平的夹角为 θ,1-1 和 2-2 断面间渠底长度为 l',渠底标高差为 $z_{01} - z_{02}$。则渠底坡度

$$i = \frac{z_{01} - z_{02}}{l'} = \sin\theta \tag{5-18}$$

在实际工程中,河渠的 θ 值往往很小,为了计算方便,可以用 $\mathrm{tg}\theta$ 代替 $\sin\theta$,即

$$i = \frac{z_{01} - z_{02}}{l} = \mathrm{tg}\theta (式中 l 为 1-1 和 2-2 间的水平距离) \tag{5-18a}$$

另外,第三章讲过,过流断面应与流线处处垂直,但在明渠中,因渠底坡度 i 通常很小,过流断面就可近似地取与水平基准面相垂直的断面,即图中的 1-1 和 2-2 断面。水深也可从垂直方向量取。

又如图 5-12,由于该明渠的流动为无压均匀流,其过流断面的水深、断面平均流速及其分布都沿程不变,则其总水头线、测压管水头线(水面线)及渠底线间彼此平行。也就是说水力坡度 J、测压管坡度 J_P 及渠底坡度 i 彼此相等。

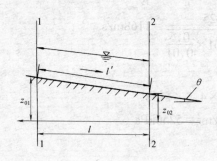

图 5-11 无压均匀流

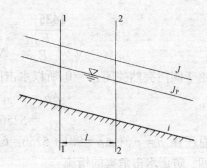

图 5-12 渠底坡度

即

$$J = J_P = i \tag{5-19}$$

该式中 i 表示单位重量液体在单位长度上的位置势能的减少,即重力做的功。J 表示单位重量液体在单位长度上的水头损失。$i = J$ 表明重力做的功等于单位长度上的水头损失。

这就是明渠无压均匀流的重要特征。

严格地讲,绝对的明渠无压均匀流是没有的,但在实际工程中,长距离的人工渠道、河槽特性变化不大的天然河道,只要和上述条件相差不大,可以近似地按无压均匀流考虑。

2. 明渠无压均匀流的水力计算

第四章介绍过达西公式 $h_f = \lambda \dfrac{l}{d} \dfrac{v^2}{2g}$,对于圆管压力流,其水力半径与圆管直径的关系为:

$$R = \frac{d}{4} \quad 即 \quad d = 4R$$

对非圆管压力流,其当量直径等于 4 倍水力半径,即:$D_d = 4R$

因此可以得到任意断面形状的压力管道沿程损失公式,即:

$$h_f = \frac{\lambda l}{4R} \frac{v^2}{2g} \tag{5-20}$$

整理得
$$v^2 = \frac{8g}{\lambda} R \frac{h_f}{l} = \frac{8g}{\lambda} RJ$$

则
$$v = \sqrt{\frac{8g}{\lambda}} \sqrt{RJ}$$

式中 v——均匀流段的流速(m/s);

R——过流断面的水力半径(m);

J——水力坡度 $J = \dfrac{h_f}{l}$

设 $C = \sqrt{\dfrac{8g}{\lambda}}$,$C$ 为谢才系数($m^{1/2}/s$)

则有
$$v = C\sqrt{RJ} \tag{5-21}$$

该式即为谢才公式,它对于有压管道均匀流和无压管道均匀流均适用。

由于明渠无压均匀流 $J = i$,故有
$$v = C\sqrt{Ri} \tag{5-22}$$

于是明渠无压均匀流的流量
$$Q = vA = CA\sqrt{Ri} \tag{5-23}$$

又设 $K = CA\sqrt{R}$,K 为流量模数(m^3/s)

则有
$$Q = K\sqrt{i} \tag{5-23a}$$

式(5-23a)即为明渠无压均匀流的基本计算公式。K 值综合地反映了明渠的断面形状,大小和粗糙程度对输水能力的影响。

式(5-21)中的谢才系数 C 与 λ 一样是反映沿程阻力变化规律的系数,通常用经验公式曼宁公式和巴甫洛夫斯基公式计算。

(1) 曼宁公式
$$C = \frac{1}{n} R^{\frac{1}{6}} \tag{5-24}$$

式中 n——粗糙系数。它是反映粗糙情况的系数,其值见表 5-3;

R——水力半径(m)。

曼宁公式形式简单,适用于 $n < 0.020$,$R < 0.5m$ 的情况下,在工程实际中得到广泛的应用。

各种不同粗糙面的粗糙系数 n 表 5-3

等级	槽 壁 种 类	n	$\dfrac{1}{n}$
1	涂覆珐琅或釉质的表面。极精细刨光面拼合良好的木板	0.009	111.1
2	刨光的木板。纯粹水泥的粉饰面	0.010	100.0
3	水泥(含1/3细沙)粉饰面。(新)的陶土,铸铁管和钢管,安装和接合良好的	0.011	90.9
4	未刨的木板,而拼合良好。在正常情况下内无显著积垢的给水管;极洁净的排水管,极好的混凝土面	0.012	83.3
5	琢石砌体;极好的砖砌体;正常情况下的排水管;略微污染的给水管;未刨的木板,非完全精密拼合的	0.013	76.9
6	"污染"的给水管和排水管,一般的砖砌体,一般情况下渠道的混凝土面	0.014	71.4
7	粗糙的砖砌体,未研磨的石砌体,有洁净修饰的表面,石块安置平整,极污垢的排水管	0.015	66.7

续表

等级	槽 壁 种 类	n	$\frac{1}{n}$
8	普通块石砌体,其状况满意的;旧破砖砌体;较粗糙的混凝土;光滑的开凿得极好的崖岸	0.017	58.8
9	覆有坚厚淤泥层的渠槽,用致密黄土和致密卵石做成而为整片淤泥薄层所覆盖的(均无不良情况)渠槽	0.018	55.6
10	很粗糙的块石砌体;用大块石的干砌体;碎石铺筑面。纯由岩山中开凿的渠槽。由黄土、致密卵石和致密泥土做成而为淤泥薄层所覆盖的渠槽(正常情况)	0.020	50.0
11	尖角的大块乱石铺筑;表面经过普通处理的岩石渠槽;致密粘土渠槽。由黄土、卵石和泥土做成而非为整片的(有些地方断裂的)淤泥薄层所覆盖的渠槽,大型渠槽受到中等以上的养护与修理的	0.0225	44.4
12	大型土渠受到中等养护和修理的;小型土渠受到良好的养护与修理。在有利条件下的小河和溪涧(自由流动无淤塞和显著水草等)	0.025	40.0
13	中等条件以下的大渠道,中等条件的小渠槽	0.0275	36.4
14	条件较坏的渠道和小河(例如有些地方有水草和乱石或显著的茂草,有局部的坍坡等)	0.030	33.3
15	条件很坏的渠道和小河,断面不规则,严重地受到石块和水草的阻塞等	0.035	28.6
16	条件特别坏的渠道和小河(沿河有崩崖和巨石、绵密的树根、深潭、坍岸等)	0.040	25.0

(2) 巴甫洛夫斯基公式

$$C = \frac{1}{n} R^y \tag{5-25}$$

式中指数 y 可用下式计算

$$y = 2.5\sqrt{n} - 0.13 - 0.75(\sqrt{n} - 0.1)\sqrt{R}$$

巴甫洛夫斯基公式适用于 $0.011 < n < 0.040$ 的条件 $0.1\text{m} < R \leqslant 5\text{m}$ 的情况下。由于公式计算复杂,已制成表格供查用。见表 5-4。

谢才系数 C 的数值表   表 5-4

根据巴甫洛夫斯基公式 $C = \frac{1}{n} R^y$,单位:$\text{m}^{1/2}/\text{s}$

式中:$y = 2.5\sqrt{n} - 0.75\sqrt{R}(\sqrt{n} - 0.1) - 0.13$

$R(\text{m})$ \ n	0.011	0.012	0.013	0.014	0.017	0.020	0.0225	0.025	0.0275	0.030	0.035	0.040
0.10	67.2	60.3	54.3	49.3	38.1	30.6	26.0	22.4	19.6	17.3	13.8	11.2
0.12	68.8	61.9	55.8	50.8	30.5	32.6	27.2	23.5	20.6	18.3	14.7	12.1
0.14	70.3	63.3	57.2	52.2	40.7	33.0	28.5	24.5	21.6	19.1	15.4	12.8
0.16	71.5	64.5	58.4	53.3	41.8	34.0	29.2	25.4	22.4	19.9	16.1	13.4
0.18	72.6	65.6	59.5	54.3	42.7	34.8	30.0	26.2	23.2	20.6	18.8	14.0
0.20	73.7	66.6	60.4	55.3	43.6	35.7	30.8	26.9	23.8	21.3	17.4	14.5
0.22	74.6	67.5	61.3	56.2	44.4	36.4	31.5	27.6	24.5	21.9	17.9	15.0
0.24	75.5	68.3	62.1	57.0	45.2	37.1	32.2	28.3	25.1	22.5	18.5	15.5
0.26	76.3	69.1	62.9	57.7	45.9	37.8	32.8	28.8	25.7	23.0	18.9	16.0
0.28	77.0	69.8	63.6	58.4	46.5	38.4	33.4	29.4	26.2	23.5	19.4	16.4
0.30	77.7	70.5	64.3	59.1	47.2	39.0	33.9	29.9	26.7	24.0	19.9	16.8
0.32	78.3	71.1	65.0	59.7	47.8	39.5	34.4	30.3	27.1	24.4	20.3	17.2
0.34	79.0	71.8	65.7	60.3	48.3	40.0	34.9	30.8	27.6	24.9	20.7	17.6

续表

R(m) \ n	0.011	0.012	0.013	0.014	0.017	0.020	0.0225	0.025	0.0275	0.030	0.035	0.040
0.36	79.6	72.4	66.1	60.9	48.8	40.5	35.4	31.3	28.1	25.3	21.1	17.9
0.38	80.1	72.9	66.7	61.4	49.3	41.0	35.9	31.7	28.4	25.6	21.4	18.3
0.40	80.7	73.4	67.1	61.9	49.8	41.5	36.3	32.2	28.8	26.0	21.8	18.6
0.42	81.3	73.9	67.7	62.4	50.2	41.9	36.7	32.6	29.2	26.4	22.1	18.9
0.44	81.8	74.4	68.2	62.9	50.7	42.3	37.1	32.9	29.6	26.7	22.4	19.2
0.46	82.3	74.8	68.6	63.3	51.1	42.7	37.5	33.3	29.9	27.1	22.8	19.5
0.48	82.7	75.3	69.1	63.7	51.5	43.1	37.8	33.6	30.2	27.4	23.1	19.8
0.50	83.1	75.7	69.5	64.1	51.9	43.5	38.2	34.0	30.4	27.8	23.4	20.1
0.55	84.1	76.7	70.4	65.2	52.8	44.1	39.0	34.8	31.4	28.5	24.0	20.7
0.60	85.0	77.7	71.4	66.0	53.7	45.2	39.8	35.5	32.1	29.2	24.7	21.3
0.65	86.0	78.7	72.2	66.9	54.5	45.9	40.6	36.2	32.8	29.8	25.3	21.9
0.70	86.8	79.4	73.0	67.6	55.2	46.6	41.2	36.9	33.4	30.4	25.8	22.4
0.75	87.5	80.2	73.8	68.4	55.9	47.3	41.8	37.5	34.0	31.0	26.4	22.9
0.80	88.3	80.8	74.5	69.0	56.5	47.9	42.4	38.0	34.5	31.5	26.8	23.4
0.85	89.0	81.6	75.1	69.7	57.2	48.4	43.0	38.6	35.0	32.0	27.3	23.8
0.90	89.4	82.1	75.5	69.9	57.5	48.8	43.5	38.9	35.5	32.3	27.6	24.1
0.95	90.3	82.8	76.5	70.9	58.3	49.5	43.9	39.5	35.9	32.9	28.2	24.6
1.00	90.9	83.3	76.9	71.4	58.8	50.0	44.4	40.0	36.4	33.3	28.6	25.0
1.10	92.0	84.4	78.0	72.5	59.8	50.9	45.3	40.9	37.3	34.1	29.3	25.7
1.20	93.1	85.4	79.0	73.4	60.7	51.8	46.1	41.6	38.0	34.8	30.0	26.3
1.30	94.0	86.3	79.9	74.3	61.5	52.5	46.9	42.3	38.7	35.5	30.6	26.9
1.40	94.8	87.1	80.7	75.1	62.2	53.2	47.5	43.0	39.3	36.1	31.1	27.5
1.50	95.7	88.0	81.5	75.9	62.9	53.9	48.2	43.6	39.8	36.7	31.7	28.0
1.60	96.5	88.7	82.2	76.5	63.6	54.5	48.7	44.1	40.4	37.2	32.2	28.5
1.70	97.3	89.5	82.9	77.2	64.3	55.1	49.3	44.7	41.0	37.7	32.7	28.9
1.80	98.0	90.1	83.5	77.8	64.8	55.6	49.8	45.1	41.4	38.1	33.0	29.3
1.90	98.6	90.8	84.2	78.4	65.4	56.1	50.3	45.6	41.8	38.5	33.4	29.7
2.00	99.3	91.4	84.8	79.0	65.9	56.6	50.8	46.0	42.3	38.9	33.8	30.0
2.20	100.4	92.4	85.9	80.0	66.8	57.4	51.6	46.8	43.0	39.6	34.4	30.7
2.40	101.5	93.5	86.9	81.0	67.7	58.3	52.3	47.5	43.7	40.3	35.1	31.2
2.60	102.5	94.5	88.1	81.9	68.4	59.0	53.0	48.2	44.2	40.9	35.6	31.7
2.80	103.5	95.3	88.7	82.6	69.1	59.7	53.6	48.7	44.8	41.4	36.1	32.2
3.00	104.4	96.2	89.4	83.4	69.8	60.3	54.2	49.3	45.3	41.9	36.6	32.5
3.20	105.2	96.9	90.1	84.1	70.4	60.8	54.6	49.7	45.7	42.3	36.9	32.9
3.40	106.0	97.6	90.8	84.8	71.0	61.3	55.1	50.1	46.1	42.6	37.2	33.2
3.60	106.7	98.3	91.5	85.4	71.5	61.7	55.5	50.5	46.4	43.0	37.5	33.5

续表

R(m) \ n	0.011	0.012	0.013	0.014	0.017	0.020	0.0225	0.025	0.0275	0.030	0.035	0.040
3.80	107.4	99.0	92.0	85.9	72.0	62.1	55.8	50.8	46.8	43.3	37.8	33.7
4.00	108.1	99.6	92.7	86.5	72.5	62.5	56.2	51.2	47.1	43.6	38.1	33.9
4.20	108.7	100.1	93.2	86.9	72.8	62.9	56.5	51.4	47.3	43.8	38.3	34.1
4.40	109.2	100.6	93.6	87.4	73.2	63.2	56.8	51.6	47.5	44.0	38.4	34.3
4.60	109.8	101.1	94.2	87.8	73.5	63.6	57.0	51.8	47.8	44.2	38.6	34.4
4.80	110.4	101.5	94.6	88.3	73.9	63.9	57.3	52.1	48.0	44.4	38.7	34.5
5.00	111.0	102.0	95.0	88.7	74.2	64.1	57.6	52.4	48.2	44.6	38.9	34.6

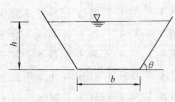

图 5-13 梯形断面图

【例 5-6】 有一段长为 1000m 的小河,河床上有乱石,其过流断面为梯形,如图 5-13,其水深 $h = 0.8$m,底宽 $b = 1.2$m,起端和末端河底标高差,$\Delta z = 0.5$m,边坡系数 $m = \operatorname{ctg}\theta = 1.5$,水流近似为均匀流,求流量模数 K 和流量 Q。

【解】 渠底坡度 $i = \dfrac{\Delta z}{l} = \dfrac{0.5}{1000} = 0.0005$

过流断面面积

$$A = (B + b)\dfrac{h}{2} = (b + 2\operatorname{ctg}\theta h + b)\dfrac{h}{2}$$
$$= (b + mh)h = (1.2 + 1.5 \times 0.8) \times 0.8 = 1.92\text{m}^2$$

湿周

$$X = b + 2h\sqrt{1 + m^2} = 1.2 + 2 \times 0.8 \times \sqrt{1 + 1.5^2}$$
$$= 4.08\text{m}$$

水力半径 $R = \dfrac{A}{X} = \dfrac{1.92}{4.08} = 0.47$m

查表 5-2,河床上有乱石粗糙系数 $n = 0.03$。

谢才系数

$$C = \dfrac{1}{n}R^{\frac{1}{6}} = \dfrac{1}{0.03}(0.47)^{\frac{1}{6}} = 29.33\text{m}^{\frac{1}{2}}/\text{s}$$

流量模数 $K = AC\sqrt{R} = 1.92 \times 29.33 \times \sqrt{0.47} = 38.61\text{m}^3/\text{s}$

流量 $Q = K\sqrt{i} = 38.61 \times \sqrt{0.0005} = 0.86\text{m}^3/\text{s}$

3. 圆管无压均匀流的水力计算

下面讨论在圆管无压均匀流中,流速和流量随充满度的变化规律。圆管的充满度,就是管中水深 h 与管径 d 的比值,即 $\dfrac{h}{d}$。如果排水管道,其流量、底坡和管径沿程不变,就可以将排水管道按圆管无压均匀流考虑。排水管道的充满度小于 1,是一种非满管流动。

表 5-5 给出了污水管道的最大计算充满度。

污水管道的最大计算充满度 表 5-5

污水管道名称	管径(mm)	最大计算充满度
生活污水管道	≤125	0.5
	150~200	0.6
生活废水管道	50~75	0.6
	100~150	0.7
	≥200	1.0
生产污水管道	50~75	0.6
	100~150	0.7
	≥200	0.8

如图 5-14 为一圆管无压均匀流断面,当水深 h 小于半径 R 时,面积 A 和湿周 X 都随水深 h 的增加而增加,但湿周 X 的增加速度小于面积 A 的增加速度,所以水力半径 R 会愈来愈大,从而流速 v 和流量 Q 也会愈来愈大。

当水深 h 大于半径 R 而且 $\dfrac{h}{d}$ 的比值达到某个值以后,随着 h 的增加,面积 A 的增加速度将小于湿周 X 的增加速度,水力半径 R 就会愈来愈小,从而流速 v 和流量 Q 也会愈来愈小。这就是说,在圆管无压均匀流中,流速和流量在达到满管流以前都存在着一个最大值。

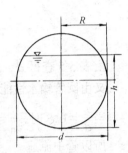

图 5-14 圆管无压流

设 v 和 Q 代表非满管流时的流速和流量;v_0 和 Q_0 代表满管流时的流速和流量。

则流速比:
$$\frac{v}{v_0}=\frac{C\sqrt{Ri}}{C_0\sqrt{R_0 i}}=\frac{\frac{1}{n}R^{\frac{1}{6}}\sqrt{Ri}}{\frac{1}{n}R_0^{\frac{1}{6}}\sqrt{R_0 i}}=\left(\frac{R}{R_0}\right)^{\frac{2}{3}}=f_1\left(\frac{h}{d}\right) \quad (5-26)$$

流量比
$$\frac{Q}{Q_0}=\frac{AC\sqrt{Ri}}{A_0 C_0\sqrt{R_0 i}}=\frac{A\frac{1}{n}R^{\frac{1}{6}}\sqrt{Ri}}{A_0\frac{1}{n}R_0^{\frac{1}{6}}\sqrt{R_0 i}}=\frac{A}{A_0}\left(\frac{R}{R_0}\right)^{\frac{2}{3}}=f_2\left(\frac{h}{d}\right) \quad (5-27)$$

根据式(5-26)和(5-27)绘制出 $\dfrac{v}{v_0}$ 与 $\dfrac{h}{d}$,$\dfrac{Q}{Q_0}$ 与 $\dfrac{h}{d}$ 的关系曲线 A 和 B,如图 5-15,这就是圆管无压均匀流的输水性能曲线。

从曲线中可以看出:

(1) 当 $h/d=0.81$ 时,$\left(\dfrac{v}{v_0}\right)_{\max}=1.16$,即 $h=0.81d$ 时,$v_{\max}=1.16v_0$

(2) 当 $h/d=0.95$ 时,$\left(\dfrac{Q}{Q_0}\right)_{\max}=1.087$,即 $h=0.95d$ 时,$Q_{\max}=1.087Q$

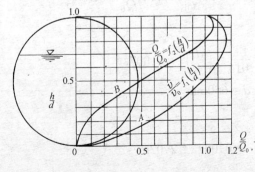

图 5-15 圆管输水性能曲线图

【例 5-7】 某生产污水管道,采用钢筋混凝土圆形管,管径 $d=500\mathrm{mm}$,粗糙系数 $n=0.014$,管底坡度 $i=0.001$,求最大充满度下的流速及流量。

【解】 先按满管流计算流速 v_0 和流量 Q_0

$$v_0 = C_0\sqrt{R_0 i} = \frac{1}{n}R_0^{\frac{1}{6}}\sqrt{R_0 i} = \frac{1}{n}\left(\frac{d}{4}\right)^{\frac{2}{3}}i^{\frac{1}{2}}$$

$$= \frac{1}{0.014}\times\left(\frac{0.5}{4}\right)^{\frac{2}{3}}\times 0.001^{\frac{1}{2}}$$

$$= 0.56\mathrm{m/s}$$

$$Q_0 = v_0 A_0 = \frac{\pi}{4}d^2 v_0$$

$$= \frac{3.14\times 0.5^2}{4}\times 0.56$$

$$= 0.11\mathrm{m^3/s}$$

由表 5-5 查得 $d=500\mathrm{mm}$ 时,生产污水管道的最大计算充满度 $h/d=0.8$。又由圆管输水性能曲线图中查得:

当 $\frac{h}{d}=0.8$ 时,$\frac{v}{v_0}=1.17$,$\frac{Q}{Q_0}=0.99$。

所以管中流速

$$v = 1.17 v_0 = 1.17\times 0.56 = 0.66\mathrm{m/s}$$

$$\text{流量 } Q = 0.99 Q_0 = 0.11\mathrm{m^3/s}$$

【例 5-8】 某工厂排除生产废水采用的混凝土管,粗糙系数 $n=0.014$,需排除的废水量 $Q=450\mathrm{L/s}$,管底坡度 $i=0.007$,废水的允许流速 $v_{\min}$ 为 $0.8\mathrm{m/s}$,$v_{\max}$ 为 $5\mathrm{m/s}$,要求管道内的最大计算充满度 $\frac{h}{d}=0.7$,试确定管径 d。

[解] 先按满管流计算流速 v_0 和流量 Q_0。

$$v_0 = C_0\sqrt{R_0 i} = \frac{1}{n}R_0^{\frac{1}{6}}\sqrt{R_0 i} = \frac{1}{n}\left(\frac{d}{4}\right)^{\frac{2}{3}}i^{\frac{1}{2}}$$

$$Q_0 = \frac{\pi}{4}d^2 v_0 = \frac{\pi d^2}{4}\frac{1}{n}\left(\frac{d}{4}\right)^{\frac{2}{3}}i^{\frac{1}{2}}$$

当充满度 $\frac{h}{d}=0.7$ 时,由圆管输水性能曲线图中查得:$\frac{v}{v_0}=1.14$;$\frac{Q}{Q_0}=0.83$

则 $Q=0.83 Q_0$

$$0.45 = 0.83\times\frac{3.14\times d^2}{4}\times\frac{1}{0.014}\times\left(\frac{d}{4}\right)^{\frac{2}{3}}\times 0.007^{\frac{1}{2}}$$

$$d = 0.628\mathrm{m} \quad \text{取 } d = 650\mathrm{mm}$$

校核流速 $v = 1.14 v_0$

$$v = 1.14\times\frac{1}{0.014}\times\left(\frac{0.65}{4}\right)^{\frac{2}{3}}\times 0.007^{\frac{1}{2}} = 2.02\mathrm{m/s}$$

满足流速要求。

习 题

5-1 如图所示,一台水泵从水池中吸水向用水设备供水。用水设备至水池水面的高差为 $z=30\text{m}$,管道直径 $d=150\text{mm}$,管长 $l=50\text{m}$,沿程阻力系数 $\lambda=0.025$,局部阻力系数 $\Sigma\zeta=42$,若管中流量 $Q=100\text{L/s}$,试求管路的特性阻力数 S 及水泵应提供的总水头 H。

5-2 如图所示,水泵从水池中取水向水塔供水,水塔水面标高为 120m,水池水面标高为 30m,管道直径 $d=100\text{mm}$,管长 $l=150\text{m}$,局部阻力系数为 $\zeta_{底阀}=1$ $\zeta_{弯头}=0.5\times2=1$ $\zeta_{阀门}=0.5\times2=1$,沿程阻力系数 $\lambda=0.02$,若水泵的扬程 $H=30\text{m}$,试确定水泵的流量。

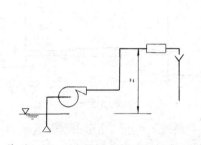

题 5-1 图

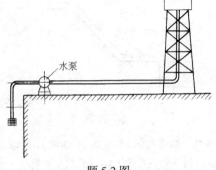

题 5-2 图

5-3 如图所示,有一圆形有压泄水涵管,长 $l=50\text{m}$,管径 $d=500\text{mm}$,上下游水位高差 $H=3\text{m}$,涵管的沿程阻力系数 $\lambda=0.03$,总的局部阻力系数 $\Sigma\zeta=2.8$,试确定通过涵管的流量。

5-4 某通风管道系统风道尺寸为 $500\text{mm}\times600\text{mm}$,空气的总压头损失(不包括风机本身)为 491.3N/m^2,当管路中风量 $Q=3.2\text{m}^3/\text{s}$ 时,试求风机的总压头 P。

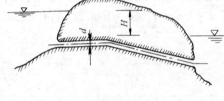

题 5-3 图

5-5 某通风管路系统,通风机的总压头 $P=1000\text{Pa}$。风量 $Q=3.5\text{m}^3/\text{s}$。如果将该系统的风量提高 12%,试求此时通风机的总压头 P' 为多少?

5-6 某通风管路系统,通风机的总压头 $P=392.4\text{N/m}^2$,各管段的流量、长度、局部阻力系数均标注在图中,沿程阻力系数 $\lambda=0.02$,各管段的流速可在 $6\sim12\text{m/s}$ 范围内选用。试求各管段直径及系统总压头损失为多少?

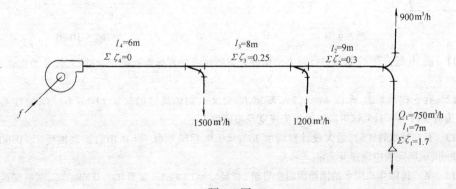

题 5-6 图

5-7 如图所示,水泵提水至高位水池,已知水源水面标高为 150m,高位水池水面标高为 175.5m。吸水管长度 $l_1=4$m,直径 $d_1=200$mm,吸水管路中装设带有滤网的底阀及一个 90°弯头。压水管长度 $l_2=50$m,直径 $d_2=150$mm,压水管路中装设一个止回阀,一个闸阀,两个 45°弯头,若水泵的输水量 $Q=40$L/s,试求水泵的扬程。

5-8 如图所示,水平串联管道从 A 池向 B 池输水,两池水位分别为 $H_1=8$m,$H_2=2$m,管长 $l_1=30$m,$l_2=20$m,$l_3=10$m,管径 $d_1=100$mm,$d_2=200$mm,$d_3=150$mm,沿程阻力系数 $\lambda_1=0.016$,$\lambda_2=0.014$,$\lambda_3=0.02$,若不计局部损失,试求输水流量 Q。

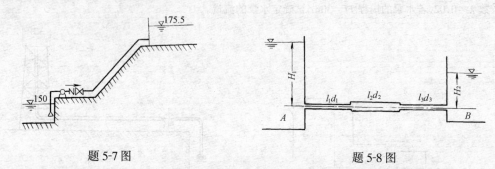

题 5-7 图　　　　　　　　题 5-8 图

5-9 如图所示,水泵从 A 池向 B 池输水,两水池水面高差 $z=10$m,水泵吸水管 $l_1=20$m,$d_1=400$mm,局部阻力系数 $\zeta_{进口}=0.5$,压水管 $l_2=100$m,$d_2=300$mm,局部阻力系数 $\zeta_{弯头}=0.5\times2=1$,$\zeta_{出口}=1.0$,管路沿程阻力系数均为 $\lambda=0.02$,试求通过水泵的流量。

5-10 某采暖系统如图,立管Ⅰ的直径 $d_1=20$mm,长度 $l_1=20$m,局部阻力系数 $\Sigma\zeta_1=15$,立管Ⅱ的直径 $d_2=15$mm,长度 $l_2=10$m,$\Sigma\zeta_2=14$,沿程阻力系数均为 $\lambda=0.025$,试求各立管的流量分配比例。

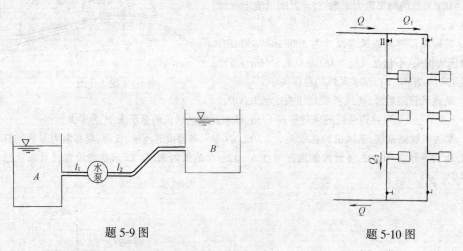

题 5-9 图　　　　　　　　题 5-10 图

5-11 接 10 题,若两立管间进行阻力平衡计算需要使两立管热媒流量相等,则立管Ⅱ的直径 d_2 应调整为多少?

5-12 有一梯形渠道,水深 $h=1.2$m,底宽 $b=2.4$m,渠道通过的流量 $Q=6.6$m³/s,粗糙系数 $n=0.025$,边坡系数 $m=1.5$,试求渠中的水流速度及渠底坡度。

5-13 有一排水铸铁管,最大设计充满度 $h/d=0.8$,粗糙系数 $n=0.011$,渠底坡度 $i=0.001$,管径 $d=300$mm,试确定管中流速及流量。

5-14 某一排除生产废水的钢筋混凝土管道,管径 $d=1000$mm,流量 $Q=0.68$m³/s,试根据最大设计充满度设计其坡度。

第六章 孔口、管嘴出流与气体射流

本章将应用流体运动的基本理论,结合流体运动的具体条件,分析研究流体经容器器壁上的孔口、管嘴出流及气体射流的基本特征。这在供热通风与空调工程中有很大的实用意义。如:自然通风中空气流经门窗的流量计算;风道上的侧孔或顶棚内的多孔板向房间输送新鲜空气量的计算;供热管路中装设的调压板和孔口流量计的计算等。

第一节 孔 口 出 流

如图 6-1 在容器壁上开孔,流体经孔口流出的水力现象,叫做孔口出流。

孔口的型式很多:

1. 孔口出流时,孔口形心处的压强水头称为孔口的水头,用符号 H 表示。根据孔口直径 d(非圆孔口为高度 a)与孔口水头 H 的比值,将孔口分为:

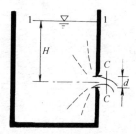

图 6-1 薄壁小孔口出流

(1) 小孔口,$d/H \leqslant \dfrac{1}{10}$,由于孔口直径 d 比水头 H 小很多,可以假定孔口断面上各点的压强水头都相等,即等于 H。

(2) 大孔口,$d/H > \dfrac{1}{10}$,则应考虑孔口断面从上缘到下缘各点压强水头的变化。

2. 根据孔壁厚度分:

(1) 若容器壁较薄,孔口四周边缘尖锐,则出流流股与孔壁仅是一线接触,这种孔口称为薄壁孔口。

(2) 反之,若孔口壁厚度较厚,则称为厚壁孔口。

无论薄壁孔口,还是厚壁孔口,其能量损失都是局部阻力起主要作用所产生的局部损失,这就是孔口流动的特点。

3. 根据流体出流后的情况分:

(1) 流入异相流体之中,如水流入大气的流动称为自由出流。

(2) 流入同相流体之中,如水流入另一部分水体之中称为淹没出流。

另外,若孔口出流时,容器水位稳定,使孔口的水头保持不变,则出流称为恒定出流;反之则称为非恒定出流。

一、薄壁小孔口恒定自由出流

如图 6-1 所示,当液体从各个方向以不同的流速通过孔口流出时,由于运动的惯性,流线不能直角转折,只能光滑弯曲,使水流逐渐向孔口处收缩,在孔口断面上仍然继续弯曲,且向中心收缩,在距孔口 $d/2$ 处(若是方形孔口则是 $a/2$)断面收缩达到最小,水流具有几乎平行的流线,该断面 C-C 称为收缩断面。

收缩断面面积 A_C 小于孔口断面面积 A,两者的比值称为收缩系数,以 ε 表示,即

$$\varepsilon = \frac{A_C}{A}$$

下面推导收缩断面处流速 v_C 和孔口出流流量 Q 的公式。

以通过孔口形心的水平面为基准面 0-0，列出水箱水面 1-1 与收缩断面 C-C 的能量方程。

$$z_1 + \frac{p_1}{\gamma} + \frac{\alpha_1 v_1^2}{2g} = z_C + \frac{p_C}{\gamma} + \frac{\alpha_C v_C^2}{2g} + h_w$$

令
$$H_0 = (z_1 - z_C) + \frac{p_1 - p_C}{\gamma} + \frac{\alpha_1 v_1^2}{2g}$$

H_0 称为孔口的作用水头。

当孔口自由出流时，$z_1 = H$（H 为孔口形心水头），$z_C = 0$，$p_1 = p_C = p_a = 0$，自由表面的流速水头 $\frac{\alpha_1 v_1^2}{2g} \approx 0$，取动能修正系数 $\alpha_C = 1$

则
$$H_0 = H$$

因此
$$H_0 = \frac{v_C^2}{2g} + h_w$$

对于薄壁小孔口，$h_w = h_j = \zeta_C \frac{v_C^2}{2g}$，$\zeta_C$ 称为孔口的局部阻力系数。

$$H_0 = (1 + \zeta_C) \frac{v_C^2}{2g}$$

则
$$v_C = \frac{1}{\sqrt{1 + \zeta_C}} \sqrt{2gH_0}$$

令 $\varphi = \frac{1}{\sqrt{1 + \zeta_C}}$ 称为流速系数。

因此
$$v_C = \varphi \sqrt{2gH_0} \tag{6-1}$$

于是通过孔口的流量为

$$Q = v_C \cdot A_C = A_C \varphi \sqrt{2gH_0} = \varepsilon A \varphi \sqrt{2gH_0}$$

令 $\mu = \varepsilon \varphi$ 称为流量系数，则

$$Q = \mu A \sqrt{2gH_0} \tag{6-2}$$

式(6-1)、(6-2)就为薄壁小孔口恒定自由出流的流速、流量公式。

孔口出流时，水股的收缩情况对孔口的流量有一定的影响。

如图 6-2 中方形孔口 3，由孔口流出的水股各边都发生收缩时称为全部收缩。方形孔口 1 和 2，水股的一边或数边没有收缩的称为非全部收缩。显然水股收缩的不完全会使出流流量增加，因此，当水股非全部收缩时，其流量系数将大于全部收缩时的流量系数。

全部收缩的水股又根据器壁对流线弯曲有无影响而分为完善收缩和不完善收缩。如果容器边壁不影响水股收缩者，即侧壁到孔口距离大于孔口宽度三倍（$l_1 > 3a$），底边到容器的距离大于孔口高度的三倍（$l_2 > 3b$），这时水

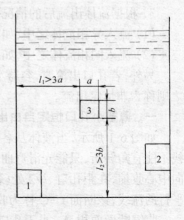

图 6-2

股的收缩是完善收缩,出流流线弯曲率最大,收缩得最充分。如果容器边壁影响水股收缩者,称为不完善收缩,即 $l_1<3a$ 或 $l_2<3b$,此时流线弯曲减弱,收缩减弱,使 ε 增大,相应的 μ 值也增大。

对于圆形薄壁小孔口恒定自由出流,全部而且完善收缩时,各项系数值如下:

孔口局部阻力系数 $\zeta_C = 0.06$

流速系数 $\varphi_C = 0.97 \sim 0.98$

收缩系数 $\varepsilon = 0.63 \sim 0.64$

流量系数 $\mu = 0.60 \sim 0.62$

二、薄壁小孔口恒定淹没出流

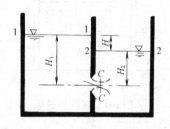

图 6-3 孔口淹没出流

如图 6-3,当液体通过孔口出流到另一充满液体的空间时,就属于淹没出流。淹没出流的水体通过孔口后,由于惯性作用,流体也会形成收缩,收缩后又会扩散到整个水体之中。

现以孔口中心为基准线,列上下游液面 1-1 和 2-2 的能量方程。

$$H_1 + \frac{p_1}{\gamma} + \frac{\alpha_1 v_1^2}{2g} = H_2 + \frac{p_2}{\gamma} + \frac{\alpha_2 v_2^2}{2g} + h_w$$

令 $\quad H_0 = (H_1 - H_2) + \frac{p_1 - p_2}{\gamma} + \frac{\alpha_1 v_1^2 - \alpha_2 v_2^2}{2g}$

H_0 称为孔口的作用水头

当孔口淹没出流时

$$\frac{\alpha_1 v_1^2}{2g} \approx 0, \quad \frac{\alpha_2 v_2^2}{2g} \approx 0, \quad p_1 = p_2 = p_a = 0$$

则 $H_0 = H_1 - H_2$(孔口前后形心水头之差)

因此 $H_0 = h_w$

水头损失 h_w 包括两部分:

1)水流经孔口的局部水头损失

$$h_{j1} = \zeta_1 \frac{v_C^2}{2g}$$

2)水流收缩后,又突然扩大的局部水头损失,因 2-2 断面比 C-C 断面大很多

$$\zeta_2 = \left(1 - \frac{A_C}{A_2}\right)^2 \approx 1$$

所以 $\quad\quad\quad\quad\quad\quad h_{j2} = \frac{v_C^2}{2g}$

于是 $\quad\quad\quad H_0 = h_{j1} + h_{j2} = (1 + \zeta_1)\frac{v_C^2}{2g}$

$$v_C = \frac{1}{\sqrt{1+\zeta_1}}\sqrt{2gH_0} = \varphi\sqrt{2gH_0} \quad\quad\quad (6\text{-}3)$$

式中 $\varphi = \dfrac{1}{\sqrt{1+\zeta_1}}$ 为流速系数。

则淹没出流时的流量公式为:

$$Q = v_C A_C = \varepsilon A \varphi \sqrt{2gH_0} = \mu A \sqrt{2gH_0} \tag{6-4}$$

实验证明，孔口淹没出流的流速系数和流量系数与孔口自由出流的各项系数可采用完全一致的值。但应注意淹没出流的作用水头 H_0 不同于自由出流的作用水头 H_0，区别仅仅在于前者 H_0 是孔口出口断面形心上的作用水头；后者 H_0 是孔口前后作用水头之差。

当孔口上下游高度差一定时，孔口淹没出流的出流规律及计算公式不论对"大孔口"或"小孔口"都同样适用。

三、孔口出流的应用

1. 多孔板送风

如图 6-4，在通风工程中，有时采用孔板送风，在房间顶部设一夹层，用通风机将处理后的空气送入夹层，使空气在夹层内静压 p 保持恒定，然后在静压 p 作用下，空气从小孔送出。空气从小孔送出的情况属于孔口的淹没出流。

设夹层内空气静压为 p，流速为 v，孔口出口收缩处静压即房间内的静压为 p_0，孔口出流收缩流速为 v_C，列空气从夹层经多孔板孔口至收缩断面的能量方程。

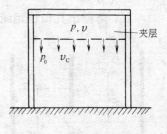

图 6-4 多孔板送风

$$p + \frac{v^2 \gamma}{2g} = p_0 + \frac{v_C^2 \gamma}{2g} + \gamma h_w$$

由于夹层内面积较大，空气在其中流速很小，流速压头 $\frac{v^2 \gamma}{2g} \approx 0$

设多孔板局部阻力系数为 ζ，则空气经孔口出流的压头损失即局部压头损失为：

$$\gamma h_w = \gamma h_j = \zeta \frac{v_C^2 \gamma}{2g}$$

则有
$$p = p_0 + \frac{v_C^2 \gamma}{2g} + \zeta \frac{v_C^2 \gamma}{2g}$$

即
$$p - p_0 = (1 + \zeta) \frac{v_C^2}{2g} \gamma$$

因此
$$v_C = \frac{1}{\sqrt{1+\zeta}} \sqrt{2g\left(\frac{p-p_0}{\gamma}\right)}$$

设 $\varphi = \frac{1}{\sqrt{1+\zeta}}$，$\varphi$ 为流速系数

$$v_C = \varphi \sqrt{2/\rho (p - p_0)} = \varphi \sqrt{2/\rho \, \Delta p} \tag{6-5}$$

式中 v_C——空气从多孔板孔口出流收缩断面处的流速(m/s)；

φ——多孔板孔口的流速系数；

ρ——空气密度(kg/m³)；

Δp——孔口前后的压差(Pa)。

出流流量

$$Q = \varepsilon A v_C = \varepsilon A \varphi \sqrt{2/\rho \Delta p} = \mu A \sqrt{2/\rho \Delta p} \tag{6-6}$$

式中 Q——多孔板孔口的出流流量(m³/s)；

μ——多孔板孔口的流量系数；

A——多孔板孔口的断面积(m^2)。

多孔板送风的 μ、φ 值可从有关手册中查得。

【例6-1】 某空调房间顶部设置夹层通过多孔板向室内送风,若孔口直径 $d=8mm$,夹层内保持 $p=400Pa$ 的压强,空气的密度取 $\rho=1.2kg/m^3$,流量系数 $\mu=0.6$,求每个孔口的出流流量。

【解】 房间压强取为大气压强,则孔板前后空气的静压差 $\Delta p=400-0=400Pa$

所以每个孔口的出流流量

$$Q=\mu A\sqrt{2/\rho\Delta p}=0.6\times\frac{3.14}{4}\times(0.008)^2\times\sqrt{\frac{2}{1.2}\times400}=7.78\times10^{-4}m^3/s$$

2. 自然通风风量的计算

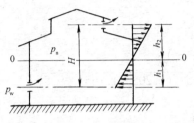

图6-5 厂房自然通风

如图6-5,工业厂房中如果有热源,室内空气的温度一般高于室外空气的温度,冷空气会由下部侧窗进入厂房,经过热源加热后,空气温度升高,密度减小,加热后的空气自然上升到厂房顶部,由天窗排至室外,如此不断循环流动。这种由于空气本身温度变化引起的空气流动称为自然通风。计算空气通过厂房侧窗和天窗的风量时,可按薄壁小孔口气体淹没出流考虑。

从图中可以看出,空气由下部侧窗进入时,室外空气的压强必须大于室内空气的压强;而空气由上部天窗排出时,室内空气的压强必须大于室外空气的压强。这就是说,室内空气从下部侧窗流向上部天窗的过程,是一个压强由小到大的连续变化过程。因此在厂房内部某一高度处必然会有一个室内外压强相等的水平面0-0,称它为等压面。

设该等压面0-0距进风窗中心高度为 h_1,距排风窗中心高度为 h_2,进排风窗中心的高差为 H,即 $H=h_1+h_2$,室内空气密度为 ρ_n,室外空气的密度为 ρ_w,则:

进风窗内外空气压强差

$$\Delta p_j=\rho_w gh_1-\rho_n gh_1=(\rho_w-\rho_n)gh_1$$

排风窗内外空气的压强差

$$\Delta p_p=-(\rho_n gh_2-\rho_w gh_2)=(\rho_w-\rho_n)gh_2$$

如果计算出 Δp_j 和 Δp_p,则自然通风通过进风窗和排风窗的风量可按孔口出流的流量公式计算

$$Q=\mu A\sqrt{2/\rho\Delta p}$$

在自然通风风量的计算中,风量常用重量流量表示。所以上式写成

$$G=\gamma Q=\mu Ag\sqrt{2\rho\Delta p} \tag{6-7}$$

式中 G——流经进风窗或排风窗的空气的重量流量(N/s);

Q——流经进风窗或排风窗的空气的体积流量(m^3/s);

μ——流量系数;

A——进风窗或排风窗窗口面积(m^2);

Δp——进风窗或排风窗内外空气的压强差,计算进风量时采用 Δp_j;计算排风量时采用 Δp_p;

ρ——空气的密度,计算进风量时采用 ρ_w;计算排风量时采用 ρ_n;

g——重力加速度,一般取 $g=9.81\text{m/s}^2$。

【例 6-2】 某厂房参见图 6-5,下部侧窗面积为 60m^2,上部天窗面积为 30m^2,上下窗口的流量系数均为 0.65,室内空气温度为 30℃,室外空气温度为 20℃,密度 $\rho_w = 1.205\text{kg/m}^3$,$\rho_n = 1.165\text{kg/m}^3$,上下窗口中心间距 $H=18\text{m}$,厂房内等压面至进风窗中心的高度 $h_1=3.5\text{m}$,求通过窗口的自然通风风量。

【解】 根据公式(6-7),通过下部侧窗的重量流量,即进入厂房的风量。

$$G_j = \mu A_j g \sqrt{2\rho_w \Delta p_j} = \mu A_j g \sqrt{2\rho_w h_1(\rho_w - \rho_n)g}$$
$$= 0.65 \times 60 \times 9.81 \times \sqrt{2 \times 1.205 \times 3.5 \times (1.205 - 1.165) \times 9.81}$$
$$= 696\text{N/s}$$

同理,通过天窗的重量流量,即排风风量如下:

当 $h_2 = H - h_1 = 18 - 3.5 = 14.5\text{m}$ 时

$$G_p = \mu A_p \sqrt{2\rho_n \Delta p_p} = \mu A_p g \sqrt{2\rho_n h_2(\rho_w - \rho_n)g}$$
$$= 0.65 \times 30 \times 9.81 \times \sqrt{2 \times 1.165 \times 14.5 \times (1.205 - 1.165) \times 9.81}$$
$$= 696\text{N/s}$$

以上说明,进入厂房的风量正好等于排出厂房的风量,符合流体流动的连续性方程。

3. 孔板流量计

如图 6-6,在管道里插入一片带有圆孔(相当于一个圆形薄壁小孔口)的薄板(孔板),用法兰固定于管道上,使圆孔位于管道的中心线上,这样构成的装置称为孔板流量计,孔板是一种节流装置,当流体通过孔口以后,流动截面并不是立即扩大到与管道截面相等,而是继续收缩,经过一段距离后,才开始扩大,最后等于整个管道截面。当流体以一定的流量流经孔口时,就产生一定的压强变化,所以可以通过在孔板前和孔板后的收缩断面上连接测压管,再根据两测压管液面的高差,计算出通过孔板的流量。

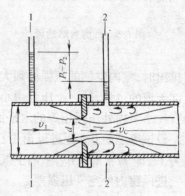

图 6-6 孔板流量计

在图 6-6 中,设孔口面积为 A,流速为 v;断面 1-1 的面积为 A_1,压强为 p_1,流速为 v_1;断面 2-2 为收缩断面,面积为 A_2,压强为 p_2,流速为 v_2。

以通过孔板中心的水平面为基准面,列出断面 1-1 与 2-2 的能量方程。

$$z_1 + \frac{p_1}{\gamma} + \frac{\alpha_1 v_1^2}{2g} = z_2 + \frac{p_2}{\gamma} + \frac{\alpha_2 v_2^2}{2g} + h_w$$

由于 $z_1 = z_2$,$v_2 = v_C$ 取动能修正系数

$$\alpha_1 = \alpha_2 = 1.0$$

因两断面间流程较短,忽略沿程水头损失,并设孔板的局部阻力系数为 ζ,则局部水头损失 $h_j = \zeta \dfrac{v_C^2}{2g}$

则:
$$\frac{p_1}{\gamma} + \frac{v_1^2}{2g} = \frac{p_2}{\gamma} + \frac{v_C^2}{2g} + \zeta_C \frac{v_C^2}{2g} \tag{a}$$

由于收缩系数 $\varepsilon = \dfrac{A_C}{A}$，即 $A_C = \varepsilon A$

由连续性方程 $A_1 v_1 = Av = A_C v_C$

即：
$$v_1 = \frac{A_C}{A_1} v_C = \frac{A\varepsilon}{A_1} v_C \qquad (b)$$

将(b)代入(a)后得

$$\frac{p_1 - p_2}{\gamma} = \left[1 + \zeta - \left(\frac{A\varepsilon}{A_1}\right)^2\right] \frac{v_C^2}{2g}$$

令
$$\frac{p_1 - p_2}{\gamma} = H$$

$$H = \left[1 + \zeta - \left(\frac{A\varepsilon}{A_1}\right)^2\right] \frac{v_C^2}{2g}$$

由此可得收缩断面流速

$$v_C = \frac{1}{\sqrt{1 + \zeta - \left(\dfrac{A\varepsilon}{A_1}\right)^2}} \sqrt{2gH}$$

设
$$\varphi = \frac{1}{\sqrt{1 + \zeta - \left(\dfrac{A\varepsilon}{A_1}\right)^2}}$$

则
$$v_C = \varphi \sqrt{2gH} \qquad (6\text{-}8)$$

所以经过孔板的流量

$$Q = A_2 \cdot v_C = \varepsilon \varphi A \sqrt{2gH}$$

又设 $\mu = \varepsilon \varphi$

$$Q = \mu A \sqrt{2gH} \qquad (6\text{-}9)$$

式中 Q——经过孔板流量计的流量(m^3/s)；

A——孔板上孔口的面积(m^2)；

μ——孔板的流量系数，可由实验确定，一般 $\mu = 0.6 \sim 0.75$；

H——孔板前后的测压管液面高度差(m)。

【例6-3】 有一孔板流量计用来测水管中的流量，已知管道直径 $D = 150mm$，孔板上孔口直径 $d = 25mm$，两测压管中水面的高差 $H = 20cm$，流量系数 $\mu = 0.6$，求管中水的流量。

【解】 根据公式(6-9)，管中水的流量

$$Q = \mu A \sqrt{2gH} = 0.6 \times \frac{3.14}{4} \times (0.025)^2 \times \sqrt{2 \times 9.81 \times 0.2}$$

$$= 5.8 \times 10^{-4} m^3/s = 0.58 L/s$$

第二节 管嘴出流

一、圆柱形外管嘴

如图6-7，当圆孔壁厚 δ 等于 $3 \sim 4$ 倍 d 时，或者在孔口处接一段 $l = 3 \sim 4d$ 的圆柱形短管(即管嘴)时，此时的出流称为圆柱形外管嘴出流。

当液体流入管嘴时,在管嘴的进口部分,流股发生收缩,其直径小于管嘴直径,水股收缩断面上产生真空,流体与管壁脱离,并伴有旋涡产生。水股收缩之后,又会重新放大充满整个管嘴而流出。

下面讨论管嘴出流的流速、流量计算公式。

以管嘴中心线为基准线,列水箱水面 A-A 与管嘴出口断面 B-B 的能量方程

$$z_A + \frac{p_A}{\gamma} + \frac{\alpha_A v_A^2}{2g} = z_B + \frac{p_B}{\gamma} + \frac{\alpha_B v_B^2}{2g} + h_w$$

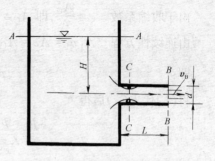

图 6-7 圆柱形管嘴出流

由于 $z_A = H$, $z_B = 0$, $p_A = p_B = p_a = 0$, 取动能修正系数 $\alpha_A = \alpha_B = 1.0$, 断面 A-A 与 B-B 之间流程较短可忽略其沿程水头损失,并设管嘴的局部阻力系数为 ζ, 则

$$H + \frac{v_A^2}{2g} = \frac{v_B^2}{2g} + \zeta \frac{v_B^2}{2g}$$

设作用水头
$$H_0 = H + \frac{v_A^2}{2g}$$

因此
$$H_0 = (1+\zeta)\frac{v_B^2}{2g}$$

由此可得管嘴出流流速

$$v_B = \frac{1}{\sqrt{1+\zeta}}\sqrt{2gH_0} = \varphi\sqrt{2gH_0} \tag{6-10}$$

$$Q = v_B \cdot A = \varphi A\sqrt{2gH_0} = \mu A\sqrt{2gH_0} \tag{6-11}$$

由于出口断面 B-B 流股是完全充满的,不存在收缩,因此 $\varepsilon = 1$, 则 $\varphi = \mu = \frac{1}{\sqrt{1+\zeta}}$。由于管嘴的局部损失主要是进口损失,根据第四章表 4-2 查得边缘尖锐的管子入口 $\zeta = 0.5$, 因此, $\varphi = \mu = \frac{1}{\sqrt{1+0.5}} = 0.82$。

前面讲了在管嘴出流中,收缩断面 C-C 处产生了真空现象,下面就来讨论真空现象对管嘴出流流量产生的影响。

在图 6-7 中,以管嘴中心线为基准线,列水箱水面 A-A 与收缩断面 C-C 的能量方程式

$$z_A + \frac{p_A}{\gamma} + \frac{\alpha_A v_A^2}{2g} = z_C + \frac{p_C}{\gamma} + \frac{\alpha_C v_C^2}{2g} + h_w$$

由于 $z_A = H$, $z_C = 0$, 取动能修正系数 $\alpha_A = \alpha_C = 1.0$, 忽略两断面间的沿程损失,局部阻力系数是孔口出流的局部阻力系数 ζ_C, 则水头损失 $h_w = h_j = \zeta_C \frac{v_C^2}{2g}$。因此

$$H + \frac{p_A}{\gamma} + \frac{v_A^2}{2g} = \frac{p_C}{\gamma} + \frac{v_C^2}{2g} + \zeta_C \frac{v_C^2}{2g}$$

令作用水头 $H_0 = H + \frac{v_A^2}{2g}$, 又因为水箱水面 A-A 处的压强为大气压强, $p_A = p_a$, 收缩断面 C-C 处为真空状态,由此可得 C-C 断面的真空度:

$$\frac{p_a - p_C}{\gamma} = (1 + \zeta_C)\frac{v_C^2}{2g} - H_0 \qquad (a)$$

又根据连续性方程：

$$v_C A_C = vA, v_C = \frac{Av}{A_C} = \frac{v}{\varepsilon}$$

式中　　A——管嘴出口面积(m^2)；
　　　　v——管嘴出口流速(m/s)。

由公式(6-10)可知：

$$v = \varphi \sqrt{2gH_0}$$

即 $v_C = \dfrac{v}{\varepsilon} = \dfrac{\varphi}{\varepsilon}\sqrt{2gH_0}$ 代入(a)式可得

$$\frac{p_a - p_C}{\gamma} = \left[(1+\zeta_C)\frac{\varphi^2}{\varepsilon^2} - 1\right]H_0 \qquad (b)$$

式中,孔口局部阻力系数 $\zeta_C = 0.06$；收缩系数 $\varepsilon = 0.64$，管嘴的流速系数 $\varphi = 0.82$，将这些系数代入(b)式后得：

$$\frac{p_a - p_C}{\gamma} = 0.75 H_0 \qquad (6-12)$$

由式(6-12)可以看出,圆柱形外管嘴首端的真空与作用水头 H_0 相比是个不小的数值,水从管嘴流出不仅是由于作用水头 H_0 的作用,也是由于真空(等于 $0.75H_0$)吸入作用的结果,这就会使管嘴出流的流量比相同作用水头和面积的孔口出流流量大。这就是管嘴出流不同于孔口出流的基本特点。

通过式(6-12)可以看出,H_0 越大,收缩断面上的真空值也就越大,流量也会越大。但真空值是不能超过 $10mH_2O$ 的,实际上当真空值达到 $7\sim 8mH_2O$ 时,收缩断面上水就会汽化,汽被水流带出,汽化区就会与外界大气相通,使空气从出口 B-B 断面吸入,从而破坏收缩断面上的真空,管嘴出口断面就不能保持满管出流,从而变成了薄壁孔口出流。为保持正常的管嘴出流,真空值必须控制在 $7mH_2O$ 以下,这样就决定作用水头：

$$H_0 \leqslant \frac{7}{0.75} = 9.5 mH_2O$$

另外管嘴的长度也有要求,其长度一般为管嘴直径的 $3\sim 4$ 倍,即 $L = (3\sim 4)d$。如果管嘴太短,流股收缩后不能扩大到整个断面满管出流,收缩断面真空就不能形成,实际成为孔口出流；过长,则沿程损失不能忽略不计,会使流量减少,出流变为短管出流。

【例 6-4】 如图 6-8,水从封闭的立式容器中经管嘴流入开口水池,已知管嘴直径 $d = 100mm$,作用于容器水面上气体的相对压强 $p_0 = 50kPa$,容器与水池中水面的高差 $h = 2m$,求通过管嘴出流的流量？

【解】 根据管嘴出流的流量公式

$$Q = \mu A \sqrt{2gH_0}$$

先求 H_0，在图 6-8 所示的具体条件下,由于容器和水池的过流面积较大,因此忽略上下游液面的流速水头。则：

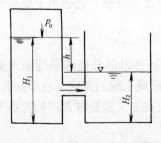

图 6-8

$$H_0 = \frac{p_0 - p_a}{\gamma} + (H_1 - H_2)$$

$$= \frac{p_0}{\gamma} + h = \frac{50 \times 10^3}{9810} + 2 = 7.1 \text{m}$$

另外流量系数 $\mu = 0.82$

则管嘴出流流量

$$Q = \mu A \sqrt{2gH_0} = 0.82 \times \frac{3.14}{4} \times 0.1^2 \times \sqrt{2 \times 9.81 \times 7.1}$$

$$= 0.076 \text{m}^3/\text{s} = 76 \text{L/s}$$

二、其他类型管嘴出流

1. 圆锥形收缩管嘴

如图 6-9 中 (a)，液流在管嘴内收缩后不需要过分的扩张，所以阻力不大。又由于收缩断面面积和管嘴出口断面面积相近，因此两断面上的流速和压力几乎都是一样的，收缩断面处的压力约等于大气压力，在管嘴内几乎不产生真空，这种管嘴出流流量约等于从薄壁孔口出流的流量，所以应用圆锥形收缩管嘴的目的不在于增加流量，而在于增加出口的流速和动能。这种管嘴的流量系数 μ 与角度 θ 有关，$\theta = 13°24'$ 时，$\varphi = 0.963$，$\mu = 0.943$ 为最大值。此形式管嘴能得到较大流速的紧密射流。应用于消防水枪、射流器等。

2. 圆锥形扩大管嘴

如图 6-9 中 (b)，在这种管嘴中，由于收缩断面小于出口断面，收缩断面流速大于出口断面的流速，在收缩断面处也产生真空，真空值随圆锥角的增大而增大。但当圆锥角过大时，水股将脱离管壁，反而会破坏真空。

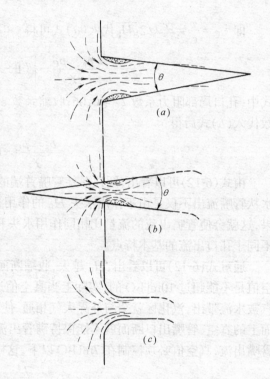

图 6-9 其他类型的管嘴
(a) 圆锥形收缩管嘴；(b) 圆锥形扩大管嘴；(c) 流线型管嘴

最佳的圆锥角 $\theta = 5° \sim 7°$，此时 $\mu = \varphi = 0.42 \sim 0.45$。这种管嘴真空值比圆柱形外管嘴大，因而吸力较大，流量较大。同时液流出口断面面积增大出口流速减小。它适用于要求流量大而不希望流速大的情况，如引射器的扩压管等。

3. 流线型管嘴

这种管嘴形状和孔口出流的水股形状相同，如图 6-9 中 (c)，进口部分是曲率逐渐改变的喇叭形。这种管嘴消除了上述几种管嘴的缺点，在管嘴内不形成水股的离壁及收缩断面，因而阻力大为减小，所以流量系数很大。但由于曲线形状特殊，在加工制造时常用圆弧形来代替。

表 6-1 中列出了各种管嘴的主要特性值，各值都是针对出口断面而言。

各种类型管嘴的主要特性　　　　　　　表 6-1

种　　类	阻力系数 ξ	收缩系数 ε	流速系数 φ	流量系数 μ
圆锥形收缩管嘴 θ = 13°～14°	0.09	0.98	0.96	0.95
圆锥形扩张管嘴 θ = 5°～7°	4	1	0.45	0.45
流 线 型 管 嘴	0.04	1	0.98	0.98

第三节　气体的淹没射流

气体从孔口、管嘴喷射到外界相同的气体之中的流动称为气体的淹没射流。例如在通风系统中，从送风口喷射出来的气流就是气体淹没射流。

在实际工程中，射流一般出口速度较大，具有较高的雷诺数，流动处于紊流状态，叫做紊流射流。在采暖通风工程上应用的射流多为气体紊流淹没射流。

另外，出流空间的大小，对射流的流动有很大的影响，如果出流到无限大空间中，流动不受固体边壁的限制，称为无限空间射流，又称自由射流；反之，则为有限空间射流，又称受限射流。

本章主要研究无限空间淹没紊流射流。这里，射流与周围气体温度相同，密度也相同。我们研究气体紊流射流目的在于确定气体从孔口和管嘴喷出后的运动规律和各项运动参数的计算。

一、无限空间淹没紊流射流的特征

如图 6-10，是一个无限空间淹没紊流射流的结构简图。气流从半径为 R 的喷嘴喷出，出口断面上流速均匀分布，流速值为 u_0。

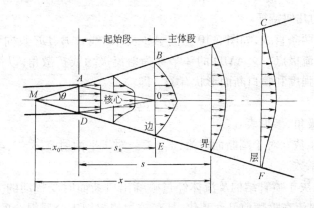

图 6-10　射流结构

对紊流射流来说，喷射出来的气流不但沿着孔口或管嘴的轴线方向运动，而且还产生横向的紊流运动，造成射流与周围介质之间不断接触、碰撞，发生质量、动量交换，带动周围介质一起向前流动。使射流的质量流量，射流的横断面积沿 x 轴方向不断增加，射流形成了向周围扩散的锥体状。同时射流流速沿程不断减小。

下面说明紊流射流的结构和特性。

1. 过渡断面、起始段及主体段

刚从喷嘴处喷出的射流，速度是均匀的。射流沿 x 轴方向流动，射流不断带入周围介质,不仅使边界扩散,而且使射流主体速度逐渐降低。在离喷口断面较短距离的如图 6-10 中的 AOD 锥体部分,射流中心还没来得及与周围的空气相互发生作用,因而流速保持喷口流速 u_0,这部分中心区域称为射流核心。在核心外流速已经小于 u_0 的部分称为射流边界层,射流边界层从出口开始沿射流不断地向外扩散,带动周围介质进入边界层,边界层逐渐扩大,同时向射流中心扩散,使射流核心逐渐缩小,直至消失。

射流核心消失的断面就是图上的 BOE 面,称此断面为过渡断面或转折断面。

自喷口起至射流核心消失的断面为止,这个射流段称为起始段。起始段射流轴心上的速度都为 u_0,它包括射流核心和射流边界层两部分。过渡断面以后,不存在射流核心的射流段称为射流的主体段,主体段轴心速度沿 x 轴方向不断下降,主体段完全被射流边界层占据。

起始段长度较短,参见表 6-2,对于通风系统来说,它不会影响到工作区流速或温度的分布。所以我们主要讨论的是主体段的情况。

各种喷口的极角、紊流系数和起始段长度　　　　表 6-2

射流喷口形状	极角 θ	紊流系数 a	起始段长度 L
带有收缩口的光滑卷边喷管	12°40′	0.066	$5.1d_0$
圆柱形喷管	14°30′	0.076	$4.4d_0$
方形喷管	18°45′	0.10	$3.36d_0$
带有导风板或栅栏的喷管	17°00′	0.09	$3.74d_0$
巴杜林喷头(有导风板)	22°12′	0.12	$2.8d_0$
轴流风机(有导风板)	28°32′	0.16	$2.1d_0$
平面狭缝喷口	16°20′	0.12	$4.28b_0$
轴流风机(两侧有网)	34°12′	0.20	$1.70b_0$

注:表中 d_0 为圆喷口直径,b_0 为扁喷口半高度。

2. 紊流射流的几何特征

射流的边界是两条直线,如图 6-10 上的 AB 及 DE 线,AB、DE 反向延长至喷嘴内交于 M 点,M 点称为射流极点。∠AMD 的一半称为射流极角或扩散角,以符号 θ 表示。射流极角的大小与紊流强度和喷口断面形状有关。即:

$$\mathrm{tg}\theta = a\varphi \tag{6-13}$$

式中　θ——紊流极角,参见表 6-2;

　　　φ——形状系数。对于圆断面射流,$\varphi = 3.4$,对于平面射流 $\varphi = 2.44$;

　　　a——紊流系数。

紊流系数 a 取决于喷管结构及流体经过喷嘴出口断面时受扰动的大小,扰动愈大,紊流强度愈大,说明射流在喷嘴前已紊乱化,具有较大的与周围介质混合的能力,则紊流系数也就愈大。结果使射流扩散角 θ 增大,被带动的周围介质增多,射流速度沿程下降加快。

各种不同喷口的紊流系数实测值见表 6-2。

由式(6-13)可知,a 值确定后,射流边界层的外边界线也就被确定,射流就会按一定的扩散角 θ 向前作扩散运动。这就是紊流射流的几何特征。

3. 紊流射流的运动特征

在紊流射流的射流主体段内,各段面射流半径和射流流量沿程逐渐增大,而且各段面流速分布都不相同,流速逐渐减小。就某一断面而言,轴心处流速最大,由轴心向外边界流速逐渐减小为零。

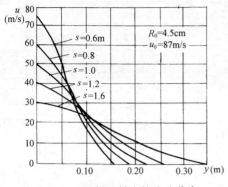

图 6-11 圆断面射流的流速分布

图 6-11 为某圆断面气体紊流射流实验所得的流速分布曲线。实验采用喷口半径 $R_0=4.5\text{cm}$,喷口流速 $u_0=87\text{m/s}$,距喷口断面 $s=0.6\text{m},0.8\text{m},1.0\text{m},1.2\text{m}$ 和 1.6m 等五个横断面上,分别测出了气体射流的流速分布。图 6-11 只画出了各横断面轴对称流速分布曲线的一半。

横坐标 y 表示射流在任意横断面上任意一点到射流轴心的距离,以米(m)为单位;纵坐标 u 表示射流在任意横断面上任意一点的流速,以米/秒(m/s)为单位。

距喷嘴距离 s 越远,边界层厚度越大,而轴心速度则越小,也就是随着 s 的增大,速度分布曲线扁平化了。但是,射流在各横断面上的速度分布各不相同,无法找出其流速分布的共同规律。因此我们采用无因次法来整理上述试验结果。

如图 6-12 为圆断面射流无因次流速分布图。横坐标用无因次距离代替原图中横向距离 y。

无因次距离 $\dfrac{y}{R}=\dfrac{\text{横断面上任意一点到轴心的距离}}{\text{同一断面上的射流半径}}$

纵坐标用无因次速度代替原图中的速度 u

无因次速度 $\dfrac{u}{u_m}=\dfrac{\text{横断面上任一点流速}}{\text{同一断面上轴心流速}}$

经这样整理可以看出,原来各截面不同的流速分布曲线,变换后均成为同一条无因次速度分布曲线。这种同一性说明,射流各截面上速度分布的相似性,即射流各横断面上的无因次流速分布曲线对应于无因次距离具有相似性。这就是气体紊流射流的运动特征。

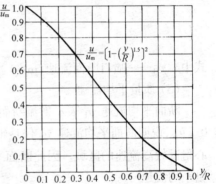

图 6-12 圆断面射流的无因次流速分布

图 6-12 中的无因次流速分布曲线,用半经验公式表示:

$$\frac{u}{u_m}=\left[1-\left(\frac{y}{R}\right)^{1.5}\right]^2 \tag{6-14}$$

4. 紊流射流的动力特征

实验证明,在整个射流范围内,任意点上的压强均等于周围气体的压强。如果任取两横断面间的射流脱离体,分析其上受力情况,因各面上所受压强均相等,则 x 轴向外力之和为零。根据动量方程可知,单位时间内各横截面上动量相等——动量守恒。这就是紊流射流的动力学特征。它是理论上推导射流各运动参数计算公式的主要依据。

二、射流的运动分析

1. 圆断面射流的运动分析

现在根据紊流射流特征来确定圆断面射流的轴心速度、平均速度及射流流量等运动参数。

(1) 射流半径 R

$$\frac{D}{D_0}=\frac{R}{R_0}=6.8\left(\frac{as}{D_0}+0.147\right) \tag{6-15}$$

式中 D_0——喷口断面直径(m)；

R, R_0——射流半径和喷口断面半径(m)；

a——紊流系数；

s——喷口至计算断面的距离(m)。

(2) 轴心速度 u_m

$$\frac{u_m}{v_0} = \frac{0.48}{\frac{as}{D_0} + 0.147} \tag{6-16}$$

式中 v_0——喷口断面流速(m/s)。

(3) 射流流量 Q

$$\frac{Q}{Q_0} = 4.36\left(\frac{as}{D_0} + 0.147\right) \tag{6-17}$$

式中 Q_0——喷口断面流量(m^3/s)。

(4) 断面平均流速 v_1：即射流断面上流速的平均值。

$$\frac{v_1}{v_0} = \frac{0.096}{\frac{as}{D_0} + 0.147} \tag{6-18}$$

式中 v_0——喷口断面流速(m/s)。

(5) 质量平均流速 v_2

断面平均流速 v_1 表示射流断面上流速的平均值，比较(6-16)和(6-18)两式可得 $v_1 = 0.2u_m$，说明断面平均流速 v_1 仅是轴心流速 u_m 的 20%，通风、空调工程上通常使用的是轴心附近较高流速的区域。因此断面平均流速 v_1，不能恰当反映被使用区速度，所以引入质量平均流速 v_2。

质量平均流速 v_2 的定义是：用 v_2 乘以质量流量 ρQ，即得单位时间内射流任一横断面的动量。根据射流的动力特征，射流各横断面上的动量沿程不变。因此列出口截面与任一截面单位时间动量方程：

$$\rho Q_0 v_0 = \rho Q v_2$$

则有

$$\frac{v_2}{v_0} = \frac{Q_0}{Q} = \frac{0.23}{\frac{as}{D_0} + 0.147} \tag{6-19}$$

比较公式(6-16)与公式(6-19)，$v_2 = 0.47 v_m$。因此用 v_2 代表使用区的流速要比 v_1 更合适些，但必须注意 v_1, v_2 不仅在数值上不同，更重要的是在定义上根本不同，不可混淆。

仍以圆断面射流为例进行分析。

令各式中的相同项 $\left(\frac{as}{D_0} + 0.147\right) = \overline{x}$，$\overline{x}$ 称为射流的极距，则：

1) 射流半径

$$\frac{D}{D_0} = 6.8\overline{x}$$

表明射流半径与极距成正比，即射流半径 R 沿射程增加。

2) 轴心速度

$$\frac{u_m}{v_0} = \frac{0.48}{\overline{x}}$$

表明轴心速度与极距成反比,即轴心速度 u_m 沿射程减小。

3) 射流流量

$$\frac{Q}{Q_0} = 4.36\overline{x}$$

表明射流流量与极距成正比,即射流流量沿射程增加。

4) 断面平均流速

$$\frac{v_1}{v_0} = \frac{0.96}{\overline{x}}$$

表明断面平均流速与极距成反比,即断面平均流速沿射程减小。

5) 质量平均流速

$$\frac{v_2}{v_0} = \frac{0.23}{\overline{x}}$$

表明质量平均流速与极距成反比,即质量平均流速沿射程减小。

应用以上规律解决工程实际问题时,应注意这些规律不仅适用于圆形喷嘴,也适用于矩形或正方形喷嘴,因为从矩形或正方形喷口喷出的射流,经过一段距离后,射流断面也将转化成圆断面射流。所以只要将矩形或正方形喷口的流速当量直径代替圆喷口的直径,就可进行相应的计算。

2. 平面射流的运动特征

如图 6-13,当射流从扁平形状的喷口或狭长缝隙中喷出时,由于射流喷嘴的宽度远大于喷嘴的高度,射流只能在垂直条缝长度方向上扩散运动。如果条缝相当长,可以认为是在平面范围内扩散的,这种流动称为平面射流。平面射流的喷口高度是 $2b_0$(b_0 是半高度)。

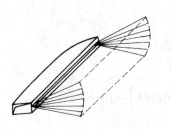
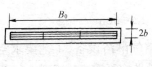

图 6-13 平面射流

平面射流的几何、运动、动力特征完全与圆断面射流相似。各运动参数规律也与圆断面类似。射流参数的计算公式见表 6-3。

射流参数的计算　　　　表 6-3

段名	参数名称	符号	圆断面射流	平面射流
主体段	扩散角	α	$\text{tg}\alpha = 3.4a$	$\text{tg}\alpha = 2.44a$
	射流直径或半高度	D b	$\frac{D}{d_0} = 6.8\left(\frac{as}{d_0} + 0.147\right)$	$\frac{b}{b_0} = 2.44\left(\frac{as}{b_0} + 0.41\right)$
	轴心速度	u_m	$\frac{u_m}{v_0} = \frac{0.48}{\frac{as}{d_0} + 0.147}$	$\frac{u_m}{v_0} = \frac{1.2}{\sqrt{\frac{as}{b_0} + 0.41}}$
	流量	Q	$\frac{Q}{Q_0} = 4.4\left(\frac{as}{d_0} + 0.147\right)$	$\frac{Q}{Q_0} = 1.2\sqrt{\frac{as}{b_0} + 0.41}$
	断面平均流速	v_1	$\frac{v_1}{v_0} = \frac{0.095}{\frac{as}{d_0} + 0.147}$	$\frac{v_1}{v_0} = \frac{0.492}{\sqrt{\frac{as}{b_0} + 0.41}}$

续表

段 名	参数名称	符 号	圆断面射流	平面射流
主体段	质量平均流速	v_2	$\dfrac{v_2}{v_0}=\dfrac{0.23}{\dfrac{as}{d_0}+0.147}$	$\dfrac{v_2}{v_0}=\dfrac{0.833}{\sqrt{\dfrac{as}{b_0}+0.41}}$

从表中可以看出,各参数(u_m, v_1, v_2)都与$\sqrt{\dfrac{as}{b_0}+0.41}$有关,和圆断面相比,流量增加和速度减少得都要慢些,这是因为运动的扩散被限定在垂直于条缝长度的平面上的缘故。

【例 6-5】 用一轴流式送风机水平送风,已知送风口直径 $D_0=550\text{mm}$,风机出口风速 $v_0=12\text{m/s}$,求距风机 15m 处的轴心流速和流量。

【解】 查表 6-2,轴流风机的紊流系数 $a=0.16$,又查表 6-3,对于圆断面射流,当 $s=15\text{m}$, $D_0=0.55\text{m}$ 时,

轴心流速 u_m 与出口风速 v_0 的比值。

$$\frac{u_m}{v_0}=\frac{0.48}{\frac{as}{D_0}+0.147}=\frac{0.48}{\frac{0.16\times15}{0.55}+0.147}=0.1$$

则轴心流速:

$$u_m=0.1v_0=0.1\times12=1.2\text{m/s}$$

射流流量 Q 与轴心处流量 Q_0 的比值:

$$\frac{Q}{Q_0}=4.36\left(\frac{as}{D_0}+0.147\right)=4.36\left(\frac{0.16\times15}{0.55}+0.147\right)=19.67$$

则射流流量

$$Q=19.67Q_0=19.67\times\frac{3.14}{4}\times(0.55)^2\times12=56\text{m}^3/\text{s}$$

【例 6-6】 若在某铸造车间浇铸线工人操作地点装设空气淋浴设备,工艺要求空气淋浴地带射流直径 $D=1.2\text{m}$,在工作地带形成空气淋浴的质量平均流速 $v_2=2.5\text{m/s}$,采用矩形喷口送风,喷口尺寸为 $0.3\text{m}\times0.6\text{m}$,试求喷口离工作地带的距离及喷口风量。

【解】 查表 6-2,方形喷管紊流系数 $a=0.1$,该喷口的当量直径:

$$D_d=\frac{2ab}{a+b}=\frac{2\times0.3\times0.6}{0.3+0.6}=0.4\text{m}$$

查表 6-3,圆断面射流,射流半径之比

$$\frac{D}{D_0}=6.8\left(\frac{as}{D_0}+0.147\right)$$

将 $D=1.2\text{m}$, $D_0=0.4\text{m}$, $a=0.1$ 代入上式可得

$$\frac{1.2}{0.4}=6.8\left(\frac{0.1s}{0.4}+0.147\right)$$

由此可得喷口离工作地带的距离 $s=1.18\text{m}$

又查表 6-3,圆断面射流流速之比

$$\frac{v_2}{v_0}=\frac{0.23}{\frac{as}{D_0}+0.147}=\frac{0.23}{\frac{0.1\times1.18}{0.4}+0.147}=0.52$$

当 $v_2 = 2.5\text{m/s}$ 时

喷口风速 $v_0 = \dfrac{v_2}{0.52} = \dfrac{2.5}{0.52} = 4.8\text{m/s}$

喷口风量 $Q_0 = v_0 A = 4.8 \times 0.3 \times 0.6 = 0.864\text{m}^3/\text{s}$

习 题

6-1 水从开口容器的圆形薄壁小孔口流出,若作用水头 $H_0 = 2.5\text{m}$,孔口局部阻力系数 $\zeta = 0.06$,试求水的出流流速。若孔口直径为 75mm,收缩系数 $\varepsilon = 0.64$,试求水的出流流量。

6-2 如图所示,若水池中倾斜平板上各孔口的面积相等,问每个孔口的过流流量是否相同?

6-3 水从直径 $d = 10\text{mm}$ 的圆孔出流,已知水股最细处直径 $d_C = 8\text{mm}$,作用水头 $H_0 = 3\text{m}$,出流 10L 水所需时间 $t = 30\text{s}$,试确定收缩系数 ε,流速系数 φ,流量系数 μ,及孔口局部阻力系数 ζ。

6-4 如图所示,容器侧壁上有一薄壁孔口,直径 $d = 2\text{cm}$,水面在孔口中心线以上 $H = 2\text{m}$,试比较下列三种情况下孔口的出流流量。

1) 水面上压强 $p_0 = p_a$
2) 水面上压强 $p_0 = 0.95\text{Pa}$
3) 水面上压强 $p_0 = 1.05\text{Pa}$

6-5 如图所示,水箱水面保持不变,侧壁上有一薄壁小孔口,孔口直径 $d = 3\text{cm}$,水头 $H = 2.5\text{m}$,试确定:

1) 流量 Q 为多少?
2) 如果在此孔口处接一圆柱形外管嘴,其流量 Q 为多少?
3) 管嘴内真空度为多少?

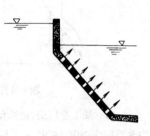

题 6-2 图

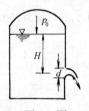

题 6-4 图

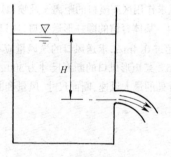

题 6-5 图

6-6 某恒温室采用多孔板送风,已知风道内静压为 215.4Pa,孔口直径为 25mm,空气温度为 20℃,要求的通风量为 $1.5\text{m}^3/\text{s}$,问需要多少个孔口?

6-7 如图所示,用孔板流量计测量管路中输送气体的流量,已知输送的空气温度 $t = 20$℃,高差 $h = 100\text{mmH}_2\text{O}$,流量系数 $\mu = 0.62$,管道直径 $d = 100\text{mm}$,试求管中气体流量?

6-8 如图所示,有一封闭水箱,水位恒定,水通过薄壁小孔口及圆柱形外管嘴泄出,孔口与管嘴的中心在同一水平面上,水头 $H = 2\text{m}$,孔口直径 d_1 与管嘴直径 d_2 均为 3cm,但管嘴泄流量比孔口泄流量大,$Q_2 - Q_1 = 2\text{L/s}$,孔口的流量系数 $\mu = 0.62$,管嘴的流量系数 $\mu = 0.82$,求压强 p_0 的大小。

6-9 如图所示,一薄壁把水箱分隔成两部分,薄壁上开 $d_1 = 20\text{cm}$ 的孔

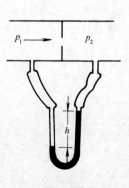

题 6-7 图

145

口,水又从水箱侧壁上的圆柱形外管嘴泄出,管嘴直径 $d_2=15\text{cm}$,已知作用水头 $H=3\text{m}$,流动视为恒定流动,试求 h_1, h_2 和 $Q=?$

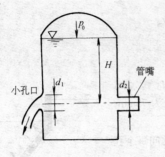

题 6-8 图

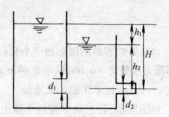

题 6-9 图

6-10 某工业厂房,进风窗和排风窗面积均为 10m^2,室内空气温度为 30℃,密度 $\rho_n=1.16\text{kg/m}^3$,室外空气温度为 20℃,密度 $\rho_w=1.205\text{kg/m}^3$,进风窗和排风窗的中心距为 10m,经实测,等压面与进风窗的距离为 4.9m,试求自然通风风量。

6-11 如图所示,有一水力喷射器,喷嘴的圆锥角为 13°24′,流量系数 $\mu=0.94$,喷口处直径 $d=50\text{mm}$,若喷射器上的压力表读数为 0.3MPa,试求喷射器的流量及出口处流速。

6-12 圆断面射流喷口流量 $Q_0=0.5\text{m}^3/\text{s}$,喷口直径 $D_0=0.5\text{m}$,试求 2m 处的射流直径 D,轴心速度 u_m,断面平均流速 v_1 及质量平均流速 v_2。

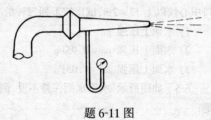

题 6-11 图

6-13 某工作区设置空气淋浴,需要工作区射流直径为 3m,轴心速度为 5m/s,若采用圆柱形喷口送风,喷口直径为 0.6m,试求作用区离喷口的距离 s 及喷口风速 v_0。

6-14 某体育馆的圆柱形送风口,风口直径 $D_0=0.5\text{m}$,风口至比赛区为 50m,要求比赛区的质量平均风速不超过 0.4m/s,求送风口的送风量应不超过多少 m^3/s?

6-15 某矩形风口的断面尺寸为 300mm×400mm,紊流系数 $a=0.1$,送风量为 2500m^3/h,求距出口断面 3.0m 处的最大风速,断面尺寸,风量和断面平均流速。

第二篇 泵 与 风 机

泵与风机是把原动机的机械能转化为被输送流体的能量,使流体获得动能或势能的机械。这种机械称为流体机械。

泵与风机在国民经济的各部门应用广泛,品种系列繁多。比如,水泵是输送和提升液体的流体机械。在给排水工程中,厂区给水,生活给水均要采用给水泵;在供热工程中,热水采暖系统需用水泵作为循环流动的动力;软化处理给水系统中,需采用耐腐蚀泵输送盐液。

风机是输送和提升气体(空气或烟气)并提高气体能量的流体机械。比如,锅炉中燃料燃烧所需空气的供应需采用送风机;燃料燃烧后产生的烟气需采用引风机排除;通风、空调系统中需采用风机输送空气。

泵与风机按其不同的工作原理可分为三大类:

一、叶片式:叶片式泵与风机是利用轴带动叶轮高速旋转,叶片与被输送的流体发生力的作用,使流体的压能和动能增加,根据流体的运动方式可分为离心式、混流式及轴流式三种基本类型。叶片式泵具有效率高、启动迅速、工作稳定、性能可靠、容易调节等优点,用途最为广泛。

二、容积式:容积式泵与风机吸入或排出流体是利用工作室容积周期性变化,以增加流体的机械能,达到输送流体的目的。如利用活塞在泵缸内作往复运动的活塞式往复泵,柱塞式往复泵等;利用转子作旋转运动的转子泵、齿轮泵、罗茨鼓风机等。

三、其他类型:这类泵与风机是指除叶片式和容积式以外的泵与风机。包括只改变液体位能的泵,如水车、螺旋泵等;利用高速工作的流体(液体或气体)能量来输送流体的射流泵;利用管道中产生的水锤压力进行提水的水锤泵等。

目前,定型生产的各种类型泵与风机的使用范围是相当广泛的。其中叶片式泵与风机中的离心种类的泵与风机,工作区间最广,产品种类、型号、规格也最多。由于与本专业联系密切的是以不可压缩流体为工作介质的流体机械,因此,本篇以研究离心式泵与风机为重点,对其他型式的泵与风机作一般性介绍。

第七章 离心式泵与风机的理论基础

第一节 离心式泵的工作原理

离心式泵是依靠叶轮的高速旋转,使液体在叶轮中流动时主要受到离心力的作用从而使流体获得能量。

在水力学中我们知道,在一个敞口的圆筒绕中心轴作等角速旋转时,圆筒内的水面便呈抛物线上升的旋转凹面,如图 7-1 所示。圆筒的半径越大,转得越快时,液体沿圆筒壁上升的高度 h 就越大。壁面 D 点处液体质点所受的水静压力就越大。离心泵就是基于这一原理来工作的。所不同的是离心泵的叶轮、泵壳都是经过专门的水力计算和设计完成的。

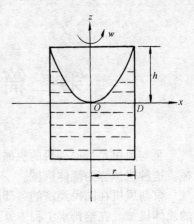

图 7-1

图 7-2 是一台单级单吸式离心泵的构造简图。水泵包括泵壳 2 和装于泵轴 3 上旋转的叶轮 1。泵的吸水口与水泵的吸水管 6 相连接,出水口与水泵的压水管 7 相连接。水泵的叶轮是由两个圆形盖板组成,如图 7-3 所示。盖板之间有弯曲的叶片,叶片之间的槽道为过水叶槽。叶轮的前盖板上有一圆孔,这就是叶轮的进水口,它装在泵壳的吸水口内,与水泵吸水管路相连通。离心泵启动之前必须使泵内和进水管中充满水,然后启动电动机,带动叶轮在泵壳内高速旋转,水在离心力的作用下被甩向叶轮边缘,经蜗壳形泵壳中的流道被甩入水泵的压水管中,沿压水管输送出去。水被甩出后,水泵叶轮中心就会形成真空,水池中的水在大气压的作用下,沿吸水管流入水泵吸入口,受叶轮高速旋转的作用,水被甩出叶轮进入压水管道,如此作用下就形成了水泵连续不断的吸水和压水过程。

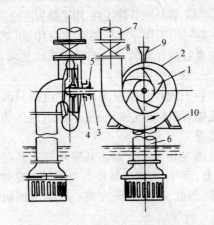

图 7-2 单级离心泵构造示意

1—叶轮;2—泵壳;3—泵轴;4—轴承;5—填料函;
6—吸水管;7—压水管;8—闸阀;9—灌水漏斗;10—泵座

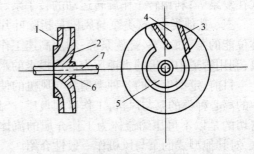

图 7-3 单级式叶轮

1—前盖板;2—后盖板;3—叶片;4—叶槽;
5—吸水口;6—轮毂;7—泵轴

离心泵输送液体的过程,实际上完成了能量的传递和转化。电动机高速旋转的机械能转化为被抽升液体的动能和势能。在这个能量的传递与转化过程中,伴随着能量损失,损失越大,该泵的性能越差,效率越低。

第二节 离心泵的基本构造及分类

一、离心泵的主要部件

离心泵的结构比其他叶片泵复杂,但所有的叶片泵都由转动和固定两大部分组成。离心泵一般由叶轮、泵壳、泵轴、轴承、轴封、减漏环,轴向力平衡装置等组成。如图 7-4 所示。

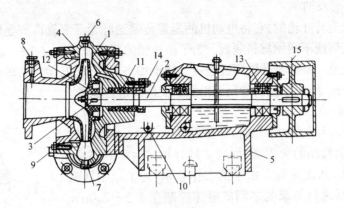

图 7-4　单级单吸卧式离心泵
1—叶轮;2—泵轴;3—键;4—泵壳;5—泵座;6—灌水孔;7—放水孔;
8—接真空表孔;9—接压力表孔;10—泄水孔;11—填料盒;12—减漏环;
13—轴承座;14—压盖调节螺栓;15—传动轮

1. 叶轮

叶轮是离心泵的最主要部件之一。它由叶片和轮毂组成。多数叶轮采用铸铁、铸钢和青铜制成。

叶轮一般可分成单吸式叶轮和双吸式叶轮两种。单吸式叶轮是单侧吸水,叶轮的前盖板与后盖板呈不对称状。泵内产生的轴向力方向指向进水侧,一般小口径离心泵才采用这种型式。

双吸式叶轮是两侧进水,叶轮盖板呈对称状,相当于两个背靠背的单吸泵叶轮。由于双侧进水,轴向推力基本上可以相互抵消,一般大流量离心泵多采用双吸式叶轮。

叶轮按盖板情况可分为封闭式叶轮、敞开式叶轮和半开式叶轮三种形式。两边都有盖板的叶轮,称为封闭式叶轮,如图 7-5(a)所示。这种叶轮应用最广,用于抽送清水的离心泵,多采用装有 6~8 个叶片的封闭式叶轮。它具有较高的扬程和效率。只有叶片没有完整盖板的叶轮称为敞开式叶轮,如图 7-5(b)所示。只有后盖板没有前盖板的叶轮,称为半开式叶轮,如图 7-5(c)所示。在抽送含有悬浮物的污水时,为了避免堵塞,常采用敞开式或半开式叶轮的离心泵,这种叶轮叶片少,一般仅为 2~5 片。

2. 泵壳

泵壳的主要作用是以最小的损失汇集由叶轮流出的液体,使其部分动能转变为压能,并均匀地将液体导向水泵出口。泵壳通常铸成蜗壳形,其过水部分要求有良好的水力条件。泵壳多采用铸铁材料,除了考虑腐蚀和磨损以外,还应考虑泵壳作为耐压

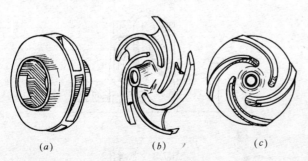

图 7-5　叶轮形式
(a)封闭式叶轮;(b)敞开式叶轮;(c)半开式叶轮

容器应有足够的机械强度。泵壳顶部通常设有灌水漏斗和排气栓,以便启动前灌水和排气。底部有放水方头螺栓,以便停用或检修时泄水。

3. 泵轴、轴套及轴承

泵轴是用来旋转叶轮的,它将电动机的能量传递给叶轮。泵轴应有足够的抗扭强度和刚度。常用碳素钢或不锈钢材料制成。为了防止轴的磨损和腐蚀,在轴上装有轴套,轴套磨损锈蚀后可以更换。泵轴与叶轮用键连接。轴承用来支承泵轴,便于泵轴旋转。常用的轴承有滚动轴承和滑动轴承两类,常用润滑脂或润滑油进行润滑。

4. 减漏装置

叶轮进口外缘与泵壳内壁的接缝处存在一个转动接缝,如图 7-6。它正是高低压的交界面,而且是具有相对运动的部位,很容易发生泄漏,从而降低了水泵的工作效率,为了减小回流量,一般要求环形进口与泵壳之间的缝隙控制在 1.5~2.0mm 为宜。由于加工安装以及轴向力等问题,在接缝间隙处很容易发生叶轮和泵壳之间的磨损现象,从而引起叶轮和泵壳的损坏。因此,通常在间隙处的泵壳内安装一道金属环,或在叶轮和泵壳内各安装一道金属环。这种环具有减少漏损和防止磨损两种作用。称为减漏环或承磨环。这种环磨损到漏损量太大时,必须更换。减漏环一般用铸铁或青铜制成。

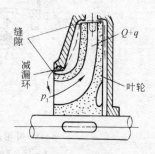

图 7-6 减漏装置

5. 轴向力平衡措施

单吸式离心泵或某些多级泵的叶轮有轴向推力存在,产生轴向推力的原因是作用在叶轮两侧的流体压强不平衡造成的。

图 7-7 表明了作用于单级单吸泵叶轮两侧的压强分布情况。当叶轮旋转时,叶轮进水侧上部压强高,下部压强低,而叶轮背面全部受到高压的作用。因此,叶轮前后两侧形成压强差 Δp 而产生轴向推力。如果不消除轴向推力,将导致泵轴及叶轮的窜动和受力引起的相互研磨而损伤部件。

对于单级单吸离心泵而言,一般在叶轮的后盖板上加装减漏环,如图 7-8 所示。此减漏环与前盖板上的承磨环直径相等。高压水经过此增设的密封环后压强降低,再经过平衡孔流回叶轮中去,使叶轮后盖板上的压力与前盖板相接近,这样就消除了轴向推力。这种方法简单易行,但叶轮流道中的水流受到平衡孔回流水的冲击,水力条件变差,效率降低。

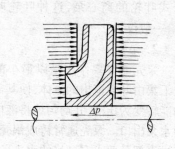

图 7-7 叶轮轴向受力图

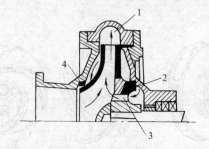

图 7-8 平衡孔

1—排出压力;2—加装的减漏环;3—平衡孔;4—泵壳上的减漏环

钻开平衡孔的办法不能完全消除轴向推力,同时,还应采用止推轴承平衡剩余压力。

6. 轴封装置

泵轴伸出泵体外,在旋转的泵轴和固定的泵体之间设轴封,用来减少泵内压强较高的液体流向泵外,并借以防止空气侵入泵内。填料轴封是最常采用的轴封机构,常用的填料为浸透石墨或黄油的棉织物(或石棉)。为防止漏水,填料用压盖压紧。填料压得过松,会引起漏水;填料压得过紧,会造成轴封与填料间的摩擦增大,降低水泵的效率。松紧程度以每秒钟滴水1~2滴为宜。

二、离心式泵的管路及附件

在提升液体的整个泵装置中,除离心式泵外,常配有管路及其他必要的附件。典型的离心泵管路附件装置如图7-9。从吸液池液面下方的拦污栅开始到泵的吸入口法兰为止,这段管段叫做吸入管段。底阀用于水泵启动前灌水时阻止漏水。泵的吸入口处装有真空计,以便观察吸入口处的真空度。吸入管水平段的阻力应尽可能降低,其上一般不设阀门。水平管段要向泵方向抬升($i=0.02$)。过长的吸入管段要装设防振件。

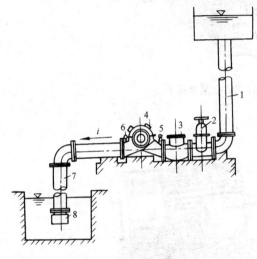

图7-9 离心水泵管路附件装置
1—压水管;2—闸阀;3—止回阀;4—水泵;
5—压力表;6—真空表;7—吸水管;8—底阀

泵出口以上的管段是压出管段。泵的出口装有压力表,以观察出口压强。止回阀3用来防止压出管段中的液体倒流。闸阀8用来调节流量的大小。

当两台或两台以上的水泵吸水管路彼此相连时;或当水泵处于自灌式灌水,水泵的安装标高低于水池水面时,吸入管也应安装闸阀。

三、离心泵的分类

离心泵的类型　　　　　　　　表7-1

泵轴位置	吸入方式	叶轮级数	泵类举例
卧式	单吸	单级	单级单吸泵、自吸泵、水轮泵
		多级	蜗壳式多级泵、两级悬臂泵
	双吸	单级	双吸单级泵
		多级	高速大型多级泵(第一级双吸)
立式	单吸	单级	水轮泵、大型立式泵
		多级	立式船用泵
	双吸	单级	双吸单级涡轮泵

最常用的离心泵是单级单吸泵,它能提供的流量范围约为45~300 m^3/h,扬程约为8~15m。

图7-10是直联式单级单吸离心泵的外观图。

图7-11是悬臂式单级单吸离心泵的外观图。

图 7-10　BZ 型直联式离心泵外观图

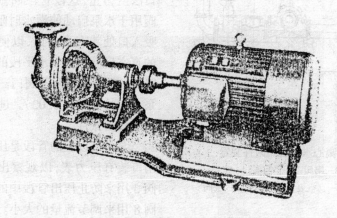

图 7-11　悬臂式离心泵外观图

直联式结构是将泵的叶轮直接安装在特制的电机加长轴上，泵体与电机外壳是互相固定的，成为一种没有托架和轴承的结构型式。这样大大减少了零件数量和整机的重量。

悬臂式结构是泵轴水平地支承在托架内的轴承上，泵轴一端悬出为悬臂端。这种泵的结构较简单，工作可靠，部件较少，也易于加工。

另一种广泛应用的离心泵是双吸单级泵，我国生产的双吸单级泵的流量范围为 120～20000m^3/h，扬程约为 10～110m。

目前，比较通用的单级悬臂式离心泵有 IS 型泵和 IB 型泵，另外还有 BA 型泵。单级双吸离心泵有 S 型泵，还有 Sh 型泵。

IS 型泵是参照国际标准研制的单级单吸悬臂式清水离心泵，用于吸送清水及理化性质与水类似的液体，吸送液体温度不超过 80℃，该泵适用于工矿企业、城乡的给排水和农田灌溉。

型式写法举例：

IS 50-32-125

其中：IS——国际标准 ISO 的代号；

　　　50——吸入口直径(mm)；

32——出口直径(mm);

125——叶轮外径为125mm。

IB型泵与IS型泵相似,也是参照国际标准研制的单级单吸悬臂式离心清水泵,只是该泵配套动力有电动机和柴油机两种。配柴油机时有直联和带传动两种型式,它应用广泛,能在缺电地区使用。

IB 80-65-125

其中:I——国际标准ISO的第一个代号;

B——"泵"的汉语拼音第一个字母;

80——吸入口直径(mm);

65——出口直径(mm);

125——叶轮外径为125mm。

IB型泵与IS型泵在性能方面相近,结构合理,效率高。

S型、Sh型泵是单级双吸卧式离心泵,用于输送清水及理化性质类似的液体,输送液体温度不超过80℃,它适用于工厂、矿山、城市给水以及电站、农田灌溉和排涝等。

S型泵是老产品Sh型泵的更新产品,泵的工作性能比Sh型泵优越,效率和吸程均有提高,是国家推广的节能产品。

150S-78

其中:150——泵的进口直径(mm);

S——S型双吸离心泵;

78——扬程78m。

8Sh-6

其中:8——吸入口直径8in;

Sh——单级双吸卧式离心泵;

6——比转数约为$6 \times 10 = 60$。

分段式多级泵是将几个叶轮装在同一根转轴上,每个叶轮叫一级,一台泵可以有两级到十几级,叶轮之间设有固定的导叶,流体经第一级加压后经导叶依次进入下一级。该泵的总扬程等于各级叶轮产生的扬程之和。所以,分段式多级泵具有较高的扬程。我国生产的分段式多级泵,中压流量在$5 \sim 720 m^3/h$之间,扬程约为$100 \sim 650m$,高压分段式多级泵的扬程达2800m左右。多级泵常用于高扬程提升液体和蒸汽锅炉给水。

第三节 离心式风机的分类及基本构造

一、离心式风机的分类

根据增压值的大小,离心式风机可分为:

1. 低压风机:增压值小于1000Pa(约为100mmH$_2$O)。
2. 中压风机:增压值$1000 \sim 3000$Pa(约为$100 \sim 300$mmH$_2$O)。
3. 高压风机:增压值大于3000Pa(约为300mmH$_2$O以上)。

低压和中压风机大都用于锻冶设备的强制通风及某些气力输送系统。

我国生产各种用途的风机,在风机名称之前冠以用途的书写代号,见表7-2。

通风机的用途名称及汉语、汉语拼音简号表　　　　表7-2

用途名称	代号		
	汉语	汉语拼音	拼音简号
排尘通风	排尘	CHEN	C
输送煤粉	煤粉	MEI	M
防腐蚀	防腐	FU	F
工业炉吹风	工业炉	LU	L
锅炉引风	引风	YIN	Y
锅炉通风	锅炉	GUO	G
耐高温	耐温	WEN	W
防爆炸	防爆	BAO	B
一般通风换气	通风	TONG	T

日常通风换气用的中低压通风机是 T4-72 型及 T4-79 型，其型号举例：

T4-72-11№8C 右旋 90°

其中：T——一般通风换气用离心通风机，可省略；

4——全压系数乘 10 后的整数值；

72——风机的比转数为 72；

1——风机的进风型式是单侧吸风。如是双侧吸风用 0 表示；

1——通风机的设计顺序为第一次设计，第二次用 2 表示；

№8——机号为第 8 号，表示叶轮外径 $D_2=800$mm；

C——传动方式是 C 型，皮带传动；

右旋——叶轮旋转方向是顺时针；

90°——出风口位置是垂直向上的。

其他还有排尘离心通风机。用于排送含有灰尘的空气。如砂轮磨粒、锯屑、刨花以及气力输送等。常用的有 C6-46、C4-73 系列风机，其中符号 C 是排尘通风的代号。

煤粉离心通风机用于热电厂输送煤粉用，常用的有 M7-29 系列。其中 M 是煤粉吹送的代号。

锅炉离心通风机用于热电站和其他工业蒸汽锅炉送风及排烟。用于送风的称通风机，例如 G4-73，其中 G 是锅炉通风的代号。用于排烟的称引风机，例如 Y4-73，其中 Y 是锅炉引风的代号。

防爆离心风机用于排送易燃易爆气体。如石油、化工等气体。此类风机的叶轮与叶壳大多为有色金属材料，如铝等。目前生产的防爆离心通风机有 B4-72，其中 B 是防爆气体通风换气的代号。

二、离心式风机的工作原理及基本构造

离心式风机的工作原理与上述离心泵的工作原理基本相同。当叶轮随轴旋转时，叶片间的气体也随叶轮旋转而获得离心力，气体被甩出叶轮。被甩出的气体挤入机壳，于是机壳内的气体压强增高被导向出口排出。气体被甩出后，叶轮中心处压强降低，外界气体从风机的吸入口通过叶轮前盘中央的孔口吸入，源源不断地输送气体。

图 7-12 是离心式风机主要结构分解示意图，现分别介绍如下：

1. 吸入口

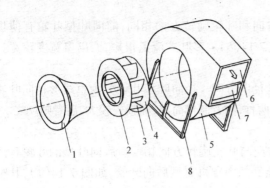

图 7-12 离心式风机主要结构分解示意图
1—吸入口；2—叶轮前盘；3—叶片；4—后盘；5—机壳；
6—出口；7—截流板（风舌）；8—支架

吸入口有集气作用，可以直接从大气中吸气，使气流以最小的压头损失均匀流入机内。

风机的吸入口主要有三种形式，如图7-13(a)是圆筒形吸入口，制作简单，压头损失较大；(b)是圆锥形吸入口，制作较简单，压头损失较小；(c)是圆弧型吸入口，压头损失小，但制作较困难。

2. 叶轮

叶轮由叶片和连接叶片的前盘、后盘组成，叶轮的后盘与轴相连。

叶轮可分为三种不同的叶型，如图7-14。

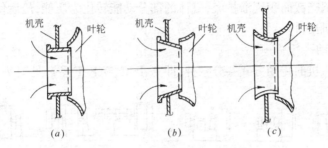

图 7-13 离心式风机吸入口型式
(a)圆筒形吸入口；(b)圆锥形吸入口；(c)圆弧形吸入口

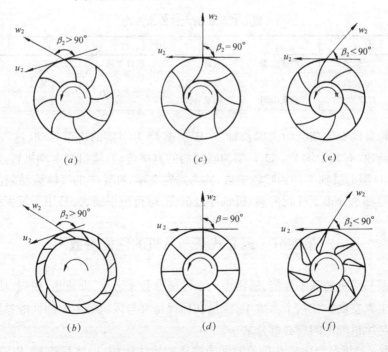

图 7-14 离心式风机叶轮型式

(1) 前向叶型叶轮

叶片出口安装角度 $\beta_2 > 90°$，叶片出口方向和叶轮旋转方向相同，前向叶型叶轮有薄板前向叶轮如图7-14(a)和多叶前向叶轮如图7-14(b)。多叶式流道很短，而出口宽度较宽。

(2) 径向叶型叶轮

叶片出口安装角度 $\beta_2 = 90°$，叶片出口是径向方向。径向叶型叶轮分为直线形径向叶轮如图7-14(d)和曲线形径向叶轮如图7-14(c)两种，前者制作简单，而损失较大，后者则反之。

(3) 后向叶型叶轮

叶片出口安装角度 $\beta_2 < 90°$，叶片出口方向与叶轮旋转方向相反。后向叶型的叶轮有薄板后向叶轮如图7-14(e)，还有空气动力性能好的中空机翼型后向叶轮，如图7-14(f)，其整机效率可达 $\eta = 90\%$。

3. 机壳

中压和低压离心式风机的机壳一般是用钢板制成的蜗壳状箱体。它是用来收集来自叶轮的气体。由于蜗壳截面积逐渐扩大，气体的部分动能转化为压能，最后使气体平顺地沿旋转方向被引至风机出口。

4. 支承和传动

我国离心式风机的传动方式共分六种，即 A、B、C、D、E、F 型。见图7-15及表7-3。

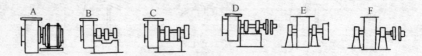

图7-15　离心式风机六种传动方式

离心式风机的六种传动方式 表7-3

代　号	A	B	C	D	E	F
传动方式	无轴承 电动机 直联传动	悬臂支承 皮带轮在 轴承中间	悬臂支承 皮带轮在 轴承外侧	悬臂支承 联轴器传动	双轴承支承 皮带轮在 外侧	双轴承支承 联轴器传动

A型叶轮直接安装在电动机加长轴上，B、C、E型为间接的皮带传动，这种传动方式便于改变风机转速，有利于调节。D、F型为联轴器的直接传动，风机与电动机转速相同。

A、B、C、D型的机轴不伸到叶轮中去，称为悬臂支承，叶轮中的气体流动阻力较小，便于维修。E、F型轴承分布于叶轮两侧，机轴穿过机壳，运行较平稳，大都用于较大型风机。

第四节　离心式泵与风机的性能参数

离心式泵与风机的基本性能，通常由六个性能参数来表示，即流量、扬程、功率、效率、转速及允许吸上真空度。在六个参数中，流量和扬程是泵与风机最主要的性能参数，它们之间的关系是泵与风机理论的核心部分之一。

(1) 流量：是指泵与风机在单位时间内输送的流体体积，即体积流量，以符号 Q 表示，单位为 L/s，m^3/s，m^3/h。

(2) 扬程(全压或压头)：单位重量流体通过泵与风机后获得的能量增量。对于水泵来说，此能量增量叫做扬程，单位是 mH_2O。对于风机，此能量增量叫做全压或压头，单位是 Pa。

(3) 功率：功率主要有两种：

有效功率：是指在单位时间内通过泵与风机的全部流体获得的能量。这部分功率完全传递给通过的流体。以符号 N_e 表示，常用的单位是 kW。可按下式计算：

$$N_e = \gamma Q H \quad (kW) \tag{7-1}$$

式中　γ——通过流体的容重(kN/m^3)。

轴功率：是指原动机加在泵或风机转轴上的功率，以符号 N 表示。常用的单位是 kW。泵或风机不可能将原动机输入的功率完全传递给流体，还有一部分功率被损耗掉了。这些损耗包括：1)转动产生的机械损失；2)克服流动阻力产生的水力损失；3)由于泄漏产生的能量损失等。

(4) 效率：效率反映了泵或风机将轴功率转化为有效功率的程度。有效功率与轴功率的比值为效率 η。

$$\eta = \frac{N_e}{N} \times 100\% \tag{7-2}$$

效率是衡量泵与风机性能好坏的一项重要指标。

轴功率的计算公式为：

$$N = \frac{N_e}{\eta} = \frac{\gamma Q H}{\eta} \quad (kW) \tag{7-3}$$

表示泵与风机的工作特性时，也有采用配套功率或电动机容量这类功率名称。配套功率或电动机容量是指电动机的功率，以符号 N_m 表示。考虑泵与风机在运行过程中，有时会出现超负荷的情况，所以选用的电动机功率一般比泵与风机的轴功率大一些，即 $N_m > N$。它们之间的比值称为备用系数，以符号 K 表示。因此，

$$N_m = KN = K\frac{\gamma Q H}{\eta} \quad (kW) \tag{7-4}$$

备用系数常取 1.15～1.5。

(5) 转速：是指泵与风机叶轮每分钟转动的次数。以符号 n 表示，单位是 r/min。

(6) 允许吸上真空度：是确定水泵安装高度的主要参数，详见第九节。

另外，为方便用户使用，每台泵与风机上都有一块铭牌，铭牌上简明地列出了该泵或风机在设计转速下运转时，效率达到最高时的各项性能参数。列举如下：

IS 65-50-160 离心泵的铭牌

离心式清水泵	
型号：IS 65-50-160	效率：65%
流量：25m^3/h	配套功率：5.5kW
	电动机型号：Y132S_1-2
扬程：32m	出厂编号：
转速：2900r/min	出厂日期：

4-72-11№ 4A 离心式风机铭牌

离心式通风机	
型号:4-72-11	№ 4A
流量:4012m³/h	电动机容量:3.47kW
全压:2014Pa	转速:2900r/min
出厂编号:	出厂日期:

第五节 离心式泵与风机的基本方程式

泵与风机是利用原动机提供的动力使流体获得能量以输送流体。那么,工作的流体在旋转的叶轮中究竟是如何运动的?一个旋转的叶轮能够产生多大的扬程?这一节,我们要讨论离心式泵与风机的基本方程式,又称欧拉方程。

一、流体在叶轮中的运动和速度三角形

图 7-16 为离心式泵与风机叶轮的平面及剖面示意图。

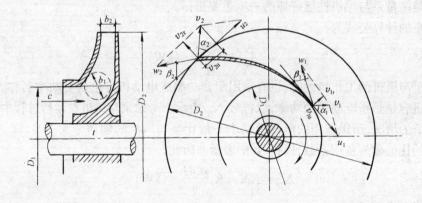

图 7-16 叶轮中流体流动速度

叶轮的进口直径为 D_1,叶轮外径也就是叶片出口直径为 D_2,叶片入口宽度为 b_1,出口宽度为 b_2。

当叶轮旋转时,流体以绝对速度 v_0 轴向进入叶轮,随即转为径向以绝对速度 v_1 进入叶片间的流道。流体在流道中获得能量后,以绝对速度 v_2 离开叶轮进入机壳,最后流向出口,排出机外。

流体质点在流道中的运动是一种复合的运动。它一方面随叶轮的旋转作圆周运动,速度为 u,其方向与叶轮半径垂直;另一方面沿叶片方向作相对于叶片的相对运动,其速度为 w,两种速度的合成速度,即质点的绝对速度 v。三者之间的关系是:

$$\vec{v} = \vec{u} + \vec{w}$$

图 7-16 中绘有叶轮的某一叶片进口 1 和出口 2 处的流体速度图。在进口处,流体质点

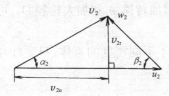

图 7-17 叶轮出口速度三角形

具有圆周速度 u_1 和相对速度 w_1,两者的矢量和为 v_1,v_1 是进口处的绝对速度。在叶片出口处,质点的速度各相应为 u_2,w_2,两者的矢量和为叶片出口处质点的绝对速度 v_2。

将上述流体质点各速度绘在一张速度图上,图 7-17 就是流体质点的速度三角形图。

为便于分析,常将绝对速度 v 分解为与流量有关的径向分速度 v_r 和与扬程有关的切向分速度 v_u。前者的方向与半径方向相同,后者与叶轮圆周运动方向相同。

在速度三角形中,w 的方向与 u 的反方向之间的夹角 β 表明了叶片的弯曲方向,叫做叶片的安装角。β_1 是叶片的进口安装角,β_2 是叶片的出口安装角。

速度 v 和 u 之间的夹角 α 叫做叶片的工作角。α_1 是叶片的进口工作角,α_2 是叶片的出口工作角。工作角与计算径向分速度 v_r 和切向分速度 v_u 有关。

$$v_{2u} = v_2\cos\alpha_2 = u_2 - v_{2r}\mathrm{ctg}\beta_2 \tag{7-5}$$

$$v_{2r} = v_2\sin\alpha_2 \tag{7-6}$$

二、欧拉方程式

讨论欧拉方程时,为了简化问题,采用了三个理想化的假设,以建立流动模型。

三个理想化的假设为:

1. 叶轮中流体的流动是恒定流动。

2. 叶轮具有无限多的叶片,叶片的厚度极薄。因而流束在叶片之间的流道中流动时,沿着叶片的形状流动,方向与叶片方向相同,任一圆周上流速分布均匀。

3. 通过叶轮的流体是理想流体,即流动过程中不考虑能量损失。

根据动量矩原理可以得到理想化条件下单位重量流体的能量增量与流体在叶轮中运动的关系,也就是离心式泵与风机的基本方程式——欧拉方程。即:

$$H_T = \frac{1}{g}(u_2 v_{2u} - u_1 v_{1u}) \tag{7-7}$$

式中 H_T——离心式泵与风机的理论扬程(m);

g——重力加速度,$g = 9.81 \mathrm{m/s^2}$;

u_1, u_2——叶轮进口和出口处的圆周速度(m/s);

v_{1u}, v_{2u}——叶轮进口和出口处绝对速度的切向分速度(m/s)。

由欧拉方程可以看出:

(1) 该式表明流体所获得的压头,仅与流体在叶片进口及出口处的运动速度有关,而与流体在流道中的流动过程无关。大多数离心式泵与风机流体进入叶片时,$\alpha_1 = 90°$,也即 $v_{1u} = 0$ 此时,基本方程式可写成:

$$H_T = \frac{u_2 v_{2u}}{g}$$

为了获得正扬程,使 $H_T > 0$,应使 $\alpha_2 < 90°$,α_2 愈小,泵与风机的理论扬程愈大,在实际应用中,水泵厂一般选用 $\alpha_2 = 6° \sim 15°$ 左右。

(2) 流体通过泵与风机时,理论扬程 H_T 与圆周速度 u_2 有关,$u_2 = \dfrac{n\pi D_2}{60}$,因此,流体在叶轮中获得的理论扬程与叶轮转速 n 和叶轮外径 D_2 有关,增加转速 n 和加大轮径 D_2,可以提高水泵扬程。

(3) 流体获得的理论扬程与被输送流体的种类无关。对于不同密度的流体,只要叶片进出口处流体的速度三角形相同,就可以得到相同的理论扬程。

第六节 离心式泵与风机的叶型及理论性能曲线

一、叶型及其对性能的影响

上节已提到,流体进入大多数泵与风机的叶片时,总是使进口工作角 $\alpha_1 = 90°$,流体径向地进入叶片间的通道,这可以适当设计叶片的进口方向。

当 $\alpha_1 = 90°$ 时,$H_T = \frac{1}{g} u_2 v_{2u}$。由速度三角形可知 $v_{2u} = u_2 - v_{2r} \text{ctg}\beta_2$ 代入上式就有:

$$H_T = \frac{1}{g}(u_2^2 - u_2 v_{2r} \text{ctg}\beta_2) \tag{7-8}$$

由此可说明,当叶轮直径固定不变和相同转速下,叶片出口安装角 β_2 的大小对理论扬程 H_T 是有直接影响的。

图 7-14 已经绘出了三种不同出口安装角的叶轮叶型示意图。

当 $\beta_2 = 90°$ 时,$\text{ctg}\beta_2 = 0$,这时 $H_T = \frac{u_2^2}{g}$;当 $\beta_2 < 90°$ 时,$\text{ctg}\beta_2 > 0$,这时 $H_T < \frac{u_2^2}{g}$;当 $\beta_2 > 90°$ 时,$\text{ctg}\beta_2 < 0$,这时 $H_T > \frac{u_2^2}{g}$。

根据以上分析,似乎可以得出如下结论:具有前向叶型的叶轮所获得的压头最大,其次为径向叶型,后向叶型的叶轮所获得的压头最小。因此似乎具有前向叶型的泵或风机效果最好。但是比较离心式泵与风机的叶轮发现,后向式叶片的流道比较平缓,弯度小,叶槽内水力损失较小,有利于提高泵的效率。一般前向式叶片,槽道短而弯曲大,叶轮中水流的弯道损失大,水力效率低。在其他条件相同时,尽管前向叶型的泵或风机总的压头较大,但因其流动损失较大,效率较低,在实际工程中,离心泵全采用后向叶型。大型风机,为了增加效率和降低噪声,也几乎都采用后向叶型。对于中小型风机,效率不是主要考虑因素时,也有采用前向叶型的。前向叶型的风机,在相同的压头下,轮径和外形可以做得较小。微型风机中的贯流式风机大都采用前向叶型的多叶叶轮。至于径向叶型叶轮的泵或风机的性能,介于两者之间。

二、泵与风机的理论性能曲线

在泵与风机的六个基本性能参数中,通常转速 n 是一个常量,那么泵或风机的扬程、流量和功率等性能显然是相互影响的,所以通常用三种函数关系式来表示这些性能参数之间的关系。

1. 泵或风机流量和扬程之间的关系用 $H = f_1(Q)$ 来表示。
2. 泵或风机流量和外加轴功率之间的关系用 $N = f_2(Q)$ 来表示。
3. 泵或风机流量与设备本身效率之间的关系,用 $\eta = f_3(Q)$ 来表示。

上述三种关系常以曲线形式绘在以流量 Q 为横坐标的坐标图上,这些曲线叫做泵或风机的性能曲线。下面研究在无损失流动的理想条件下,$H_T = f_1(Q_T)$ 及 $N_T = f_2(Q_T)$ 的关系。

由泵或风机的理论扬程公式：$H_T = \dfrac{u_2 v_{2u}}{g}$，将 $v_{2u} = u_2 - v_{2r} \text{ctg}\beta_2$ 代入，可得：

$$H_T = \dfrac{u_2}{g}(u_2 - v_{2r}\text{ctg}\beta_2)$$

叶轮通过的理论流量可按下式计算：

$$Q_T = F_2 v_{2r} \tag{7-9}$$

即

$$v_{2r} = \dfrac{Q_T}{F_2}$$

式中 Q_T——泵或风机的理论流量，不计各种损失(m^3/s)；

F_2——叶轮出口面积(m^2)；

v_{2r}——叶轮出口绝对速度的径向分速度(m/s)。

将 v_{2r} 代入 H_T 的公式中：

$$H_T = \dfrac{u_2}{g}\left(u_2 - \dfrac{Q_T}{F_2}\text{ctg}\beta_2\right) = \dfrac{u_2^2}{g} - \dfrac{u_2}{g}\text{ctg}\beta_2 \dfrac{Q_T}{F_2}$$

就大小一定的泵或风机来说，转速不变时 u_2, g, F_2 均为定值，故上式可写为：

$$H_T = A - B\text{ctg}\beta_2 Q_T \tag{7-10}$$

式中 $A = \dfrac{u_2^2}{g}, B = \dfrac{u_2}{gF_2}$ 均为常数，而 $\text{ctg}\beta_2$ 代表叶型种类，也是常量。此式说明在固定转速下，不论叶型如何，泵或风机的理论流量与理论扬程的关系是线性的。当 $Q_T = 0$ 时，$H_T = A = \dfrac{u_2^2}{g}$。

图 7-18 绘出了三种不同叶型的泵或风机的 Q_T-H_T 曲线，显然由于 $B\text{ctg}\beta_2$ 所代表的曲线斜率是不同的，因而三种叶型的曲线具有各自的曲线倾向。

在无损失流动的条件下，理论上的有效功率就是轴功率。由前所述

$$N_e = N_T = \gamma Q_T H_T \tag{7-11}$$

当输送 $\gamma = $ 常数的流体时，函数曲线的形状也不同。当 $Q_T = 0$ 时，三种叶型的理论轴功率都等于零，三条曲线同交于圆点。见图 7-19。

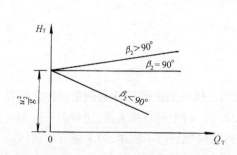

图 7-18　三种叶型的 Q_T-H_T 曲线

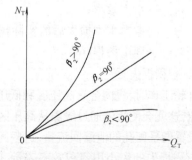

图 7-19　三种叶型的 Q_T-N_T 曲线

径向叶型叶轮，$\beta_2 = 90°$，$\text{ctg}\beta_2 = 0$，功率曲线为一直线。

前向叶型叶轮，$\beta_2 > 90°$，$\text{ctg}\beta_2 < 0$，功率曲线为一上凹的二次曲线。

后向叶型叶轮，$\beta_2 < 90°$，$\text{ctg}\beta_2 > 0$，功率曲线为一向下凹的二次曲线。

从图中可以看出,前向叶型的风机所需的轴功率随流量的增加而增长得很快,这种风机在运行中增加流量时,原动机超载的可能性要比径向叶型风机大很多。而后向叶型风机几乎不会发生原动机超载现象。

第七节 泵与风机的实际性能曲线

一、泵与风机的全效率

上一节所得出的 H_T-Q_T 曲线和 N_T-Q_T 曲线都属于泵或风机的理论性能曲线,是在不考虑能量损失的条件下分析出来的,只有计入各项损失,才能得出实际性能曲线。

通常将泵与风机的机内损失按其产生的原因分为三类,即水力损失,容积损失和机械损失三种。

1. 水力损失

流体流经泵或风机时,必然产生水力损失。水力损失包括沿程损失和局部损失。水力损失的大小与过流部件的几何形状,壁面粗糙度及流体的粘性密切相关。

机内损失主要包括以下几个部分:

(1) 流体从泵或风机入口到叶片进口处由于克服沿程阻力和局部阻力而存在能量损失。这一部分流体流速往往不高,损失不大。

(2) 流体通过叶轮时,将克服沿程阻力而产生摩擦损失。

(3) 流体离开叶轮到机壳出口,要克服沿程阻力和局部阻力产生能量损失。

产生局部损失的部位有:在叶片进口处产生撞击损失;叶片进口处由于流向改变而引起的局部损失;流道中流速的变化而产生的损失和流体离开叶片出口处的局部损失。

其中,撞击损失一项,只是在实际流量大于或小于设计流量时,流体的流动方向与叶片进口角度不相适应时才发生撞击损失。在设计流量条件下,叶片进口处流体流动方向与叶片进口角度相适应,撞击损失为零。

水力损失常用水力效率来表示:

$$\eta_h = \frac{H}{H_T} \tag{7-12}$$

式中 η_h——水力效率;

H——考虑水力损失后的实际扬程(m);

H_T——理论扬程(m)。

2. 容积损失

叶轮工作时,机内会有高压区和低压区,同时,泵与风机的运动部件和固定部件之间存在着缝隙,这就会使流体通过缝隙从高压区泄漏到低压区。对于离心泵来说,还有为平衡轴向推力而设置的平衡孔的泄漏回流量,这些回流量经过叶轮时也获得了能量,但未能有效利用。

容积损失的大小用容积效率表示。

$$\eta_v = \frac{Q_T - q}{Q_T} = \frac{Q}{Q_T} \tag{7-13}$$

式中 η_v——容积效率;

Q_T——理论流量(m^3/s);

q——泄漏的总回流量(m^3/s);

Q——泵与风机的实际流量(m^3/s),$Q = Q_T - q$。

3. 机械损失

泵与风机的机械损失包括轴承与轴封之间的摩擦损失;叶轮转动时盖板与机壳内流体之间发生的圆盘摩擦损失。

机械损失可以用机械效率来表示

$$\eta_m = \frac{N - \Delta N_m}{N} \tag{7-14}$$

式中 N——泵与风机的轴功率(kW);

ΔN_m——机械损失的总功率(kW)。

令 $\eta = \eta_h \eta_v \eta_m$ η 称为泵或风机的全效率。

泵与风机的轴功率:

$$N = \frac{\gamma Q H}{\eta} = \frac{N_e}{\eta} \tag{7-15}$$

或

$$\eta = \frac{N_e}{N} = \eta_h \eta_v \eta_m \tag{7-15a}$$

以上说明泵与风机的全效率等于水力效率、容积效率和机械效率三者的乘积。

二、泵与风机的实际性能曲线

图 7-20 为离心式水泵的实际性能曲线。图中包括 Q-H,Q-N,Q-η 和 Q-H_s 等四条曲线。

从性能曲线可以看出,当流量 Q 变化时,扬程 H 发生了变化,轴功率 N 也发生变化。由于流量增大时,扬程减小得较慢,所以轴功率 N 一般随流量 Q 的增加而增加。

当流量 $Q = 0$ 时,轴功率不等于零,此时,功率主要消耗于机械损失上。作用结果使机壳内温度上升,机壳,轴承发热。因此,在实际运行中,只允许在短时间内进行 $Q = 0$ 的运行。然而泵与风机的启动一般是闭闸启动,相当于是在 $Q = 0$ 的情况下启动。此

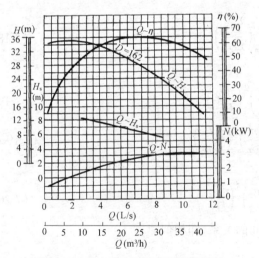

图 7-20 离心式水泵的实际性能曲线

时泵与风机的轴功率较小,而扬程值却是最大,完全符合电动机轻载启动的要求。

每一台泵或风机的铭牌上的性能参数是指效率最高时的参数。此时泵与风机通过的流量和设计流量相吻合,冲击损失为零,效率最高。那么在效率曲线上就会有一个高峰值。

第八节 相似律与比转数

泵或风机的设计制造通常是按系列进行的,同一系列中,大小不等的泵或风机都是相似的。泵或风机的相似律表明了同一系列相似的泵与风机在各种条件变化时对其性能影响的规

律。相似律除用于设计泵或风机外,还可作为运行调节和选用型号等的理论根据和实用工具。

一、泵或风机的相似条件

1．几何相似条件:两台相似的泵与风机其叶轮主要过流部分的一切相对应尺寸成一定比值,所有的对应角相等。

$$\frac{D_1}{D_{1m}} = \frac{D_2}{D_{2m}} = \frac{b_1}{b_{1m}} = \frac{b_2}{b_{2m}} \cdots \tag{7-16}$$

$$\beta_1 = \beta_{1m}, \quad \beta_2 = \beta_{2m}$$

2．运动相似条件:两台相似的泵与风机相似工况点的流速比值相等,方向相同。也就是相似工况点的速度三角形具有相似性。

$$\frac{v_1}{v_{1m}} = \frac{v_2}{v_{2m}} = \frac{u_1}{u_{1m}} = \frac{u_2}{u_{2m}} = \frac{w_1}{w_{1m}} = \frac{w_2}{w_{2m}} \cdots \tag{7-17}$$

$$\alpha_1 = \alpha_{1m}, \alpha_2 = \alpha_{2m}$$

3．动力相似条件:两台相似的泵与风机作用于流体的同名力之间的比值相等。作用在流体上的各种力中,主要考虑压力。粘滞力的影响,因为雷诺数很大,可以忽略不计。

二、相似定律

在上述相似条件下,相似的泵与风机相似工况点的性能参数之间的关系是:

1) 流量关系

$$\frac{Q}{Q_m} = \frac{n}{n_m} \left(\frac{D_2}{D_{2m}}\right)^3 \tag{7-18}$$

2) 扬程关系

水泵

$$\frac{H}{H_m} = \left(\frac{n}{n_m}\right)^2 \left(\frac{D_2}{D_{2m}}\right)^2 \tag{7-19}$$

风机

$$\frac{\Delta p}{\Delta p_m} = \frac{\gamma}{\gamma_m} \left(\frac{n}{n_m}\right)^2 \left(\frac{D_2}{D_{2m}}\right)^2 \tag{7-19a}$$

3) 轴功率关系

$$\frac{N}{N_m} = \frac{\gamma}{\gamma_m} \left(\frac{n}{n_m}\right)^3 \left(\frac{D_2}{D_{2m}}\right)^5 \tag{7-20}$$

这就是相似系列泵与风机主要性能参数间的关系,即相似律。

三、相似律的应用

1．当某一台泵或风机输送介质的温度或压强发生变化时,介质密度也将改变。而泵与风机的尺寸与转速均未发生变化,其换算关系如下:

$$Q = Q_m \tag{7-21}$$

$$\frac{\Delta p}{\Delta p_m} = \frac{\gamma}{\gamma_m} = \frac{\rho}{\rho_m} \tag{7-22}$$

$$\frac{N}{N_m} = \frac{\gamma}{\gamma_m} = \frac{\rho}{\rho_m} \tag{7-23}$$

例如某台风机样本提供的性能参数是在 20℃ 大气压强为 101.325kPa 条件下测试出的。当该风机在高海拔地区运行或输送空气的温度与 20℃ 相差甚远时,就会引起介质密度的改变,于是必须利用上述简化后的相似律进行性能换算。

2. 泵与风机的运行转速改变时,其性能参数也将变化。例如样本上往往只提供几种转速的性能参数,如实际条件不能保证规定转速时,也能用相似律求出新转速下的新的性能参数。反之,也可以根据要求的流量与压头求出符合于性能的新的转速。这种情况下,相似律作如下简化:

$$\frac{H}{H_m} = \left(\frac{n}{n_m}\right)^2 \tag{7-24}$$

$$\frac{Q}{Q_m} = \left(\frac{n}{n_m}\right) \tag{7-25}$$

$$\frac{N}{N_m} = \left(\frac{n}{n_m}\right)^3 \tag{7-26}$$

四、比转数

相似律说明的是同一相似系列泵或风机相似工况点性能参数间的关系,并没有涉及不同系列不相似的泵或风机之间的比较问题。那么对不同系列的泵与风机进行比较时,就提出一个代表整个系列泵或风机的单一的、综合性能系数,即比转数,用符号 n_s 表示。比转数是一种性能上的判别数,同一系列泵或风机具有惟一的比转数,不同系列的泵或风机因不相似而具有不同的比转数。

我国规定,在相似系列水泵中,确定某种标准水泵,该标准水泵在最高效率的情况下,扬程 $H_m = 1m$,流量 $Q_m = 0.075 m^3/s$ 时,此标准水泵的转速 n_0 称为该系列泵的比转数 n_s。在数值上 $n_0 = n_s$。

由相似律可知,标准水泵与其他相似泵之间的关系是:

$$\frac{Q}{Q_m} = \frac{n}{n_s}\left(\frac{D}{D_m}\right)^3 \tag{a}$$

$$\frac{H}{H_m} = \left(\frac{n}{n_s}\right)^2 \left(\frac{D}{D_m}\right)^2 \tag{b}$$

$(a) \div (b)$ 后整理可得:

$$n_s = n \left(\frac{Q}{Q_m}\right)^{\frac{1}{2}} \left(\frac{H_m}{H}\right)^{\frac{3}{4}}$$

将标准水泵 $H_m = 1m$, $Q_m = 0.075 m^3/s$ 代入上式,可得:

$$n_s = 3.65 n \frac{Q^{\frac{1}{2}}}{H^{\frac{3}{4}}} \tag{7-27}$$

该式即为水泵的比转数公式。

我国规定,在相似系列风机中,确定某种标准风机,该标准风机在最高效率的情况下,全压 $\Delta p_m = 1 mmH_2O$,流量 $Q_m = 1 m^3/s$ 时,此标准风机的转速 n_0 称为该系列风机的比转数 n_s,即 $n_0 = n_s$,根据相似律,同样可以证明:

$$n_s = n \frac{Q^{\frac{1}{2}}}{\Delta p^{\frac{3}{4}}} \tag{7-28}$$

比转数的实用意义如下:

1. 比转数反映了某系列泵或风机性能上的特点。比转数大,表明流量大而扬程小;比转数小表明流量小而扬程大。

2. 比转数可反映该系列泵或风机在结构上的特点。比转数大的泵与风机,流量大而扬程小,所以其出口叶轮面积必然较大,即进口直径 D_1 与出口宽度 b_2 较大,而轮径 D_2 则较小,因此叶轮厚而小。反之,比转数小的泵与风机流量小而扬程大,叶轮的进口直径 D_1 与出口宽度 b_2 小,而轮径 D_2 较大,故叶轮相对地扁而大。

此外,比转数还可反映性能曲线的变化趋势。

第九节 离心泵的气蚀与安装高度

一、泵的气蚀现象

在离心泵的工作原理中提到过,叶轮旋转工作时,叶轮入口处压强低于大气压强,入口处产生真空,使液体源源不断地流入泵内。

由物理学可知,液面压强降低时,相应的汽化温度也降低。水在 0.1MPa 的气压下的汽化温度为 100℃,水面压强降至 2.4kPa 气压时,水在 20℃就开始沸腾。

如果水泵叶轮入口处的压强低于该处液体温度下的汽化压力时,部分液体开始汽化,形成气泡。同时,由于压力降低,原来溶解于水中的某些活泼气体,如水中的氧也会逸出形成气泡,这些气泡随水流进入泵内高压区,由于该处压强较高,气泡迅速破灭。于是在局部地区产生高频率、高冲击力的水力冲击现象,不断打击泵内部件,特别是工作叶轮,促使其表面形成蜂窝状或海绵状。另外,活泼气体还对金属发生化学腐蚀,以至于金属表面逐渐脱落而遭破坏,这就是气蚀现象。

当气泡不太多,气蚀不严重时,对泵的运行和性能还不至于产生明显的影响。如果气泡大量产生,气蚀持续发展,就会影响正常流动,产生剧烈的噪声和振动,甚至造成断流现象。此时,泵的扬程、流量和效率都显著下降。这必将缩短泵的寿命。泵在运行中应严格防止气蚀现象。

二、离心泵的安装高度

离心泵是在水泵吸入口处形成真空,使吸水池中水在大气压的作用下通过吸水管流入水泵。而一个大气压的水柱高度约为 10m。事实上吸水口处不可能达到绝对真空,吸入管段也不可能没有流动阻力,而且在吸入口压强过低时,水会汽化而引起气蚀现象。所以水泵的几何安装高度不可能达到 10m。那么,水泵的安装高度应如何计算呢?

如图 7-21 以吸水池水面为基准面,列出吸水池水面 0-0 和吸入口断面 1-1 的能量方程式。

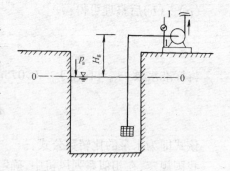

图 7-21 水泵的安装高度

$$0 + \frac{p_0}{\gamma} + \frac{v_0^2}{2g} = H_g + \frac{p_1}{\gamma} + \frac{v_1^2}{2g} + h_w$$

式中 H_g——水泵的安装高度(m)。

$$\frac{v_0^2}{2g} \approx 0$$

$$\frac{p_0 - p_1}{\gamma} = H_g + \frac{v_1^2}{2g} + h_w \tag{7-29}$$

$\frac{p_0 - p_1}{\gamma}$ 表示吸水池水面与水泵吸入口断面之间的压强差。此值用来:1)将水提升到几何高度 H_g。2)克服吸水管道的水头损失 h_w。3)建立吸入口流速水头 $\frac{v_1^2}{2g}$。

令 $H_B = \frac{p_0 - p_1}{\gamma}$,$H_B$ 就是水泵吸入口处真空计所表示的真空度。则有

$$H_B = \frac{p_a - p_1}{\gamma} = H_g + \frac{v_1^2}{2g} + h_w \tag{7-29a}$$

为避免水泵产生气蚀现象,必须对水泵吸入口处的真空度作出规定,这个规定的真空度就是水泵铭牌上提供的允许吸上真空高度,以符号 H_S 表示。则有 $H_B \leqslant H_S$。

$$H_B = H_g + \frac{v_1^2}{2g} + h_w \leqslant H_S$$

则水泵的最大安装高度按下式计算:

$$H_{gmax} = H_S - \frac{v_1^2}{2g} - h_w \tag{7-30}$$

计算中必须注意以下两点:

1) 流量增加时,流动阻力和流速水头都增加,以致允许吸上真空度 H_S 将随流量的增加而有所降低。因此,计算水泵的安装高度时,应按水泵在运行中可能出现的最大流量所对应的 H_S 值进行计算。

2) H_S 值是制造厂在大气压为 101.325kPa 和 20℃的清水条件下试验得出的。当泵的使用条件与上述情况不符时,应对允许吸上真空度 H_S 修正。如下:

$$H_S' = H_S - (10 - h_A) + (0.24 - h_v) \tag{7-31}$$

式中 H_S'——修正后的允许吸上真空度(m);

H_S——水泵厂商提供的水泵铭牌上的水泵允许吸上真空度(m);

h_A——水泵装置地点的大气压强水头,随海拔高度而变化。见表 7-4;

0.24——水温为 20℃的汽化压强水头;

h_v——实际工作水温的汽化压强水头。见表 7-5。

不同海拔高度的大气压强水头 h_A 表 7-4

海拔高度(m)	-600	0	100	200	300	400	500	600	700	800	900	1000	1500	2000
大气压强水头(mH$_2$O)	11.3	10.3	10.2	10.1	10.0	9.8	9.7	9.6	9.5	9.4	9.3	9.2	8.6	8.4

不同温度水的汽化压强 h_v 表 7-5

温度(℃)	5	10	20	30	40	50	60	70	80	90	100
汽化压强(mH$_2$O)	0.09	0.12	0.24	0.43	0.75	1.25	2.00	3.17	4.82	7.14	10.33

【例 7-1】 某离心式水泵的输水量为 $Q=10\text{L/s}$，水泵进口直径 $D=50\text{mm}$，经计算，吸水管的水头损失 $h_{w(1)}=2.0\text{mH}_2\text{O}$，铭牌上的允许吸上真空度 $H_S=7.4\text{m}$，输送水温为 40℃清水，当地海拔高度为 800m，求水泵的最大安装高度 H_g。

【解】 修正水泵的允许吸上真空度

$$H_S' = H_S - (10 - h_A) + (0.24 - h_v)$$

查表当海拔高度为 800m 时，$h_A = 9.4\text{m}$

当水温为 40℃时，$h_v = 0.75\text{m}$，代入上式

$$H_S' = 7.4 - (10 - 9.4) + (0.24 - 0.75) = 6.29 \text{mH}_2\text{O}$$

因此，水泵的安装高度 H_g 为

$$H_g = H_S' - \frac{v_1^2}{2g} - h_{w(1)}$$

已知 $h_{w(1)} = 2.0\text{mH}_2\text{O}$，$v_1 = \dfrac{4Q}{\pi D^2} = \dfrac{4 \times 0.01}{3.14 \times 0.05^2} = 5.08\text{m/s}$

代入上式

$$H_g = 6.29 - \frac{5.08^2}{2 \times 9.81} - 2 = 6.29 - 1.31 - 2 = 2.98\text{m}$$

所以，水泵的最大安装高度为 2.98m。

习 题

7-1 简述离心式水泵的工作原理？

7-2 由于电机与风机连接方式不同，离心式风机有六种传动方式，试述这六种传动方式及其特点？

7-3 已知 4-72-11№ 6C 型风机在转速为 1250r/min 时的实测参数如下表所列，求：(1)各测点的全效率。(2)绘制性能曲线。(3)写出该风机的铭牌参数(即最高效率点的性能参数)。

测点编号	1	2	3	4	5	6	7	8
$P(\text{N/m}^2)$	843.4	823.8	814.0	794.3	755.1	696.3	637.4	578.6
$Q(\text{m}^3/\text{s})$	1.64	1.84	2.04	2.25	2.44	2.64	2.85	3.06
$N(\text{kW})$	1.69	1.7	1.86	1.96	2.03	2.08	2.12	2.15

7-4 为什么离心式泵全都采用后向式叶型？

7-5 离心式泵或风机为什么采用闭闸启动？当闭闸运行时，$Q=0$，$N \neq 0$，此时轴功率用于何处？是否可以长时间闭闸运行？为什么？

7-6 为什么离心式泵或风机有一个最高效率点？

7-7 某一单级单吸泵，流量 $Q=50\text{m}^3/\text{h}$，扬程 $H=35.5\text{m}$，转速 $n=2900\text{r/min}$，求其比转数 n_s 为多少？

7-8 某单级单吸离心泵，在 $n=2000\text{r/min}$ 的条件下测得 $Q=0.18\text{m}^3/\text{s}$，$H=100\text{m}$，$N=174\text{kW}$，另一几何相似的水泵，其叶轮比上述泵的叶轮大一倍，在 1500r/min 之下运行，试求效率相同的工况点的流量、扬程及效率各为多少？

7-9 试简述水泵产生气蚀的原因及危害。

7-10 有一台泵,流量 $Q=0.2\mathrm{m}^3/\mathrm{s}$,吸入管直径 $D=300\mathrm{mm}$,水温为 30℃,允许吸上真空度为 $H_S=6\mathrm{m}$,吸水池水面标高为 100m,水面为大气压,吸入管的阻力损失 $h_{w(1)}=0.8\mathrm{m}$,试求:

(1) 泵轴的最高标高为多少?(2) 如果此泵装在海拔高度为 1000m,泵输送水温为 40℃时,泵的安装位置标高为多少?

第八章 离心式泵与风机的运行与调节

第一节 管路性能曲线和工作点

通过研究泵与风机的性能曲线,可以看出,某一台泵或风机在某一转速下,所提供的流量与扬程是密切相关的,并有无数组对应值$(Q_1、H_1)$、$(Q_2、H_2)$、$(Q_3、H_3)$……,也就是说泵或风机似乎可以在曲线上的任意一点进行工作。但是,泵与风机是装置在管路系统中与管路共同工作的,那么泵或风机在管路系统中实际运行时究竟能给出哪一组$(Q、H)$值,即在曲线的哪一点进行工作,主要取决于所连接管路的性能。

一、管路性能曲线

流体在管路系统中流动时因克服阻力而消耗泵或风机所提供的能量。一般其阻力有:

(一)管路系统两端的位差和压差H_1。如图 8-1。

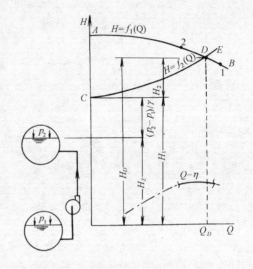

图 8-1 管路系统的性能曲线与泵或风机的工作点

$$H_1 = H_z + \frac{p_2 - p_1}{r} \tag{8-1}$$

对于(8-1)式,当$p_2 = p_1 = p_a$,即两流体面上的压强均为大气压强时,$\frac{p_2 - p_1}{r} = 0$,这是一种常见的情况;对于风机带动的气体管路,因气柱产生的压头常可忽略不计,这时$H_z = 0$;对于循环管路系统,如热水采暖循环系统,$H_1 = 0$。总之,对于一个管路系统,H_1是一个不变的常数。

(二)流体在管路系统中的流动阻力H_2。此流动阻力包括全部的沿程阻力和局部阻力,以及管路末端出口的流速水头,总称为作用水头。

即

$$H_2 = H_e = \Sigma h_f + \Sigma h_j + \frac{v^2}{2g} \tag{8-2}$$

任何管路系统都存在沿程阻力和局部阻力,只是有时由于某一阻力在整个管路系统中所占比重较小时,可以忽略不计。如果管路末端具有自由液面,呈淹没出流和循环管路系统,管路末端的流速水头为零,即$\frac{v^2}{2g} = 0$。由前面内容可知,无论管路末端是否具有流速水头,均可以将作用水头归结为水头损失的问题进行处理,最后将阻力损失表示为流量的函数关系式。即

$$H_2 = H_e = SQ^2 \tag{8-3}$$

于是,流体在管路系统中流动所需的总压头 H_D 为

$$H_D = H_1 + H_2 = H_1 + SQ^2 \tag{8-4}$$

此式表明了实际工程条件下所需的总水头,如果将这一关系式绘在以流量 Q 与压头 H 组成的直角坐标系图上,如图 8-1,就可得到图中的曲线 CE,此曲线就称为管路性能曲线。

二、泵或风机的工作点

由管路性能曲线可知,管路系统的特性是由包括管路系统在内的整个泵或风机装置和工程实际要求二者共同决定的,与泵或风机本身的性能无关。但是工程上所提出的要求,即所需的流量及其相应的压头必须由泵或风机来满足,这是一对矛盾的两个方面,那么,泵或风机在某个具体管路中工作时,其工作点如何确定呢?我们可以利用图解法加以解决。

将泵或风机的性能曲线 $H = f_1(Q)$ 和管路系统性能曲线 $H = f_2(Q)$ 按同一比例绘在同一坐标系内,如图 8-1。前面已说过,二次曲线 CE 为管路的性能曲线,该曲线在纵轴上的截距为 H_1。曲线 AB 为所选用的泵或风机的性能曲线。AB 与 CE 相交于 D 点,D 点就称为泵或风机的工作点。

显然,D 点表明被选定的泵或风机可以在流量为 Q_D 的条件下向该管路系统装置提供的扬程为 H_D。如果 D 点所表明的参数(Q_D、H_D)能满足工程提出的要求,而又处于泵或风机的高效率区(图中 Q-η 曲线上的实线部分)范围内,这样的选择就是恰当的、经济的。

D 点为泵或风机的工作点,也意味着泵或风机能在 D 点稳定运行,这是因为 D 点表示的机械输出流量刚好等于管路系统所需要的流量。而且,机械所提供的压头恰好满足管道在该流量下所需的压头。假如泵或风机在比 D 点流量大的"1"点运行,此时机器所提供的压头就小于管路之所需,于是流体因能量不足而减速,流量减小,工作点"1"沿机器性能曲线向 D 点移动,反之,如果在比 D 点流量小的"2"点运行,则机器所提供的压头就大于管路的需要,造成流体能量过高而加速,于是流量增大,2 点向 D 点靠近。可见,D 点是稳定的工作点。

第二节 泵及风机的联合运行

两台或两台以上的泵或风机在同一管路系统中工作称为联合运行。联合运行分为并联和串联两种情况。

在实际工程中,有时需要泵或风机的联合运行,目的在于提高系统中的流量或扬程。例如在扩建工程中要求增加流量时,采用新增设备与原有设备并联工作的方案,有可能比新增一台大型设备替换原设备更为经济合理;又如在大型水厂中,为了适应各种不同时段管网中所需水量、水压的变化,常常需要设置多台水泵联合工作。联合运行的工况也可以利用图解法根据联合运行的总性能曲线和管路性能曲线确定。

一、泵或风机的并联工作

两台或两台以上的泵或风机向同一压出管路供水或供气,称为并联,如图 8-2 是两台泵或风机的并联情况,并联一般应用于以下情况:(1)当用户需要流量大,而大流量的泵或风机制造困难或造价太高时;(2)流量要求变化幅度较大,通过停开并联机器台数以调节流量时;(3)当有一台机器损坏,仍需保证供水或供气,作为检修及事故备用时。

1. 并联总性能曲线的绘制

在绘制并联总性能曲线时，先把并联的各台机器的 Q-H 曲线绘在同一坐标图上，然后把对应于同一 H 值的各个流量迭加起来。如图8-3为两台水泵的并联总性能曲线的绘制，把Ⅰ号泵 Q-H 曲线上的 1、1′、1″分别与Ⅱ号泵的 Q-H 曲线上的 2、2′、2″各点的流量相加，则得到Ⅰ、Ⅱ号水泵并联后的流量 3、3′、3″，然后连接 3、3′、3″各点即得水泵并联后的总性能曲线 $(Q$-$H)_{1+2}$。这种等扬程下流量迭加的方法，实际上就是把参加并联水泵的 Q-H 曲线用一条等值水泵的 $(Q$-$H)_{1+2}$ 曲线表示，此等值水泵的流量，必须具有各台水泵在相同扬程时流量的总和。

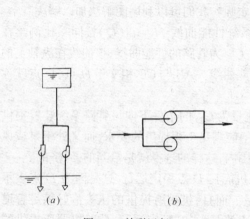

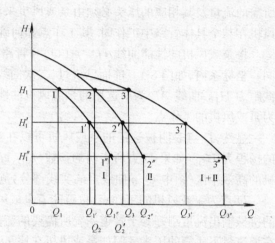

图 8-2　并联运行
(a)两台泵的并联；(b)两台风机的并联

图 8-3　水泵并联 Q-H 曲线

2. 并联运行工况点的确定

由上节可知，泵或风机的工作点为泵或风机在管路中运行时，机器的性能曲线与管路性能曲线的交点。同理，并联运行时的工作点为并联后总性能曲线与并联管路性能曲线的交点。图8-4所示，为两台同型号水泵的并联。图(b)中曲线 AB 为单机的性能曲线，因两台水泵性能相同，故彼此重合在一起。AB' 为并联运行时总性能曲线，该曲线是在同一扬程下进行流量迭加而成。

前已述及，管路性能曲线为 $H = H_1 + SQ^2$，S 为管路的总特性阻力数。在图8-4(a)中，并联部分管路水力对称，两台泵又为同型号，故 $S_{AO} = S_{BO}$，$Q_1 = Q_2 = \frac{1}{2}Q$，则管路性能曲线为

$$H = H_1 + S_{AO}Q_1^2 (\text{或} S_{BO}Q_2^2) + S_{OC}Q^2 = H_1 + (\frac{1}{4}S_{AO} + S_{OC})Q^2 \tag{8-5}$$

由式(8-5)可绘出 AOC(或 BOC)管路的性能曲线 CE。此曲线与 AB 相交于 D 点，与 AB' 相交于 D' 点，D' 点即为并联运行的工作点。

通过 D' 点做横轴平行线，交单泵性能曲线于 D'' 点，此 D'' 点即为并联工作时各单机的工作点。其流量 $Q_1 = Q_2 = Q_{D''}$，扬程 $H_1 = H_2 = H_{D'}$。自 D、D'' 点引垂线交 Q-η 曲线于 e 与 e' 点，交 Q-N 曲线于 f 与 f' 点，其中 e'、f' 点分别为并联时，各单机的效率点和轴功率点。如果将一台泵停车，只开一台泵时，则图8-4中的 D 点可以近似地看做单台泵运行时的工作点，这时水泵的流量为 Q_D，扬程为 H_D，轴功率 N。

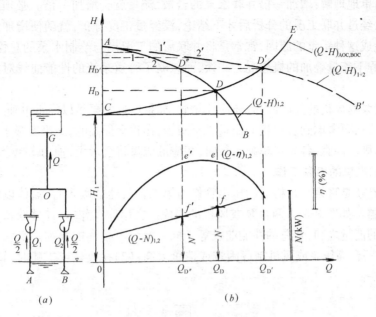

图 8-4 两台同型号水泵并联

由图可以看出，$N>N'$，即单台泵工作时的功率大于并联工作时各单台泵的功率，因此，在选配电机时，需要根据单台泵单独工作时的功率来进行。另外，$Q_D>Q_{D'}$，$2Q_D>2Q_{D''}=Q_1+Q_2=Q_{D'}$，这就是说，一台泵单独工作时的流量大于并联工作时每一台泵的流量，也即两台泵并联工作时，其流量并不是单台泵单独工作时流量的相加，而是要小于单台泵单独工作时流量之和。这种现象，在多台泵并联时很明显，当管道系统性能曲线较陡时更为突出。如图 8-5 所示为五台同型号水泵并联工作的情况，由图可知，一台泵工作时的流量 Q_1 为 100，两台泵并联的总流量 Q_2 为 190；比单泵工作时增加了 90；三台泵并联的总流量 Q_3 为 251，比两台泵时增加了 61；四台泵并联的总流量 Q_4 为 284，比三台泵时增加了 33；五台泵并联的总流量 Q_5 为 300，比四台泵时只增加了 16。由此可见，随着并联台数增多，每并联上一台泵所增加的流量愈小，其效果就不大了。在并联运行中，每台泵的工作点，随着并联台数的增多，而向高扬程的一侧移动。台数过多，就可能使工况点移出高效区的范围。如图 8-4 中，水泵单独运行时的效率由 e 点确定，而并联运行时，每台单泵的效率由 e'

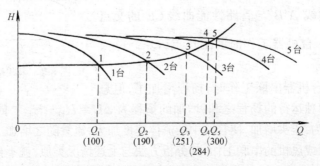

图 8-5 五台同型号水泵并联

点确定,如 e' 点也在高效率区范围内,则并联情况才是理想的。因此,在对旧泵房改造、扩建时,不能简单地理解:增加一倍并联水泵的台数,流量就会增加一倍。必须同时考虑管道的过水能力,经过并联工况的分析后才下结论,没经过工况分析,就随便增加水泵的台数是不可靠的,造成这种错觉的原因,常常是将并联后的工况点与绘制水泵的总性能曲线时,所采用的等扬程下流量叠加的概念混为一谈,而忽略了管道系统的性能曲线对并联工作的影响。

最后,对泵与风机的并联问题,还应注意到:如果所选的泵是以经常单独运行为主的,那么,并联工作时,要考虑到各单机的流量是会减少,扬程会提高的;如果着眼于各台机器经常并联运行的,则应注意,各单机单独运行时,相应的流量将会增大,轴功率也会增大。

二、泵或风机的串联工作

串联工作就是将第一台机器的压出管作为第二台机器的吸入管,流体以同一流量依次流过各台机器。如图 8-6 为两台泵或风机的串联。在串联工作中,流体获得的能量为各台机器所供给的能量之和,其总的性能曲线等于同一流量下扬程的叠加。串联工作常用于以下情况:(1)一台高压泵或风机制造困难或造价太高;(2)在改建或扩建时,管道阻力加大,需要提高压头。

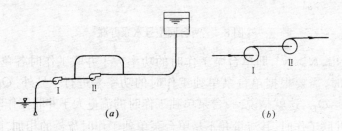

图 8-6 泵或风机的串联工作

图 8-7 为两台相同的泵或风机串联工作的工况分析。图中 $A'B'$ 是一台机的性能曲线,根据相同流量下扬程叠加的原理,得到曲线 AB 为两台机器串联工作的总性能曲线,曲线 CE 是管路性能曲线,与 AB 交于 D 点,D 点就是串联工作的工作点,流量为 Q_D,扬程为 H_D。由 D 点做垂线与单机性能曲线交于 D'' 点,D'' 点是串联机组中一台机器的工作点,流量 $Q_{D''} = Q_D$,扬程 $H_{D''} = \frac{1}{2}H_D$。单机性能曲线 $A'B'$ 与管路性能曲线 CE 的交点 D' 是系统中只有一台机器工作时的工作点,$Q_D > Q_{D'}$,$H_D = 2H_{D''} < 2H_{D'}$。

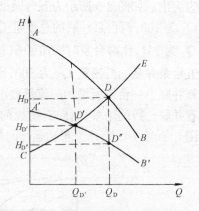

图 8-7 串联机组的工况分析

以上表明,两台机器串联工作时,扬程增加了,但总扬程要小于单机单独运行的扬程之和,增加的扬程为 $\Delta H = H_D - H_{D'}$。同时串联后的流量也增加了,这是因为,压头增加,使管路中的流体速度加大,流量随之增加。

性能不同的泵或风机的串联工作,其分析方法与上述情况类似,就不再讨论了。应当指出的是,串联时两台泵或风机的流量应该相近,否则流量较小的一台会产生超负荷;另外串在后面的一台水泵承受的压力高,要求串联在后面的水泵构造上必须坚固,否则易遭到破坏。

一般说来,设备的联合运行要比单机运行的效果差,运行工况复杂,调节困难,联合运行的台数不宜过多,两台最好。同时,用来联合运行的设备以具有相同的性能曲线为宜。

第三节　泵及风机的工况调节

在工程实践中,为适应用户的需要和经济运行的要求,泵或风机都要进行流量调节。工况调节就是用一定的方法改变泵或风机的工作点,来满足用户流量变化的要求。如前所述,泵与风机运行时其工作点是机器性能曲线与管路性能曲线的交点,要改变这个工作点,就应从改变泵及风机性能曲线或改变管路性能曲线这两个途径着手进行。

一、改变管路性能的调节方法

改变管路性能曲线最常用的方法是阀门调节法。这种方法是通过改变阀门的开启度,从而改变了管路的特性阻力数 S,使管路的性能曲线改变,达到调节流量的目的,通常也称为节流法。这种调节方法十分简单,应用很广,但是由于增加了阀门的阻力,故额外增加了水头损失。这种方法常用于频繁的、临时性的调节。

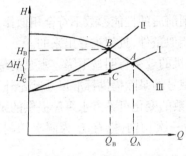

图 8-8　阀门调节的工况分析

图 8-8 中曲线 I 是原来的管路性能曲线。阀门关小,阻力增大,管路性能曲线变陡为曲线 II。曲线 III 是泵或风机的性能曲线。工作点由 A 移到 B,相应地流量由 Q_A 减至 Q_B。由于阀门关小额外增加的水头损失为 $\Delta H = H_B - H_C$(H_C 是在原来管路中流量为 Q_B 时需要的压头)。相应多消耗的功率为 $\Delta N = \dfrac{\gamma Q_B \Delta H}{\eta_B}$。

应当知道,水泵安装调节阀时,通常只能装在泵的压水管上,因为装在吸入管上会使泵吸入口的真空度增加,易引起气蚀。

二、改变泵或风机性能的调节方法

1. 变速调节

由相似律可知,改变泵或风机的转速,可以改变泵或风机的性能曲线,从而使工作点移动,流量也随之改变。转速改变时,泵或风机的性能参数变化见下式

$$\frac{n}{n'} = \frac{Q}{Q'} = \sqrt{\frac{H}{H'}} = \sqrt[3]{\frac{N}{N'}} \tag{8-6}$$

如图 8-9,图中曲线 I 为转速 n 时泵或风机的性能曲线,曲线 II 为管路性能曲线,因管路及阀门都没有改变,所以曲线 II 不变。曲线 III 为改变转速后泵或风机的性能曲线工作点由 A 变至 B 点。

改变泵或风机转速的方法有以下几种:

(1) 改变电动机的转速

用电动机带动的泵或风机,可以在电动机的转子电路中

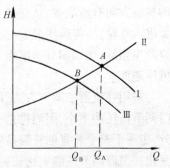

图 8-9　变速调节工况分析

串接变阻器来改变电动机的转速。这种方法的缺点是必须增加附属设备。且在变速时增加额外的电能消耗。也可以采用可变极数的电动机,但这种电动机较贵,调速是跳跃式的,调速范围也有限,一般只有两种转速。

（2）调换皮带轮

改变风机或电动机的皮带轮大小,可以在一定范围内调节转速,这种方法的优点是不增加额外的能量损失,缺点是调速范围有限,并且要停机换轮。调速措施复杂,一般只作为季节性或阶段性的调节。

在理论上可以用增加转速的办法来提高流量,但是当转速增加以后,也使叶轮圆周速度增加,因而可能增大振动和噪声,且可能发生机械强度和电动机超载等问题,所以一般不采用增速方法来调节工况。

2. 切削叶轮的调节

泵或风机的叶轮经过切削,外径变小,其性能随之改变。泵或风机的性能曲线改变,则工作点移动,系统的流量和压头变小,达到调节的目的。

叶轮经过切削后与原来叶轮不符合几何相似条件,切削前后的性能参数不符合相似律,而应采用切削定律。切削定律是在切削量不大,利用运动相似条件,近似推导出来的。

切削叶轮的调节方法,其切削量不能太大,否则泵或风机的效率将明显下降。水泵的最大切削量与比转速 n_s 有关,如表8-1。通常制造厂对同一型号的泵除提供标准尺寸叶轮外,还提供几种经过切削的叶轮供用户选用。切削后泵性能参数的变化可参考水泵厂提供的泵的性能曲线。在水泵的选用样本中,水泵型号后标有 A 为一次切削,标有 B 为两次切削,切削后的叶轮仍装于原机壳内,调节时只需换用叶轮即可。

叶轮最大切削量 表8-1

泵的比转数 n_s	60	120	200	300	350	350 以上
允许最大切削量	20%	15%	11%	9%	7%	0
效率下降值	每切10%下降1%			每切4%下降1%		

切削叶轮的调节方法,不增加额外的能量损失,机器效率下降很少,是一种节能的调节方法。只是需要停机换叶轮,一般也常用于泵的季节性调节。

除以上两类调节工况的方法外,某些大型风机的进口处常设有进口导流器进行调节。这种调节方法是通过改变导流器叶片的转角,使气流进入叶轮之前产生预旋,导致进入叶片的气流方向有所改变,从而使风机的性能发生变化。当导流叶片全开时转角为0°,气流无旋进入叶轮,所得风压最大,此时风机在设计流量下工作。当向旋转方向转动导流叶片,气流产生预旋,使切向分速度增大,从而风压降低。导流叶片转动角度越大,产生预旋越强烈,风压越低。

采用导流器的调节方法,增加了进口的撞击损失,从节能角度看,不如变速调节,但比阀门调节消耗功率小,因而也是一种比较经济的调节方法。此外,导流器叶片是风机的组成部分,也属于整个装置的管路系统,它的转动既改变风机的性能曲线,也使管路性能曲线发生变化。因而调节性能上比较灵活,操作方便,可以在不停机的情况下进行。这是比变速调节优越之处。

【例 8-1】 已知水泵性能曲线如下图(a),泵的转速 $n=2900$r/min,叶轮直径 $D_2=200$mm,管路的性能曲线为 $H=19+76000Q^2$,试求:

(1) 水泵的流量 Q、扬程 H、效率 η 及轴功率 N;

(2) 在压出管路中用阀门调节方法使流量减少 25%,求此时水泵的流量、扬程、轴功率和阀门消耗的功率;

(3) 用改变转速的调节方法使流量减少 25%,转速应调至多少?

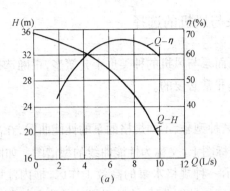
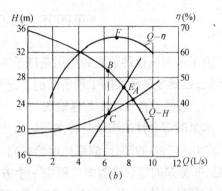

图 8-10 例 8-1 图

【解】 (1) 由管路性能曲线 $H=19+76000Q^2$,代入适当流量可得如下表的数据

Q(L/s)	0	2	4	6	8	10
H(m)	19	19.30	20.22	21.74	23.86	26.60

根据表中数据,可绘出管路性能曲线,如图(b),与泵的性能曲线交于 A 点,A 点即为工作点。从图中可查得该泵的工作参数为

$$Q_A=8.5\text{L/s}、\quad H_A=24.5\text{m}、\quad \eta_A=65\%$$

所需轴功率计算如下

$$N_A=\frac{\gamma Q_A H_A}{\eta_A}=\frac{9810\times 0.0085\times 24.5}{0.65}=3143\text{W}$$

(2) 用阀门调节流量时,泵的性能曲线不变,工作点位于图(b)上的 B 点,B 点流量为

$$Q_B=(1-0.25)Q_A=0.75\times 8.5=6.38\text{L/s}$$

从图中可查得:$H_B=28.8$m,$\eta_B=65\%$ $\quad N_B=\dfrac{\gamma Q_B H_B}{\eta_B}=\dfrac{9810\times 0.00638\times 28.8}{0.65}=2773\text{W}$

由 B 点做垂直线与管路性能曲线交于 C 点

$$H_C=19+76000\times(0.00638)^2=22.09\text{m}$$

阀门增加的水头损失

$$\Delta H=H_B-H_C=28.8-22.09=6.71\text{m}$$

阀门消耗的功率

$$\Delta N=\frac{\gamma Q_B \Delta H}{\eta_B}=\frac{9810\times 0.00638\times 6.71}{0.65}=646\text{W}$$

(3) 用改变转速的调节法将流量减少到 6.38L/s 时,因管路性能曲线不变,故工作点应

位于性能曲线上的 C 点。

由相似律可知

$$\frac{n}{n'} = \frac{Q}{Q'}$$

$$n' = \frac{Q'n}{Q} = \frac{6.38 \times 2900}{8.5} = 2177 \text{r/min}$$

第四节 离心式泵与风机的选择

由于泵与风机的装置和使用条件千变万化,而泵与风机的种类也十分繁多,正确选择泵与风机,以满足各种实际工程所需的工况要求是非常必要的。

一、泵的综合性能图与性能表

水泵的综合性能图就是将水泵厂所生产的某种型号、不同规格的泵的性能曲线,在高效区($\eta \geqslant 0.9\eta_{max}$)的部分,成系列地绘在同一张坐标图上,又称为性能曲线的型谱图。如图 8-11 是 Sh 型泵的综合性能图。图中一个方框表示一种规格水泵的高效工作区,框内注明该水泵的型号和转速,其上边是标准叶轮高效工作区的性能曲线,中边及下边依次是切削一次及两次的高效区的性能曲线,两侧边是等效率线;图 8-12 是 IS 型单级单吸泵的系列型谱图,此图与图 8-11 有所不同,它只画出方框的上边即标准叶轮高效率区的性能曲线和右边框等效率线,但增加了不同规格水泵的等效率线,该线为直线。用户在利用综合性能图(型谱图)选择水泵时,只需看所需工况点落在哪一区域内,即选哪一种规格水泵,十分方便简明。

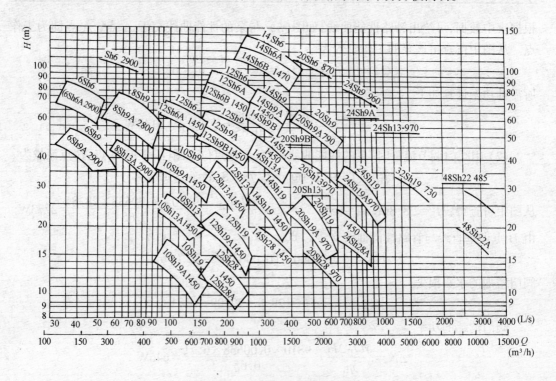

图 8-11 Sh 型泵综合性能图

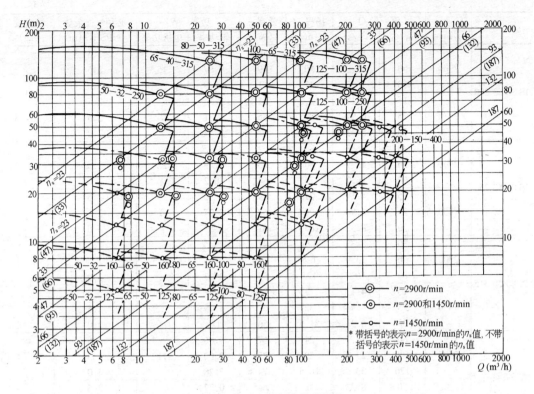

图 8-12 IS 型泵系列型谱图

一般水泵的样本在泵的性能曲线高效率区上选择三个工况点,将这些点的性能参数编成水泵的性能表。如表 8-2 是 IS 型单级单吸离心泵性能表的一部分,供选择水泵之用。

IS 型单级单吸离心泵性能(摘录)　　　　表 8-2

型　号	转速 n (r/min)	流　量 Q (m³/h)	(L/s)	扬程 H (m)	效率 η (%)	功率(kW) 轴功率	电机功率	必须气蚀余量 (NPSH)r(m)	泵重量 (kg)
IS 65-40-315	2900	15	4.17	127	28	18.5	30	2.5	
		25	6.94	125	40	21.3		2.5	
		30	8.33	123	44	22.8		3.0	
	1450	7.5	2.08	32.3	25	2.63	4	2.5	
		12.5	3.47	32.0	37	2.94		2.5	
		15	4.17	31.7	41	3.16		3.0	
IS 80-65-125	2900	30	8.33	22.5	64	2.87	5.5	3.0	
		50	13.9	20	75	3.63		3.0	
		60	16.7	18	74	3.98		3.5	
	1450	15	4.17	5.6	55	0.42	0.75	2.5	
		25	6.94	5	71	0.48		2.5	
		30	8.38	4.5	72	0.51		3.0	
IS 80-65-160	2900	30	8.33	36	61	4.82	7.5	2.5	41
		50	13.9	32	73	5.97		2.5	
		60	16.7	29	72	6.59		3.0	
	1450	15	4.17	9	55	0.67	1.5	2.5	
		25	6.94	8	69	0.79		2.5	
		30	8.33	7.2	68	0.86		3.0	

续表

型 号	转速 n (r/min)	流 量 Q		扬程 H (m)	效率 η (%)	功率(kW)		必须气蚀余量 $(NPSH)r$(m)	泵重量 (kg)
		(m³/h)	(L/s)			轴功率	电机功率		
IS 80-50-200	2900	30	8.33	53	55	7.87	15	2.5	51
		50	13.9	50	69	9.87		2.5	
		60	16.7	47	71	10.8		3.0	
	1450	15	4.17	13.2	51	1.06	2.2	2.5	
		25	6.94	12.5	65	1.31		2.5	
		30	8.33	11.8	67	1.44		3.0	
IS 80-50-250	2900	30	8.33	84	52	13.2	22	2.5	87
		50	13.9	80	63	17.3		2.5	
		60	16.7	75	64	19.2		3.0	
	1450	15	4.17	21	49	1.75	3	2.5	
		25	6.94	20	60	2.27		2.5	
		30	8.33	18.5	61	2.52		3.0	
IS 80-50-315	2900	30	8.33	128	41	25.5	37	2.5	
		50	13.9	125	54	31.5		2.5	
		60	16.7	123	57	35.3		3.0	
	1450	15	4.17	32.5	39	3.4	5.5	2.5	
		25	6.94	32	52	4.19		2.5	
		30	8.33	31.5	56	4.6		3.0	
IS 100-80-125	2900	60	16.7	24	67	5.86	11	4.0	50
		100	27.8	20	78	7.00		4.5	
		120	33.3	16.5	74	7.28		5.0	
	1450	30	8.33	6	64	0.77	1.5	2.5	
		50	13.9	5	75	0.91		2.5	
		60	16.7	4	71	0.92		3.0	
IS 100-80-160	2900	60	16.7	36	70	8.42	15	3.5	82.5
		100	27.8	32	78	11.2		4.0	
		120	33.3	28	75	12.2		5.0	
	1450	30	8.33	9.2	67	1.12	2.2	2.0	
		50	13.9	8.0	75	1.45		2.5	
		60	16.7	6.8	71	1.57		3.5	

二、风机的选择性能曲线与性能表

同泵的综合性能图一样,风机的选择性能曲线就是将某型号风机不同机号(叶轮直径不同)不同转速下高效区的 Q-p 性能曲线的一部分绘在一张坐标图上,供选择风机之用。如图 8-13 是 8-23-No3~5 型离心通风机的选择性能曲线。图中标有机号的直线是最高效率的等效率线,由于采用对数坐标,所以是直线,此线与各 Q-p 线的交点表明了某一风机在不同转速下具有的最高效率相等的相似工况点,如图中的 A、B 及 C 点,三点的转速分别为 2500、2000、2800r/min。为便于查找,图上将等效率线上转速相同的各点连结起来组成等转速线,还加绘了等轴功率线,在图的右侧标有叶轮外径的圆周速度 u_2。此图右下角绘有图的使用方法,不另说明。

有些风机样本将选择性能曲线上高效率的 Q-p 曲线,均匀地选取 6~8 个工况点,将这些点的数据编成风机性能表,如表 8-3 是 4-72-11 型风机性能表的一部分,可供选择之用。

三、泵的选择

水泵的选择可按以下几个步骤进行。

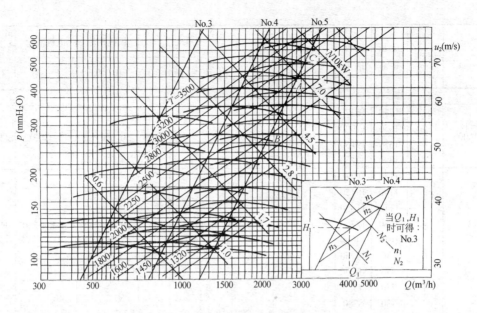

图 8-13 8-23-11 型通风机选择性能曲线

4-72-11 型风机性能与选用件表(摘录)   表 8-3

转数(r/min)	序号	出口风速(m/s)	全压(Pa)	流量(m³/h)	电动机型号	电动机(kW)	地脚螺栓(四套)代号 F2120
				T4-72 №6A			
1450	1	8.3	1150	6860			
	2	9.3	1120	7660			
	3	10.3	1090	8550			
	4	11.3	1060	9360	Y112M-4 (B35)	4	M10×250
	5	12.4	990	10200			
	6	13.2	940	10900			
	7	13.4	840	11840			
	8	15.3	720	12620			
960	1	5.5	500	4540			
	2	6.2	490	5070			
	3	6.8	480	5630			
	4	7.5	460	6220	Y100L-6 (B35)	1.5	M10×250
	5	8.2	430	6760			
	6	8.8	410	7220			
	7	9.5	370	7840			
	8	10.1	320	8360			

转数(r/min)	序号	全压(Pa)	流量(m³/h)	电动机型号	电动机功率(kW)	三角皮带型号	三角皮带根数	三角皮带带长	风机槽轮代号	电机槽轮代号	电机导轨(二套)代号
				T4-72 №7C							
1600	1	1910	12100								
	2	1860	13400	Y160M-4	11	B	4	3175	50-B 4-280	42-B 4-315	SHT 542-2
	3	1820	14900								

181

续表

转 数 (r/min)	序号	全压 (Pa)	流量 (m³/h)	电动机 型号	功率 (kW)	三角皮带 型号	根数	带长	风机槽轮 代号	电机槽轮 代号	电机导轨 (二套) 代号
				T4-72 No7C							
1600	4	1770	16370	Y160M-4	11	B	4	3175	50-B 4-280	42-B 4-315	SHT 542-2
	5	1650	17900								
	6	1550	19150								
	7	1390	20750								
1250	1	1170	9460	Y132S-4	5.5	B	4	3353	50-B 4-280	38-B 4-250	SHT 542-1
	2	1140	10450								
	3	1110	11650								
	4	1080	12300								
	5	1010	14000								
	6	950	14950								
	7	850	16200								
1000	1	750	7550	Y100 L₂-4	3	A	2	3175	50-A2-280	28-A2-200	SHT 542-1
	2	730	8380								
	3	710	9300								
	4	690	10200								
	5	650	11200								
	6	600	12000								
	7	540	12950								

1. 首先确定系统需要的最大流量,并进行管路计算求出需要的最大扬程。选泵时一般考虑一定安全值(如渗漏、计算误差等)。

$$Q = (1.05 \sim 1.10) Q_{\max}$$
$$H = (1.10 \sim 1.15) H_{\max}$$
(8-7)

2. 分析水泵的工作条件,如液体杂质情况、温度、腐蚀性等及需要的流量和扬程,确定水泵的种类及型式。

3. 利用泵的综合性能图进行初选,确定泵的型号、尺寸及转速。

4. 利用泵的性能曲线或性能表,再绘制管路性能曲线找出工作点,进行校核。注意使工作点处在高效率区,还要注意泵的工作稳定性,也就是应使工作点位于 Q-H 曲线最高效率点的右侧下降段。样本中性能曲线上的数据点,都是处在高效率区域而又是稳定工作的,可以直接选用。

5. 确定泵的效率及功率,选用电动机及其他附属设备。性能表上有的列有所配用的电机型号可以直接套用。

6. 查明允许吸上真空高度或气蚀余量,核算水泵的安装高度。

7. 结合具体情况,考虑是否采用并联或串联工作方式?是否应有备用设备?

四、风机的选择

风机的选择方法同水泵选择基本上一样,其步骤如下。

1. 分析风机的工作条件,包括气体含尘、含纤维或其他杂质,易燃易爆、温度等情况,确定风机种类及型号。

2. 确定用户需要的风量 Q_{max}，由管路水力计算得到需要的风压 p_{max}，按式(8-10)考虑一定的安全值，确定风机的风量及风压。如当地工作条件与标准条件不符，应根据相似律换算为标准条件的风压。

3. 由风量和风压利用选择性能曲线或风机性能表确定风机的机号与转速。

4. 核算圆周速度 $u_2\left(u_2=\dfrac{n\pi D_2}{60}\right)$ 是否符合噪声规定。

通风机运行时产生的噪声，被流体通过风管传到室内。使工作条件恶化，因此在选择风机时，除了满足系统的风量，风压要求外，还要防止过大的噪声。噪声的产生有两方面，一是空气动力噪声，是由气流中的旋涡冲击引起的，又叫涡流噪声；一是机械噪声，由轴承、转子不平衡引起的。实践证明，通风机的噪声主要是空气动力噪声。噪声的强度用声功率级(单位为分贝)表示，其大小一般与圆周速度 u_2 及气流在叶轮中的阻力成正比。在选用风机时，规定圆周速度不得超过以下范围。

通风机最大圆周速度　　　　　　　　　　表 8-4

建筑性质	居住建筑	公共建筑	工业建筑Ⅰ	工业建筑Ⅱ
u_2(m/s)	20~25	25~30	30~35	35~45

注：工业建筑Ⅰ指工作条件较安静的车间；
　　工业建筑Ⅱ指工作条件有其他噪声源的车间。

5. 根据风机的功率，选用电机。

6. 确定传动方式、旋转方向及出风口位置。

风机叶轮的旋转方向用"左、右"表示。从电动机或皮带轮一端正视，顺时针方向旋转为"右"，递时针为"左"、出风口位置用右(左)及角度表示如图 8-14。

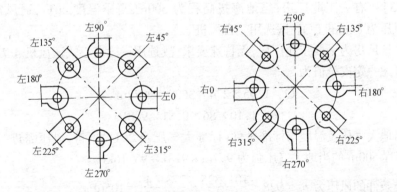

图 8-14　离心式通风机的出风口位置

【**例 8-2**】　某工厂供水系统由清水池往水塔充水，如图 8-15 所示，清水池最高水位标高为 112.00m，最低水位 108.00m，水塔地面标高 115.00m，最高水位标高为 150.00m，水塔容积为 30m³，要求一小时内充满水，经计算管路水头损失：吸水管路 $h_{w1}=1.0$m，压水管路 $h_{w2}=2.5$m。试选择水泵。

【**解**】　由式(8-7)计算选择水泵的参数如下：

$$Q = 1.1 \times 30 = 33 \text{m}^3/\text{h}$$

$$H = 1.15[(150-108)+h_{w1}+h_{w2}] = 1.15(42+1.0+2.5) = 52.3\text{m}$$

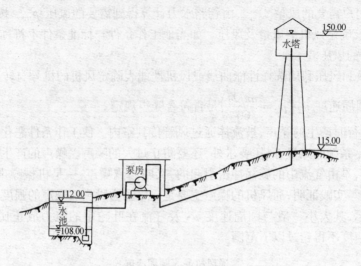

图 8-15 例 8-2 图

根据已知条件可知,要求泵装置输送的液体是温度不高的清水,且系统需要的扬程又不是很高,可选用 IS 型单级单吸离心式清水泵。查表 8-2,IS 型离心泵的性能表,可采用 IS80-50-200 型水泵,参数范围为流量 $30\sim50\text{m}^3/\text{h}$,扬程 $53\sim50\text{m}$,能满足系统工况要求。

从性能表上可以看出,当 $n=2900\text{r/min}$ 时,配用电机功率 15kW,泵的效率为 $(55\sim69)\%$,泵的气蚀余量为 2.5m。

此管路系统为工厂的供水管路,考虑不至于影响生产,保证用水的可靠性,可增设同样型号的水泵一台作为备用泵,两台泵并联安装。

【例 8-3】 有一工业厂房,当地海拔高程为 500m,夏季温度 40℃,通风需要风量为 $2.4\text{m}^3/\text{s}$,风压为 $86\text{mmH}_2\text{O}$。试选用一台风机。

【解】 该厂房为一般工业厂房,无特殊要求,故选用一般离心式通风机 4-72-11 型。风量与风压考虑一定安全值为

$$Q = 1.05 \times 2.4 \times 3600 = 9072 \text{m}^3/\text{h}$$
$$p = 1.10 \times 86 \times 9.81 = 928 \text{Pa}$$

由于当地大气压及温度与标准条件(标准大气压及 20℃)不符,风压需进行换算,查表 7-4,海拔高程 500m 的当地大气压强为 $9.7\text{m} \times 9.81 = 95.16\text{kPa}$。

则标准条件的风压为 $p_0 = 928 \times \dfrac{101.325}{95.16} \times \dfrac{273+40}{273+20} = 1056\text{Pa}$

由表 8-3 得 4-72-11 型 $\text{N}_\text{o}6\text{A}$ 风机,转速 $n=1450\text{r/min}$ 时,第 4 工况点的风压为 1060Pa,风量为 $9360\text{m}^3/\text{h}$,可满足此厂房的通风需要。

核算圆周速度

$$u_2 = \frac{n\pi D_2}{60} = \frac{1450 \times 3.14 \times 0.6}{60} = 45.53 \text{m/s}$$

对于Ⅱ类工业建筑则符合噪声规定。

该风机传动方式为 A 型,叶轮悬臂,风机叶轮直接装在电机轴上,电机为 Y112M-4 型,功率 4kW,配用地脚螺栓四套,代号为 F2120,规格 M10×250。

习 题

8-1 管路总性能曲线为 $h = h_1 + SQ^2$ 的水塔供水、锅炉给水及热水采暖循环系统如下图(a)、(b)、(c)所示。试分析三种工况中，h_1 各等于什么？

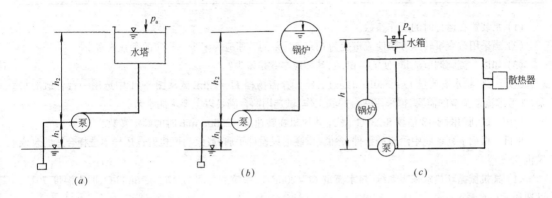

题 8-1 图

8-2 试决定下列情况下泵的扬程及所需要的风压，设管路能量损失 $h_w = 5$m 流体柱。
(a) 水泵从真空度 $p_v = 0.3$ 大气压的密闭水箱中抽水（管中不漏气）；
(b) 通风机在海拔 2900m 处（当地大气压为 8.4mH$_2$O），由大气送风到 100mmH$_2$O 的压力箱。

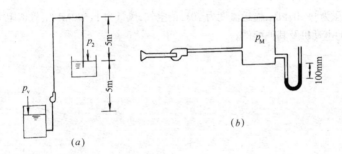

题 8-2 图

8-3 水泵或风机的性能曲线与管路性能曲线之间有何关系？这两条性能曲线的交点代表什么？

8-4 某离心式水泵往给水管路供水，由于工程扩建，要求的总水头比以前提高了，试问该泵还能不能供水？如能供水，其工作点将如何移动？试以图解说明之？

8-5 离心式泵与风机的并联、串联运行有何特点？如何确定联合运行工作点？

8-6 离心式风机的性能曲线如图所示，管路性能曲线为 $p = 500 + rSQ^2$(Pa)，其中，气体容重 $r = 11.77$N/m^3，管路特性阻力数 $S = 3.45$s^2/m^5。求两台相同的风机并联及串联工作的流量及风压，并与单机工作时的流量及风压进行比较。

8-7 离心式泵和风机有哪些调节方法？其调节原理是什么？各有什么优缺点？

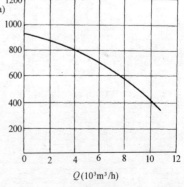

题 8-6 图

8-8 设某水泵性能参数如下表所示。转速 $n=1450$ r/min，叶轮外径 $D_2=120$ mm。管路系统的特性阻力数 $S=24000$ s^2/m^5，几何扬水高度 $H_2=6$ m，上下两水池均为大气压。求：

Q(L/s)	0	2	4	6	8	10	12	14
H(m)	11	10.8	10.5	10	9.2	8.4	7.4	6
η(%)	0	15	30	45	60	65	55	30

(1) 泵装置在运行时的工作参数；
(2) 当采用改变泵转速方法使流量变为 6L/s 时，泵的转速应为多少？相应的参数为多少？
(3) 如以节流阀调节流量，使 $Q=6$ L/s，其相应参数是多少？

8-9 工厂给水需流量 $Q=380$ L/s，经过管路计算需扬程 $H=32$ m，试从图 8-11 中选用一台合适的水泵，如考虑流量调节的需要，拟采用两台并联工作，试选用两台满足以上要求的水泵。

8-10 试利用图 8-13 估算 8-23-11 型 N₀4 风机在转速 $n=2500$ r/min 时的额定参数。

8-11 根据下列各题中给定的条件，参阅《供暖通风设计手册》或泵与风机的选用样本选择合适的泵或风机。

(1) 某机械循环热水采暖系统，热水流量 $Q=20$ m^3/h，系统的总阻力 $\Sigma h_w=16$ mH$_2$O，回水温度 70℃，试选择循环水泵；

(2) 某空气调节系统需从冷水箱向空气处理室供水，最低水温为 10℃，要求供水量 35.8 m^3/h，几何扬水高度 10m，处理室喷嘴前应保证有 20m 的压头。供水管路布置后经计算管路损失为 7.1 mH$_2$O。为了系统能随时启动，采用自灌式安装形式。试选择水泵。

(3) 某工厂通风系统要求风量 $Q=2180$ m^3/h，风压 $p=90$ mmH$_2$O，试选择风机并确定配用电动机和配套用的选用件。

(4) 某地大气压为 98.07 kPa，输送温度为 70℃ 的空气，风量为 11500 m^3/h，管道阻力为 200 mmH$_2$O，试选用风机，应配用的电动机及其他配件。

第九章 其他常用泵与风机

第一节 管道泵

管道泵也称管道离心泵,其结构参见图9-1。该泵的基本构造与离心泵十分相似,主要由泵体、泵盖、叶轮、轴、泵体密封圈等零件组成,泵与电机共轴,叶轮直接装在电机轴上。

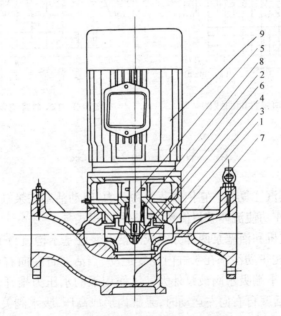

图9-1 G型管道离心泵结构图
1—泵体;2—泵盖;3—叶轮;4—泵体密封环;5—轴;6—叶轮螺母;7—空气阀;8—机械密封;9—电机

管道泵是一种比较适合于供暖系统应用的水泵,与离心泵相比具有以下特点:

1. 泵的体积小、重量轻,进出水口均在同一直线上,可以直接安装在管道上,不需设置混凝土基础,安装方便,占地少。
2. 采用机械密封,密封性能好,泵运行时不会漏水。
3. 泵的效率高、耗电小、噪声低。

常用的管道泵有G型和BG型两种,均为立式单级单吸离心泵。

G型管道泵,适宜于输送温度低于80℃、无腐蚀性的清水或其物理、化学性质类似清水的液体。该泵可以单独安装在管道中,也可以多台串联或并联运行,宜作循环水或高楼供水用。

BG型管道泵适用于温度不超过80℃的清水、石油产品及其他无腐蚀性液体,可供城市给水、供暖管道中途加压之用。流量范围为$2.5 \sim 25 m^3/h$;扬程$4 \sim 20 m$。

图 9-2、图 9-3 分别为 G 型、BG 型管道泵的性能曲线图。

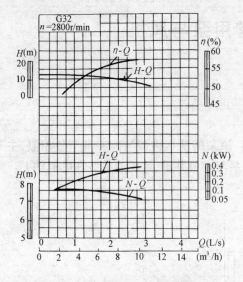 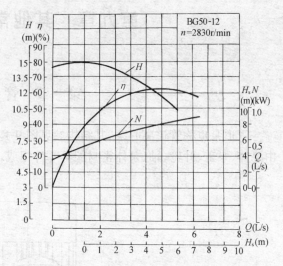

图 9-2　G32 型管道泵性能曲线图　　　　图 9-3　BG 型管道泵性能曲线图

第二节　蒸 汽 活 塞 泵

蒸汽活塞泵又称蒸汽往复泵。它依靠蒸汽为动力,驱动活塞在泵缸内往复运动,改变工作室容积,从而对流体作功使流体获得能量,是一种容积式泵。

蒸汽活塞泵由蒸汽机和活塞泵两部分组成。活塞泵的基本构造与工作原理示意图如图 9-4 所示。曲柄连杆机构带动活塞在泵缸内往复运动,当活塞自左向右运动时,泵缸内造成低压,上端压水阀关闭,下端吸水阀被泵外大气压作用下的水压力推开,水由吸水管进入泵缸,完成吸水过程。当活塞自右向左运动时,泵缸内形成高压,吸水阀关闭,压水阀受压而开启,将水由压水管排出,完成压水过程。活塞不断往复运动,水就不断被吸入和排出。

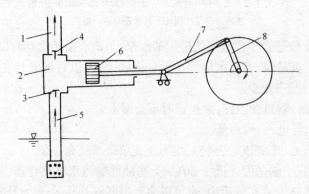

图 9-4　活塞泵工作示意图

1—压水管;2—泵缸;3—吸水阀;4—压水阀;5—吸水管;
6—活塞;7—连杆;8—曲柄

活塞泵在泵缸内从一端运动至另一端,两端之间的距离 S 称为活塞的冲程。活塞往复一次(两个冲程),吸入和排出一次水,称为单动活塞泵。单动活塞泵的理论流量为:

$$Q_T = FSn \tag{9-1}$$

式中　F——活塞断面积(m^2);
　　　S——冲程(m);
　　　n——活塞每分钟往复次数(次/min)。

实际上由于吸水阀和压水阀的开关均有延迟,以及活塞与泵体的连接不紧密,都会使一部分水由压水端漏回吸水端。因此实际流量小于理论流量,可用容积效率 η_v 表示。

$$Q = \eta_v Q_T = \eta_v FSn \tag{9-2}$$

构造良好的活塞泵 η_v 较高,η_v 值一般约为 85%～99%之间。

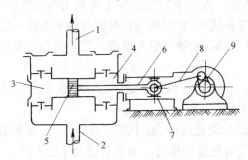

图 9-5　双动活塞泵工作示意图
1—出水管;2—进水管;3—左工作室;4—右工作室;
5—活塞;6—活塞杆;7—滑块;8—连杆;9—曲柄

按式(9-1)计算的流量是活塞泵的平均流量,即假设活塞泵连续均匀供水的流量。实际上活塞泵在吸水时不供水,压水时流量也是不均匀的。因此单动活塞泵的供水是不连续也不均匀的。为了改善这种情况,可采用双动活塞泵。双动活塞泵是活塞往复一次吸入和排出各两次,其工作示意图见图 9-5。当活塞自左向右运动时,左泵缸吸水,右泵缸压水;活塞自右向左运动时;右泵缸吸水,左泵缸压水,活塞不断地往复运动,水就不断地从出水管被压出,从而改变了供水的不连续性。

双动活塞泵的理论流量为

$$Q_T = (2F - f)Sn \tag{9-3}$$

式中　f——活塞杆的截面积(m^2)。

往复泵的扬程是依靠往复运动的活塞,将机械能以静压形式直接传给液体。因此,往复泵的扬程与流量无关,这是它与离心泵不同的地方。往复泵的扬程为:

$$H = H_Z + \Sigma h_w$$

式中　H_Z——静扬程高度(m);
　　　Σh_w——吸水管与压水管的水头损失之和(m)(包括出口的流速水头)。

从理论上说,往复泵的扬程可以达到任意大,它的 Q_T-H_T 曲线是一条垂直于横坐标的直线,如图 9-6 中的虚线所示。实际上由于泵内机械强度和电动机功率的限制,泵的扬程不可能无限大。再加之高压下液体泄漏量的增加,以致其实际性能曲线如图中黑实线所示。这里需指出,由于活塞在一个行程中的位移速度总是从零到最大,再从最大到零而往复循环,因此往复泵的流量是不均匀的。上述性

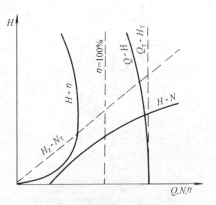

图 9-6　往复泵的性能曲线

能曲线图中的流量是按平均流量而绘制的。

从往复泵的性能曲线图可见,当扬程剧烈变化时,流量仍能维持几乎不变,所以往复泵特别适用于在小流量、高扬程下输送粘性较大的液体。另外,由于往复泵是依靠活塞在泵缸中改变容积而吸入和排出液体的,运行时吸入口和排出口是互相间隔各不相通的。因此,泵在启动时,能把吸入管内空气逐步抽上排走而不需要灌泵引水。所以很适合于在要求自吸能力高的场合下使用。再加上蒸汽活塞泵是利用蒸汽为动力的。因此很适宜作锅炉补给水泵。

第三节 真空泵与射流泵

一、真空泵

真空泵是将容器中的气体抽出形成真空的装置。常用来抽吸空气及其他无腐蚀性、不溶于水、不含固体颗粒的气体。在真空式气力输送系统中,常利用真空泵使管路中保持一定的真空度,在大型水泵装置中,也常利用真空泵作启动前的抽气引水设备。常用的真空泵是水环式真空泵。

水环式真空泵由泵体和泵盖组成圆形工作室,在工作室内偏心地装着一个由多个呈放射状均匀分布的叶片和轮毂组成的叶轮,如图9-7所示。

泵启动前,先往工作室内充水。当电动机带动叶轮旋转时,由于离心力的作用,将水甩到工作室内壁而形成一个旋转水环,水环内表面与叶轮轮毂相切。由于泵壳与叶轮不同心,当叶轮沿箭头方向旋转时,右半轮毂与水环间的进气腔逐渐扩大,压强下降而形成真空,气体则自进气管被吸入进气腔。当气体随着旋转的叶轮进入左半空腔时,因轮毂与水环间的空腔被压缩而逐渐缩小,压强升高,从而使气体自排气腔经排气管而排出泵外。叶轮每转一周,吸气一次,排气一次。连续不断地旋转就可将容器内的气体抽出,形成真空。

真空泵工作时,应不断补充水,以保证水环的形成和带走摩擦产生的热量。

二、射流泵

射流泵也称喷射器,它是用来抽升液体或气体的一种流体机械。用来抽升液体的称为水-水射流泵,用来抽升气体的称为气-水射流泵。射流泵的基本构造和工作示意图如图9-8所示。

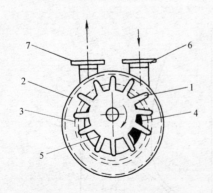

图9-7 水环式真空泵结构图
1—叶轮;2—泵壳;3—水环;4—进气腔;
5—排气腔;6—进气管;7—排气管

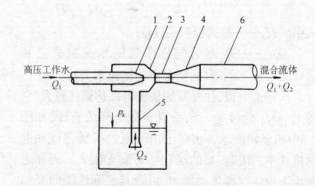

图9-8 射流泵工作原理
1—喷嘴;2—吸入室;3—混合管;
4—扩散管;5—吸水管;6—压出管

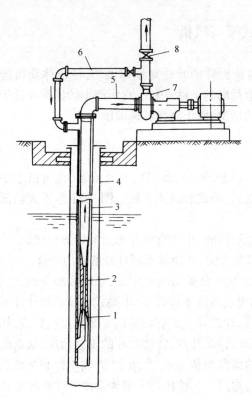

流量为 Q_1 的高压工作水由喷嘴高速射出时，连续带走了吸入室内的空气，因此在吸入室内造成真空状态。被抽吸的流体 Q_2 在大气压力的作用下，由吸入管进入吸入室，两股流体 (Q_1+Q_2) 在混合管内充分混合，进行能量传递和能量交换，然后经扩散管，使部分动能转化为压能后，以一定的流速由排出管压送出去。

射流泵突出的优点是构造简单、尺寸小、重量轻，便于就地加工，且因其没有运动部件，启闭方便工作可靠，可用来抽吸污泥或其他含颗粒的液体，在给水工程中应用十分广泛。如用作离心泵的抽气引水装置；污泥消化池中搅拌和混合污泥用泵；与离心泵联合工作可以增加离心泵装置的吸水高度，如图 9-9 所示，在离心泵的吸水管末端装置射流泵，利用离心泵压出的压力水作为工作液体，这样可使离心泵从深达 30～40m 的深井中提升液体。

另外射流泵在供热工程、空调工程、制冷工程中都有较为广泛的用途，其具体使用计算与选用详见有关教材。

图 9-9 射流泵与离心泵联合工作
1—喷嘴；2—混合管；3—套管；4—井管；5—水泵吸水管；6—工作压力水管；7—水泵；8—闸阀

射流泵与水环式真空泵联合工作可以提高水环泵的实际使用真空度，以扩大水环泵的用途。图 9-10 所示为 SK 型水环泵和射流泵组成的 SKP 型水环—大气喷射真空泵的结构图。

SKP 型水环—大气喷射真空泵可用来抽吸空气、水汽或其他不含颗粒的、无腐蚀性的气体，气体进入泵内时的温度一般不应超过 40℃，可作矿山、化工、轻工、纺织、冶金、机电和航空等部门的真空过滤脱水，真空除气，真空干燥和真空模拟试验等用途。

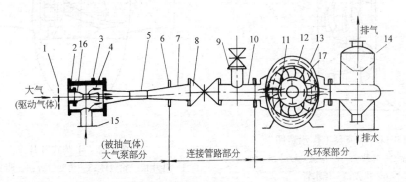

图 9-10 SKP 型水环—大气喷射真空泵结构图
1—启闭装置；2—进气管；3—真空测点；4—混合室；5—扩压器 6—密封垫；7—接管；
8—电动闸阀；9—闸阀；10—三通管；11—分配管；12—叶轮；13—泵体；14—气水分
离器；15—接被抽容器或大气泵；16—喷嘴；17—水环

第四节 轴流式泵与风机

轴流式泵和风机与离心式相同,都是通过高速旋转的叶轮对流体做功,使流体获得能量。它的特点是流体轴向流入,轴向流出,没有沿径向的运动,因此,它所产生的扬程远低于离心式。轴流式泵与风机适用于大流量小扬程的情况,属于高比转速范围。

一、轴流式泵与风机的基本构造

1. 轴流式泵的基本构造

轴流式泵很像一根水管,泵壳直径与吸水口直径差不多,既可以垂直安装,也可以水平或倾斜安装,根据安装方式不同,轴流泵通常分立式、卧式和斜式三种。图 9-11 为立式轴流泵的工作示意图。

轴流式泵主要由吸入管、叶轮、导叶、轴和轴承、机壳、出水弯管及密封装置等组成。

(1) 吸水管:形状如流线型的喇叭管,以便汇集水流,并使其得到良好的水力条件。

(2) 叶轮:是轴流泵的主要工作部件,按其调节的可能性分为固定式、半调式和全调式三种,固定式轴流泵的叶片与轮毂铸成一体,叶片的安装角度不能调节;半调式轴流泵的叶片是用螺栓装配在轮毂体上的,叶片的根部刻有基准线,轮毂体上刻有相应的安装角度位置线,如图 9-12 所示。根据不同的工况要求,可将螺母松开,转动叶片,转动叶片的安装角度,从而改变水泵的性能曲线;全调式轴流泵可以根据不同的扬程与流量要求,在停机或不停机的情况下,通过一套油压调节机构来改变叶片的安装角度,以满足用户使用要求。

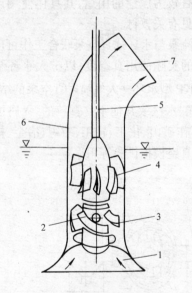

图 9-11 轴流泵工作示意图
1—吸入管;2—叶轮;3—叶轮;4—导叶;5—轴;
6—机壳;7—压水管

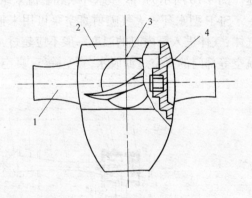

图 9-12 半调式叶片
1—叶片;2—轮毂体;3—角度位置;4—调节螺母

(3) 导叶:导叶固定在泵壳上,一般轴流泵中有 6~12 片导叶,导叶的作用就是把叶轮中向上流出的水流旋转运动变为轴向运动,把旋转的动能变为压能。

(4) 轴和轴承:泵轴是用来传递扭矩的,多做成空心轴,里面安置调节操作油管。轴承有两种,一种为导轴承,主要用来承受径向压力,起径向定位作用;另一种称为推力轴承,在立式轴流泵中用来承受水流作用在叶片上方的压力及水泵转动部件重量,维持转子的轴向位置,并将这些推力传递到机组的基础上去。

(5) 密封装置:轴流泵出水弯管的轴孔处需要设置密封装置,目前常用的密封装置仍为压盖填料型。

见图9-11所示,轴流泵的叶轮和泵轴一起安装在圆筒形机壳中,机壳浸没在液体中。泵轴的伸出端通过联轴器与电动机连接。当电动机带动叶轮作高速旋转运动时,由于叶片对流体的推力作用,迫使自吸入管吸入机壳的流体产生回转上升运动,从而使流体的压强及流速增高。增速增压后的流体经固定在机壳上的导叶作用,使流体的旋转运动变为轴向运动,把旋转的动能变为压能而自压出管流出。

2. 轴流式风机的基本构造

轴流式风机的基本构造如图9-13所示。它由圆形风筒、钟罩形吸入口,装有扭曲叶片的轮毂、流线型轮毂罩、电动机、电动机罩、扩压管等组成。

轴流式风机的叶轮由轮毂和铆在其上的叶片组成,叶片从根部到梢部常呈扭曲状态或与轮毂呈轴向倾斜状态,安装角一般不能调节。大型轴流式风机的叶片安装角是可以调节的,与轴流泵一样,调整叶片的安装角,就可以改变风机的流量和风压。大型风机进气口上常常装置导流叶片,出气口上装置整流叶片,以消除气流增压后产生的旋转运动,提高风机效率。

轴流式风机的种类很多,只有一个叶轮的轴流式风机叫单级轴流式风机,为了提高风机压力,把两个叶轮串在同一根轴上的风机称为双级轴流式风机。图9-13所示的轴流式风机,电动机与叶轮同壳装置,这种风机结构简单、噪声小,但由于这种风机的电动动机直接处于被输送的风流之中,若输送温度较高的气体,就会降低电动机效率。为了克服上述缺点,工程中采用一种长轴式轴流风机,如图9-14所示。

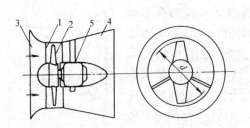

图9-13 轴流式风机基本构造
1—圆形风筒;2—叶片及轮毂;3—钟罩形吸入口;
4—扩压管;5—电动机及轮毂

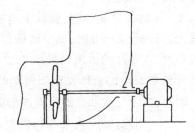

图9-14 长轴式轴流通风机

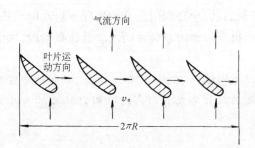

图9-15 直列叶栅图

如果在某轴流式风机的叶轮上,假想用一定的半径 R 作一圆周截面,并将其剖面沿圆周展开,就得出一列叶片断面的展开图,称为叶栅图,如图9-15所示。当叶轮旋转运动时,叶片向右运动,产生升力,各叶片上侧的气体压力升高而将气体推走;下侧因压力下降而将气体吸入,上下两侧的压强差就是轴流风机产生的风压。显然,叶片的安装角度愈大,上下两侧的压强差就愈大,泵或风机产生的扬程或压头也愈大。可见,调节叶片安装角度,就可以改变轴流式泵或风机的性能。

从离心式泵与风机欧拉方程可知,不论叶片形状如何,方程的形式仅与流体在叶片进、出口处的动量矩有关,也即不管叶轮内部的流体流动情况怎样,能量的传递都决定于进、出口速度三角形。可见,欧拉方程不仅适用于离心式泵与风机,也同样适用于轴流式风机:

$$H_T = \frac{1}{g}(u_2 v_{u2} - u_1 v_{u1})$$

二、轴流式泵与风机的性能特点

图 9-16 给出了轴流式泵与风机的性能曲线,表示在一定转速下,流量 Q 与扬程 H(或压头 P)、功率 N 及效率 η 等性能参数之间的内在关系。

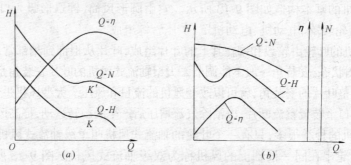

图 9-16 轴流式泵和风机的性能曲线
(a)轴流泵性能曲线;(b)轴流风机性能曲线

与离心式泵与风机的性能曲线相比,轴流式泵与风机的性能曲线具有下列性能特点:

1. Q-H 曲线呈陡降型,曲线上有拐点。扬程随流量的减小而剧烈增大,当流量 $Q=0$ 时,其空转扬程达到最大值。这是因为当流量比较小时,在叶片的进出口处产生二次回流现象(如图 9-17),一部分从叶轮中流出的流体又重新回到叶轮中去被二次加压,使压头增大。同时,由于二次回流的反向冲击造成的水力损失,致使机械效率急剧下降。因此,轴流式泵或风机在运行过程中只适宜在较大的流量下工作。

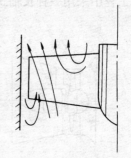

图 9-17 轴流泵或风机的二次流

2. Q-H 曲线也是呈陡降型。机器所需轴功率随流量的减少而迅速增加,当流量 $Q=0$ 时,功率达到最大值。这一点与离心式泵与风机的情况正好相反。轴流式泵与风机不能空载启动,应在阀门全开的情况下启动电动机,一般称"开闸启动"。实际工作中,轴流式泵与风机在启动时总会经历一个低流量阶段,因而在选配电机时,应注意留出足够的余量。

3. Q-η 曲线呈驼峰型。这表明轴流式泵与风机的高效率区很窄。因此,一般轴流式泵与风机均不设置调节阀门来调节流量,而采用调节叶片安装角度或改变机器转速的方法来调节流量。

三、轴流式泵与风机的选用

轴流式泵与风机的选用方法与离心式泵与风机基本相同,可采用有关性能表进行选用或采用因次性能曲线进行选择计算。

常用的轴流泵是 ZLB 型单级立式轴流泵以及 QZW 型卧式轴流泵。

ZLB 型立式轴流泵的特点是流量大、扬程低,适用于输送清水或物理、化学性质类似于水的液体,液体的温度不超过 50℃。可供电站循环水、城市给水、农田排灌。

QZW 型全调节卧式轴流泵可输送温度低于 50℃ 的清水。适于城市给水、排水、农田排灌。

型号意义举例:

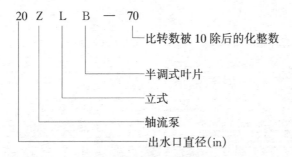

国产的轴流式风机根据压力高低分为低压和高压两类:低压轴流式风机全压小于或等于 490.35Pa,高压轴流式风机全压大于 490.35Pa 而小于 4903.5Pa。常用的轴流式通风机按用途不同可分为:一般厂房通风换气用轴流式通风机;锅炉轴流式通风机、引风机;矿井轴流式通风机;隧道轴流式通风机;纺织厂通风换气用轴流式通风机;冷却塔轴流式通风机;降温凉风用轴流式通风机;空气调节用轴流式风机等。

T35-11 系列轴流式通风机,是新型节能产品。所输送气体必须是非易燃性、无腐蚀、无显著粉尘的气体,温度不宜超过 60℃。

型号意义举例:

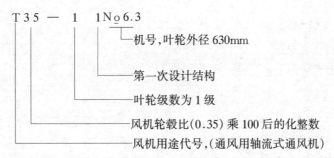

轴流式泵或风机样本上所提供的性能参数及性能曲线均是在某特定条件下和特定转速下实测而得的。当实际使用介质的条件与实测条件不符时,或实际转速与实测转速不符时,均应按第八章有关公式进行换算,然后根据换算后的参数查相应设备样本或手册,进行轴流式泵或风机的选用工作。